키워드와 영상으로 보는
재난관리론

도서출판 윤성사 293
키워드와 영상으로 보는
재난관리론

제1판 제1쇄　2025년 8월 8일

지 은 이	류상일 · 김상태 · 김소윤 · 김영재 · 권설아 · 박준하 · 백인환 송윤석 · 양기근 · 오승주 · 오태근 · 최현태 · 채　진
펴 낸 이	정재훈
꾸 민 이	(주)디자인뜰
펴 낸 곳	도서출판 윤성사
주　　소	서울특별시 용산구 효창원로 64길 10 백오빌딩 지하 1층
전　　화	대표번호_02)313-3814 / 영업부_02)313-3813 / 팩스_02)313-3812
전 자 우 편	yspublish@daum.net
등　　록	2017. 1. 23

ISBN 979-11-93058-98-5　(93350)
값 23,000원
ⓒ 류상일 외, 2025

지은이와의 협의에 따라 인지를 생략합니다.

이 책의 전부 또는 일부 내용을 재사용하려면 반드시 사전에 저작권자와
도서출판 윤성사의 동의를 받아야 합니다.

잘못 만들어진 책은 구입하신 서점에서 교환 가능합니다.

키워드와 영상으로 보는
재난관리론

류상일 · 김상태 · 김소윤 · 김영재 · 권설아
박준하 · 백인환 · 송윤석 · 양기근 · 오승주
오태근 · 최현태 · 채 진

머리말

이제 재난이 일상이 된 시대를 살아가고 있다. 한때 먼 나라 이야기처럼 느껴졌던 대형 자연재난이나 사회재난은 더 이상 낯선 뉴스가 아니다. 기후변화로 인한 폭우, 산불, 한파와 같은 자연재난은 물론, 감염병, 붕괴, 사이버 공격과 같은 사회재난도 일상 속 위협으로 자리 잡고 있다.

그러나 재난은 단지 갑작스럽게 일어나는 사건이 아니라, 오랜 시간 누적된 위험요소와 사회적 취약성이 맞물려 나타나는 결과이다. 특히 한 번의 재난이 지역사회 전체를 뒤흔들고, 심리적·경제적 회복에 수년이 걸릴 정도로 재난은 일상과 삶의 기반을 근본적으로 뒤흔드는 존재가 되었다. 그렇기에 재난을 단순한 사건이 아닌 사회 전체의 문제로 이해하고 체계적으로 접근해야 할 필요성이 더욱 커지고 있다.

그럼에도 불구하고 우리는 종종 재난을 '일회성 사건'이나 '전문가의 영역'으로 여겨, 재난의 본질과 관리의 필요성을 충분히 인식하지 못한 채 살아가고 있다. 재난은 단순한 자연현상이나 불가항력의 사고가 아니라, 사회의 구조적 취약성과 관리 시스템의 대응 수준에 따라 그 피해의 크기와 양상이 결정되는 복합적 문제이다. 따라서 이제는 재난을 더 이상 특정 전문가 집단의 기술적 대응의 문제로만 접근할 수 없으며, 시민 모두가 기본적인 이해와 참여 역량을 갖추어야 할 사회적 의무의 대상이 되었다.

이 책 『키워드와 영상으로 보는 재난관리론』은 이러한 문제의식에서 출발했다. 기존의 이론 중심의 재난관리 교과서와 달리, 독자들이 좀 더 쉽게 접근하고 이해할 수 있도록 '키워드'라는 틀을 중심에 두었으며, 여기에 관련된 영상 및 시각 자료를 연결해 현장감 있고 입체적인 학습이 가능하도록 구성했다. "재난이란 무엇인가"라는 본질적 질문에서 시작해 재난의 유형, 관리 체계, 예방과 대응의 구체적 방식, 나아가 통합적 재난관리의 중요성까지 점진적으로 확장된 논의를 담고

키워드와 영상으로 보는
재난관리론

고자 했다.

  각 장은 다양한 분야의 전문가들이 함께 집필해 이론적 깊이와 실무적 통찰을 동시에 담아내고자 노력했다. 특히 실제 사례와 정책적 시사점을 병행한 점은, 이 책이 단지 이론서에 머무르지 않고 재난관리 교육 및 현장 실무자들의 지침서로서도 기능하기를 바라는 바람에서 비롯된 것이다. 더불어 사회복지, 건축, 교육, 공공행정 등 다양한 분야에서 이 책이 교차 학습과 융합적 사고의 기회로 제공하길 기대한다.

  이 책이 독자 여러분에게 재난에 대한 경각심을 일깨우고, 재난을 "관리할 수 있는 것"으로 전환시키는 힘을 전달하길 바란다. 무엇보다도 일상에서의 안전이 단지 운에 맡겨진 것이 아니라, 개인과 사회가 함께 만드는 과정임을 다시 한 번 되새기는 계기가 되기를 희망한다.

  25년 동안 벗으로서 늘 함께 해 주신 윤성사 정재훈 대표께도 깊이 감사드린다.

2025년 7월

저자 일동

목차

머리말_ 6

제1장 재난 및 재난관리의 개념 · 19
    제1절 재난의 개념 / 19
    제2절 재난의 유형 및 분류 / 22
    제3절 재난, 재해 및 안전 개념 구분 / 24
    제4절 재난의 특성 / 25
    제5절 재난관리 단계별 활동 / 30
    제6절 재난관리 방식 / 36

제2장 재난관리체계 · 41
    제1절 재난관리체계의 의의 / 41
    제2절 재난관리체계의 변천과정 / 43
    제3절 재난관리체계의 조직 및 기능 / 52

제3장 재난관리 단계별 활동 · 66
    제1절 재난관리 단계별 활동에 관한 주요 이론 및 모형 / 66
    제2절 재난관리 단계별 주요 내용 / 72

제4장 자연재난의 유형별 특성 · 96
    제1절 자연재난의 개념 / 96
    제2절 자연재난의 특징 / 97
    제3절 유형별 재난관리 / 99
    제4절 태풍 / 100
    제5절 가뭄 / 104

제6절 폭염 / 107
제7절 강풍 / 109
제8절 대설 / 111
제9절 한파 / 113
제10절 조류 / 113
제11절 화산 / 117
제12절 지진 / 119
제13절 홍수 / 122
제14절 풍랑 / 124

제5장 사회재난의 유형별 특성 · 128
제1절 사회재난의 개념 / 129
제2절 사회재난의 특징 / 129
제3절 화재 / 131
제4절 붕괴 / 134
제5절 폭발 / 139
제6절 교통사고 / 147
제7절 화생방사고 / 147
제8절 환경오염사고 / 153
제9절 다중운집인파사고 / 156
제10절 감염병 / 158
제11절 가축 전염병 / 162
제12절 미세먼지 / 165
제13절 국가기반체계 마비 / 167

목차

제6장 재난심리 · 171
제1절 재난심리의 개념과 특성 / 171
제2절 재난의 심리행동적 영향 / 175
제3절 재난 후 심리적 변화 / 179
제4절 재난심리의 기반 이론: 주요 심리학 관점의 통합 / 182
제5절 외상 후 스트레스 장애 / 185
제6절 심리적 응급처리 / 190
제7절 재난심리회복지원센터 / 197
제8절 국가트라우마센터 / 202

제7장 국가안전관리기본계획 및 관련 사례 · · · · · · · · · · · · · · · · 208
제1절 국가안전관리기본계획의 법적 기반 / 208
제2절 국가안전관리기본계획의 구성 요소 분석 / 211
제3절 분야별 안전관리 대책 / 227

제8장 기업재난관리 · 237
제1절 기업재난관리의 배경 및 필요성 / 237
제2절 업무연속성관리의 개념과 정의 / 238
제3절 업무연속성관리체계의 핵심 개념과 운영체계 / 242
제4절 기업재난관리 관련 법적 기반 / 251
제5절 결론 / 261

제9장 외국의 재난관리 · 263
제1절 국제협력 / 263
제2절 유엔 재난위험경감사무국 / 264
제3절 센다이 재해위험경감 프레임워크 / 266

　　　　제4절 인도주의 구호 / 269
　　　　제5절 재해에 강한 도시 만들기 / 271
　　　　제6절 미국 연방관리청 / 275
　　　　제7절 통합지휘체계 / 277
　　　　제8절 재난난민 / 278

제10장 인공지능과 재난관리 · 283
　　　　제1절 재난 감시와 예측 / 284
　　　　제2절 재난 대응과 관리 / 289
　　　　제3절 재난 의사결정과 통합 운영 / 293

제11장 재난관리의 발전 방향 · 301
　　　　제1절 재난관리, 지속적 변화와 혁신 필요 / 301
　　　　제2절 우리나라 재난관리의 변천 / 301
　　　　제3절 재난환경의 변화 / 303
　　　　제4절 우리나라 재난관리의 발전 방향 / 304
　　　　제5절 결론 / 308

키워드

제1장
재난 및 재난관리의 개념

복합재난	20, 21
미국 연방재난관리청(FEMA)의 정의	21
유엔의 정의	21
재난의 개념	22
재난의 유형	22
존스(David K. C. Jones)의 재난 분류	22
아네스(Br. J. Anesth)의 재난 분류	23
재해	24
안전	24
재난의 특성	26
재난 배양 과정	26
불확실성	27
복잡성	28
인지성	29
재난관리 단계별 활동	31
예방	33
대비	33
대응	33
복구	34
분산관리 방식	36
통합관리 방식	36

제2장
재난관리체계

재난관리체계의 특징	43
소방법 제정	44
임시수해복구사업소	45
소방과 신설	45
방재	45
민방위기본법	46
정부조직법	47
재난관리국	47
재난관리법	47
자연재해대책법	47
소방방재청	49
재난안전법	52
국가 재난안전관리체계	53
안전관리위원회	54
지역안전관리위원회	57
중앙재난안전대책본부	59
지역재난안전대책본부	61
사고수습본부	62
긴급구조통제단	64

제3장
재난관리 단계별 활동

포괄적 비상사태관리(CEM)	67
CEM의 비상사태관리 4단계 모형	68
맥롤린의 모형	68
페탁의 모형	69
재난 및 안전관리 기본법	73
예방 단계	75
대비 단계	79
대응 단계	83
응급조치 활동	84
긴급구조 활동	87
복구 단계	90

키워드와 영상으로 보는
재난관리론

제4장
자연재난의 유형별 특성

자연재난	96
자연재해대책법	96
자연재난의 특징	97
자연재난의 유형	99
태풍	100
가뭄	104
폭염	107
강풍	109
대설	111
한파	113
조류	115
화산	117
지진	119
홍수	122
풍랑	124

제5장
사회재난의 유형별 특성

사회재난	129
사회재난의 특징	130
화재	131
붕괴	134
폭발	139
폭연	143
폭굉	143
BLEVE	144
교통사고	145
화생방 사고	147

방사선 피폭	151
환경오염사고	153
다중운집인파사고	156
감염병	158
가축 전염병	162
미세먼지	165
국가기반체계 마비	167

제6장
재난심리

재난심리	171
국민재난안전포털	172
일반심리	173
재난심리의 특성	174
감정적 영향	175
불안과 공포	175
슬픔과 상실감	176
인지적 영향	177
신체적 영향	178
급성 스트레스	178
충격	179
반응	180
적응	180
회복	181
스트레스 대응 이론	182
회복탄력성 이론	183
외상 후 성장 이론	184
외상 후 스트레스 장애(PTSD)	185
DSM-5	186
트라우마	188
심리적 응급처치	190

키워드

키워드

재난심리회복지원센터	197
국가트라우마센터	202

제7장
국가안전관리기본계획 및 관련 사례

재난 및 안전관리 기본법	209
국가재난안전정책	211
위험지도	213
민방위기본법	217, 219
소방기본법	217
지방자치법	219
학교보건법	220
지역보건법	220
응급의료에 관한 법률	222
도로교통법	223
전자정부법	223
재해구호법	224
국토의 계획 및 이용에 관한 법률	224
중소기업진흥에 관한 법률	225
생활안전	227
교통안전	228
산업안전	229
시설안전	231
범죄안전	231
식품안전	232

제8장
기업재난관리

ISO	238
업무연속성관리(BCM)	238
ISO 22301	239, 251
기업재난관리표준	239
위기관리	240
BCMS	241, 242
BCP	241
ERG	241
COOP	241
ERM	242
PDCA 사이클	243
업무영향분석	244
위험평가	244
BCMS 구축 조직	249
재해경감을 위한 기업의 자율활동 지원에 관한 법률	252
재난관리표준	253
기업재난관리표준	255
국제표준	261

제9장
외국의 재난관리

국제협력	263
인도주의업무조정국	264
UNDRR	264
UNISDR	265
센다이 재해위험경감 프레임워크	266
국제적십자사 연맹	269
재해에 강한 도시 만들기	274
MCR 2030	274
미국 연방관리청(FEMA)	275
통합지휘체계(ICS)	277
재난난민	278

제10장
인공지능과 재난관리

인공지능	283
스마트 119	284
드론 기반 감시	284
화재 예측	285
위험도 모델링	285
실시간 영상 분석	286
인공위성	287
소방 로봇	289
소방 드론	291
스마트 소방설비	292
스마트 출동	294
통합 재난 관제	295
NICS	295
문서 자동화	296
설명 가능성	297
책임 구조	297

제11장
재난관리의 발전 방향

혁신	301
선진화	301
재난 및 안전관리 법제의 발전 과정	302
재난환경	303
기후변화	303
대형화	303
복합화	303
신종 대형재난	304
통합적 재난관리	304
위험평가	305
리스크 관리	305
현장 중심의 재난대응력	306
국민 참여	306
재난복구	307
회복탄력성	307
국제협력	307
지속가능개발목표(SDGs)	307

키워드와 영상으로 보는
재난관리론

제1장

재난 및 재난관리의 개념

◆영상 자료◆

[적십자아카데미] [교육] 01 재난의 이해(Understanding Disasters)
https://www.youtube.com/watch?v=EXLgQ0S47hM

출처: 대한적십자사 공식채널.

제1절 재난의 개념

　현대 사회에서는 자연재난과 사회재난 모두가 끊임없이 발생하며, 이에 대한 대비가 매우 중요하다. 특히 우리나라는 태풍과 집중호우로 인한 피해가 빈번하고, 미세먼지와 같은 환경 문제도 지속적으로 영향을 미치고 있다. 재난을 예방하고 대응하기 위해 개인과 사회가 함께 노력해야 할 부분이 많다. 예를 들어 태풍이나 호우 같은 자연재난에 대비해 비상물품을 준비하고, 안전한 대피 장소를 확인하는 것이 중요하며, 미세먼지를 줄이기 위해 친환경적인 생활습관을 실천하고, 정책적 지원을 통해 대기 오염을 관리하는 것도 필요하다. 또한, 사회적 안전망 강화를 위해 화재나 교통사고 같은 사회재난을 줄이기 위해 안전 교육을 강화하고, 관련 시설 및 제도가 필요하다. 재난은 피할 수 없는 일이지만, 효과적인 대비와 대응을 통해 피해를 최소화할 수 있다(국가위기관리학회, 2020: 2).

우리나라의 자연 및 사회재난은 2014년 세월호 참사, 2015년 의정부 화재사고, 2016년 경주지진, 2019년 코로나 19 등이 있다. 이처럼 재난은 그 원인과 종류도 다양하며 기후변화 등으로 예측도 어렵다. 또한, 재난은 지역과 대상을 구분하지 않고 예상과 다르게 발생하고 있다. 재난에 대한 사회적 관심은 사건 발생 후 시간이 지나면서 잊혀지는 경우가 많다. 따라서 재난의 예방보다는 피해의 복구에 집중하는 경향이 있다. 근본적인 대책을 마련하기보다는 사후 대응에 급급해, 앞으로는 재난의 예방과 안전관리 시스템을 강화하는 것이 중요하다(양기근 외, 2016).

재난은 단순히 자연현상이나 사고로 인해 발생하는 문제가 아니라, 사회적·경제적·환경적 요인들이 복합적으로 작용해 그 의미와 영향을 끊임없이 변화하는 개념이다. 일반적으로 재난은 인간과 환경에 큰 피해를 초래하는 사건이나 현상을 의미하며, 자연재난(지진, 홍수, 태풍 등)과 인재(산업재해, 테러, 환경오염 등)로 나눌 수 있으나, 이러한 구분도 시대와 사회적 인식에 따라 변할 수 있으며, 기술 발전과 정보 환경의 변화에 따라 새로운 형태의 재난이 등장하기도 한다. 재난을 이해하고 논의할 때는 특정 시대와 지역의 상황을 고려해 그 의미를 유연하게 해석하는 것이 중요하다. 따라서 어떤 맥락에서 재난을 접근하는 것이 합리적이며 사회적 대응, 정책, 예방, 복구 등 다양한 접근이 있을 수 있다(Alexander, 2005: 25-38; 양기근 외, 2016) 일반적으로 재난은 예상치 못한 사건이 인명 피해나 경제적 손실을 초래하는 상황을 의미한다. 그러나 시대와 기술 발전에 따라 재난의 정의도 변하고 있다. 예를 들어, 과거에는 자연재해 중심으로 논의되었다면, 최근에는 데이터 해킹이나 사이버 공격도 심각한 재난으로 간주되기도 한다. 따라서 재난을 논의할 때는 단순한 참사의 개념을 넘어, 사회적·경제적 맥락에서 그 의미를 재해석할 필요가 있다.

최근 '복합재난'이라는 용어가 자주 등장하기 시작했다. 복합재난이란 단일 재난이 아니라 여러 가지 재난 요소가 동시에 또는 연쇄적으로 발생하면서 서로 영향을 미쳐 대응이 더욱 복잡해지는 상황을 의미한다. 자연재난, 사회재난, 산업사고, 심지어 사이버 공격까지 다양한 위험 요인이 결합될 때 나타나는 이 문제는 기존의 단일 재난 대응 체계로는 효과적으로 관리하기 어려워, 정부와 유관 기관이 긴밀한 협조와 통합적인 대응 체계를 마련하는 것이 필요하다. [그림 1-1]은 복합재난의 개념을 보여주고 있다(정우석, 2019).

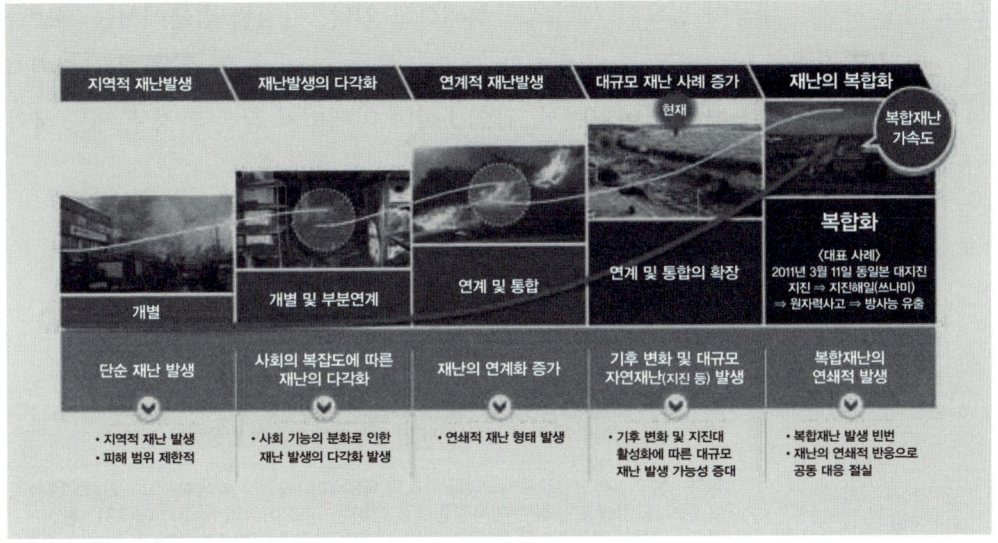

[그림 1-1] 복합재난의 개념

재난은 단순히 물리적 피해를 초래하는 사건이 아니라, 사회의 정상적인 기능을 방해하고 지속적인 영향을 미치는 중요한 요인이다. 미국 연방재난관리청(Federal Emergency Management Agency: FEMA)과 유엔기구의 정의를 보면, 공통으로 재난은 단독으로 극복하기 어려운 대규모 사건이라는 점을 강조하고 있다. 이러한 관점에서 보면, 재난관리에는 사전 예방, 신속한 대응, 그리고 재건 과정이 모두 포함되어야 한다. 특히 현대 사회에서는 재난이 단순히 자연적인 요소뿐만 아니라 사회적, 환경적, 기술적 요인에 의해 발생하는 경우도 많아지고 있는 것이 현실이다(양기근 외, 2016).

제2절 재난의 유형 및 분류

「재난 및 안전관리 기본법」에서는 재난을 국가와 국민의 생명, 신체, 재산에 피해를 주거나 줄 수 있는 사건으로 정의하고 있으며, 이를 자연재난과 사회재난으로 분류하고 있다. 한편, 해외재난은 대한민국 영역 밖에서 국민과 국가에 영향을 미치는 재난으로 정부 차원의 대응이 필요한 사건으로 정의하고 있다. 이처럼 법률에서는 재난을 매우 폭넓게 정의해 다양한 상황에 대비할 수 있도록 하고 있다. 특히 현대 사회에서는 사회재난의 범위가 점점 넓어지면서, 감염병이나 미세먼지 같은 환경 문제도 국가적 대응이 필요한 주요 재난으로 인식되고 있다(〈표 1-1〉 참조).

〈표 1-1〉「재난 및 안전관리 기본법」상의 재난의 개념 및 유형

재난의 정의		국민의 생명 · 신체 · 재산과 국가에 피해를 주거나 줄 수 있는 것
재난 유형	자연재난	자연재난: 태풍, 홍수, 호우, 강풍, 풍랑, 해일, 대설, 한파, 낙뢰, 가뭄, 폭염, 지진, 황사, 조류 대 발생, 조수, 화산활동, 소행성·유성체 등 자연우주 물체의 추락·충돌, 그 밖에 이에 준하는 자연 현상으로 인하여 발생하는 재해
	사회재난	화재·붕괴·폭발·교통사고(항공사고 및 해상사고를 포함)·화생방사고·환경오염사고 등으로 인해 발생하는 대통령령으로 정하는 규모 이상의 피해와 에너지·통신·교통·금융·의료·수도 등 국가 기반 체계의 마비, 「감염병의 예방 및 관리에 관한 법률」에 따른 감염병 또는 「가축전염병 예방법」에 따른 가축전염병의 확산, 「미세먼지 저감 및 관리에 관한 특별법」에 따른 미세먼지 등으로 인한 피해
	해외재난	대한민국 영역 밖에서 대한민국 국민의 생명·신체 및 재산에 피해를 주거나 줄 수 있는 재난으로서 정부 차원에서 대처할 필요가 있는 재난

출처: 「재난 및 안전관리 기본법」 제3조 정리.

존스(David K. C. Jones)와 아네스(Br. J. Anesth)의 재난 분류 방식은 재난을 좀 더 체계적으로 이해하는 데 도움이 된다(〈표 2-2〉, 〈표 2-3〉 참조).

존스의 재난 분류는 단순히 급작스러운 사건뿐만 아니라 장기간에 걸쳐 진행되는 환경 변화도 포함하고 있다. 공해, 온난화, 염수화, 토질 침식 등과 같은 현상은 점진적으로 발생하며 사회 전반에 영향을 미치지만, 즉각적인 대응이 어렵다는 특징이 있다. 이러한 광범위한 정의는 위기관리 측면에서 한계를 가질 수 있다. 위기관리는 일

반적으로 즉각적인 대응이 필요한 재난을 중심으로 진행되기 때문에, 장기적 환경 변화까지 포함하게 되면 행정관리나 정책적 접근과 경계가 모호해질 수 있다. 따라서 실무적으로는 재난 대응과 환경·행정관리 사이에서 균형을 맞추는 접근 방식이 필요하다(양기근 외, 2016: 80).

아네스(Br. J. Anesth)의 재난 분류는 존스의 분류와 비교했을 때 좀 더 즉각적인 대응이 필요한 재난에 집중하는 경향이 있다. 아네스의 분류 방식은 미국의 지역재난계획에서 널리 활용되며, 존스의 분류에 포함된 대기오염, 수질오염 등의 점진적인 환경 변화는 제외하고 있다. 이는 위기관리 관점에서 더욱 즉각적인 대응이 필요한 재난을 중심으로 정리한 방식이라 볼 수 있다.

〈표 1-2〉 존스의 재난 분류

재난						
자연재난					준자연재난	인적재난
지구물리학적 재난			생물학적 재난	스모그 현상, 온난화 현상, 사막화 현상, 염수화 현상, 산성화, 홍수, 토양 침식 등	공해, 광화학연무, 폭동, 교통사고, 폭발사고, 전쟁 등
지질학적 재난	지형학적 재난	기상학적 재난			
지진, 화산, 쓰나미 등	산사태, 염수 토양 등	안개, 눈, 해일, 번개, 토네이도, 폭풍, 태풍, 이상기온, 가뭄 등	세균 질병, 유독식물, 유독동물 등		

출처: Jones(1993: 35).

〈표 1-3〉 아네스의 재난 분류

대분류	세분류	재난의 종류
자연재난	기후성 재난	태풍·수해·설해
	지진성 재난	지진·화산 폭발·해일
인적재난	사고성 재난	- 교통사고(자동차·철도·항공·선박사고) - 산업사고(건축물 붕괴), 기계시설물사고 - 폭발사고(갱도·가스·화학·폭발물) - 생물학적 사고(박테리아·바이러스·독혈증·기타 질병) - 화재사고 - 화학적 사고(부식성 물질·유독물질) - 방사능 사고, 환경오염(대기·토질·수질 등)
	계획적 재난	테러·폭동·전쟁

출처: 김경안·류충(1998: 14).

제3절 재난, 재해 및 안전 개념 구분

　현재 우리나라의 재난·재해 및 안전 관련 법제도는 소관 부처별로 분산되어 있어 통합적인 관리가 쉽지 않은 상황이다. 「헌법」 제34조 제6항에서는 국가의 재해 예방과 안전 확보 의무를 명시하고 있지만, 이를 실질적으로 체계화하는 과정에서 법정책학적인 접근이 이루어지면서 개별 법령이 위험성의 정도에 따라 개별적으로 제도화되는 경향이 있다. 특히 국민들의 안전에 대한 기대가 높아질수록 법령이 확대되는 경향이 있지만, 「재난 및 안전관리 기본법」에서 재난의 개념은 명확히 규정하고 있지만, '안전'의 개념은 명확한 정의가 부족하다는 점이 문제로 지적될 수 있다. 안전은 단순히 재난으로부터의 보호뿐만 아니라 생활 전반에 걸친 안정성과 위험 예방을 포함하는 광범위한 개념이지만, 이를 법률적으로 명확히 규정하기 어려운 부분이 있다. 이러한 문제를 해결하기 위해 재난 및 안전관리 법령 간의 조정과 통합적인 정책 방향 설정이 필요할 것으로 보이며, 특히 재난 대응을 넘어 사전 예방 및 안전 환경 조성을 강화할 수 있는 접근 방식도 중요할 것이다.

　재해란 사전적 의미로 "재앙으로 말미암아 받는 피해. 지진, 태풍, 홍수, 가뭄, 해일, 화재, 전염병 따위에 의해 받게 되는 피해"를 말한다. 우리 「헌법」에서는 '재해'라는 용어를 사용하고 있지만, 「재난 및 안전관리 기본법」에서는 '재난'이라는 개념을 중심으로 규정하고 있다. 두 용어가 유사한 의미를 가지고 있지만, 법적 맥락에서는 차이가 존재한다. 이러한 차이는 재난관리 정책의 범위에도 영향을 미친다. 「헌법」에서는 자연재해 중심의 예방과 보호를 강조하는 반면, 「재난 및 안전관리 기본법」에서는 사회적 재난까지 포함해 좀 더 광범위한 대응을 요구하고 있다.

　재난과 안전은 밀접하게 연결된 개념이다. 「재난 및 안전관리 기본법」에서도 두 용어가 함께 사용되며, 안전이란 단순히 재난이 없는 상태가 아니라 위험으로부터 보호받고, 사고를 예방할 수 있는 능동적인 상태를 의미한다. 학자들은 안전을 "위험에서 오는 사망이나 상해, 질병 혹은 재산상의 손실 등의 손해를 방지하거나 최소화하려는 상태"(권봉안 외, 2001: 106), 또는 "위험 요소로부터 자유로운 것으로 인적·물적 피해를 가져올 수 있는 모든 상태의 조성을 사전에 방지하는 근원적 안전성 확보 방법"

(Malaskys, 1974), "사고를 방지하는 것으로 교육훈련, 홍보, 정리정돈 등 다양한 방법으로 인간의 불안전 행동과 불안전 상태를 제거하는 것"(Heinrich, 1959) 등으로 정의한다(김은성·안혁근, 2009: 13).

학자들의 정의를 종합하면, 안전은 "위험이나 사고의 발생이 완전히 차단된 상태 또는 위험과 사고로부터의 피해와 손실을 최소화하려는 상태" 정도로 정의할 수 있다(이광희·이환성, 2017: 15). 그러나 안전을 단순히 "위험이 없는 상태"로 정의하는 것은 현실적으로 어렵고, 좀 더 실질적인 개념으로 접근해야 한다. 정지범·라휘문의 정의처럼, 안전은 단순히 위험 요소가 없는 상태를 넘어, 위험이 발생할 가능성에 대비할 수 있는 체제가 갖추어진 상태로 보는 것이 더 적절할 것이다(정지범·라휘문, 2015: 13).

제4절 재난의 특성

재난은 단순한 사고나 사건이 아니라 복합적인 특성을 가진 사회적 문제이며, 이를 제대로 이해해야만 효과적인 대응과 관리를 할 수 있다. 학자들은 다양한 관점에서 재난의 특성을 정리해 왔고, 이러한 재난의 특성을 잘 고려해야만 효율적인 재난관리가 가능하다는 점에서 재난의 특성에 대한 이해는 매우 중요할 수밖에 없다(국가위기관리학회, 2020: 16).

재난은 다양한 특성을 가지고 있는데, 학자들이 일반적으로 제시하는 재난의 특성으로는 누적성, 불확실성, 복잡성, 인지성 등이 있다(Turner, 1978; Comfort, 1988). 이러한 특성으로 인해 재난은 우발적 혹은 통제 불가능한(accidental or uncontrollable) 성질을 가지게 된다([그림 1-2] 참조).

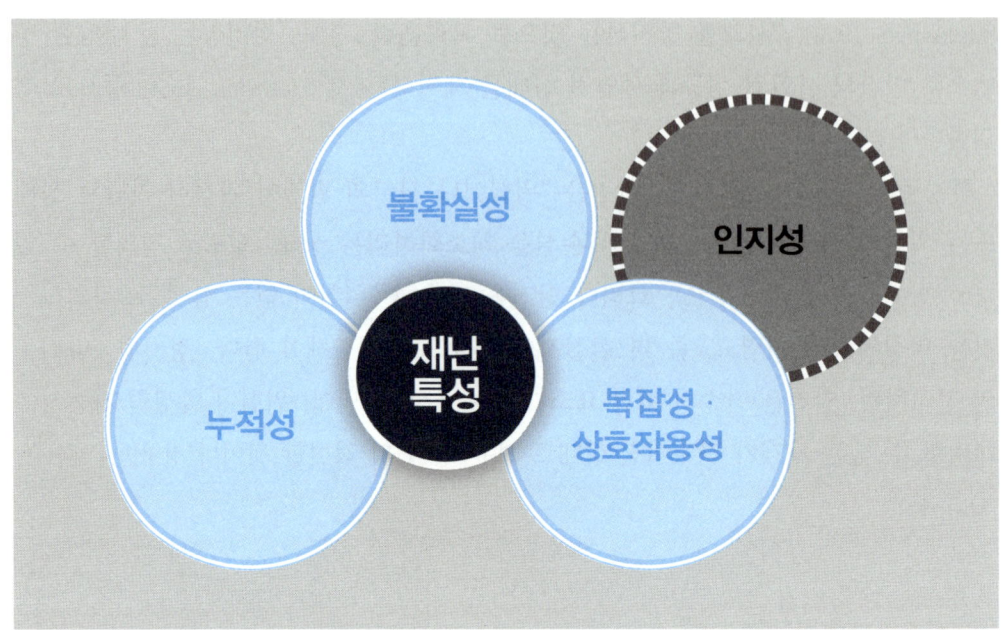

[그림 1-2] 재난의 특성

1 누적성

터너(Barry A. Turner)는 재난을 단순한 돌발 사고가 아니라 오랜 시간 동안 위험요소가 누적된 결과로 보는 관점을 제시했다(Turner, 1978). 그는 이를 "재난 배양 과정(incubation process)"이라고 설명하며, 재난이 발생하기 전부터 이미 다양한 위험요인이 축적되고 있다고 주장했다.

인적재난(man-made disaster: MMD)모형에서도 사고가 단순한 개인의 실수가 아니라 여러 요소들이 복합적으로 작용한 결과임을 보여준다. 제천 화재사고, 세월호 침몰, 삼풍백화점 붕괴, 성수대교 붕괴 등은 기술적 문제뿐만 아니라 사회적, 제도적, 행정적 결함이 중첩되면서 발생한 대표적인 사례들이다. 이 모형을 통해 우리는 단순한 원인 분석을 넘어 시스템적인 접근이 필요함을 이해할 수 있다. 안전을 강화하려면 사고가 발생하기 전에 위험 요소를 미리 찾아내고 개선하는 것이 중요하다. 자연재난도 단순히 물리적 강도만으로 피해가 결정되는 것이 아니라, 사회적·제도적·행정적 요인들이 얼마나 효과적으로 대비되었는지에 따라 그 피해 규모가 크게 달라질 수 있다. 예를 들어, 동일한 규모의 지진이 발생하더라도 건축 기준이 엄격한 지역에서는 피해가 최소화되는 반면, 대비가 부족한 지역에서는 막대한 인명 및 경제적 피해가 발생할 수 있다.

2 불확실성

재난은 단순한 인과 관계에 의해 발생하는 것이 아니라, 다양한 요소들이 복합적으로 얽혀 있는 복잡한 과정 속에서 전개될 수 있다. 힐스(Alice Hills)가 제시한 것처럼 재난은 비선형적(non-linear), 유기적(organic), 진화적(evolutionary) 특성을 가질 수 있으며, 이는 재난이 고정된 패턴을 따르지 않고 상황에 따라 그 양상이 변화할 수 있음을 의미한다(Hills, 1998). 예를 들어, 초기에는 작은 위험 요소였던 것이 시간이 지나면서 사회적, 경제적, 기술적 요인과 결합하며 점차 큰 재난으로 확대될 수 있다. 또한 재난 대응 과정에서도 단순한 기계적 대처가 아닌, 환경의 변화에 맞춰 지속적으로 발전하고 적응하는 방식이 필요하다. 이러한 관점은 재난을 단순히 '예방'하는 것에서 나아가, 동태적으로 관리하고 지속적으로 변화하는 시스템을 구축하는 것이 중요함을 시사한다.

미국 내의 위험에 대한 대응에서 나타나는 특성을 네 가지로 분류한 드라벡(Thomas E. Drabek)에 따르면, 비교적 분권화가 잘 이루어진 미국의 경우 지방정부의 역할이 중요하고(localism), 불확실성으로 인하여 표준화가 어렵다고 제시하였다(Drabek, 1985). 대규모 재난이 발생하면 기존의 재난관리 조직을 넘어 다양한 기관과 자원집단이 대응에 참여하게 된다. 소방기관, 군·경찰, 법집행기관뿐만 아니라 민간 구조대, 의료기관, 지역사회 단체 등도 신속한 대응을 위해 협력하게 된다. 이 과정에서 대안적인 역할 정의(alternative role definition)가 필요해지는 이유는 기존의 법과 절차만으로는 복잡한 재난 상황을 완벽히 해결하기 어렵기 때문이다.

국내 문헌에서도 재난의 불확실성을 주요 특성으로 강조하는 이유는 재난이 항상 예측할 수 있는 형태로 발생하는 것이 아니기 때문이다. "위기관리 조직의 경계성"(김영평, 1994), "위험의 가장 주된 내재적 속성 혹은 인간의 예측 능력의 한계"(최병선, 1994), "위험의 사전적 의미로서의 불확실성"(정익재, 1994), "위기 발생의 예측 불가능성"(이재은, 2000) 등이 그것이다.

불확실성은 단순한 위험 발생 순간에만 영향을 미치는 것이 아니라, 재난의 전체 과정에 걸쳐 존재하며 지속적으로 작용한다. 특히, 재난이 발생하기 이전에도 비가시적인 위험 요소들이 서서히 축적되며, 그 상호작용은 너무나 복잡해 정확한 예측이 어렵다. 예를 들어, 지진의 경우 활성 단층대에서 긴장 에너지가 누적되지만, 언제 어디서 강력한 지진이 발생할지는 과학적으로 완벽하게 예측하기 어려운 것이 현실이다. 태풍이나 홍수 같은 자연재난도 기후 변화, 지역 환경, 기반 시설의 상태 등 다양한 요소가 복합적으로 영향을 미쳐 피해 규모와 형태를 불확실하게 만든다.

3 복잡성

복잡성(complexity)은 갈피를 잡기 어려울 만큼 여러 가지가 얽혀 있거나 어수선한 성질을 말한다. 재난 특성으로서의 복잡성은 재난 자체의 복잡성과 재난의 발생 후에 관련된 기관 간의 관계에서 야기되는 복잡성으로 나눠 살펴볼 수 있다.

첫째, 재난 자체의 복잡성이다. 힐스(Alice Hills)가 주장한 것처럼 재난은 단순한 사건이 아니라 강도, 규모, 그리고 연쇄적인 재난 발생이라는 복잡한 요소들이 얽혀 있는 현상이다(Hills, 1998). 예를 들어, 지진은 단순히 지반의 움직임만으로 피해가 결정되는 것이 아니라, 건축물의 내진 설계, 도시 인프라의 상태, 대응 체계의 준비 정도 등에 따라 피해 규모가 달라진다. 또한, 지진 이후에는 전염병 창궐, 식수 부족, 사회적 혼란 등 추가적인 재난이 발생할 가능성이 커지며, 이는 피해 주민의 반응과 지역 사회의 대응 방식에 따라 더욱 복잡하게 전개될 수 있다.

재난은 단순히 물리적 피해로만 끝나는 것이 아니라 예기치 못한 후속적인 사회적·정치적 영향을 초래할 수 있는 복합적 현상이라는 점이 중요하다. 재난의 상호작용적 특성 때문에 기존의 전통적인 재난관리 방식으로는 대응하기 어려운 새로운 형태의 문제들이 발생할 수 있다.

복구(recovery)는 단순히 이전 상태로 되돌리는 것이 아니라, 새로운 안정적인 형태를 형성하는 과정으로 이해해야 한다. 재난은 비가역성(irreversibility)을 가지기 때문에 원래 상태 그대로 회복하는 것은 현실적으로 불가능한 경우가 많다(Hills, 1998). 또한 각각의 재난은 서로 다르며(Gherardi et al., 1998), 이를 대응하는 과정에서 조직 내의 갈등뿐만 아니라 조직 간의 갈등이 야기되기도 한다(Petak, 1985). 특히 재난 상황에서는 기존의 관료적 규범(bureaucracy norms)이 제대로 작동하지 못하고, 대신 비상적 규범(emergency norms)이 형성되는 특징이 있다. 이는 혼란 속에서 사람들이 신속하게 적응하고, 생존을 위해 새로운 방식으로 행동해야 하는 필요성 때문이다(Schneider, 1992). 예를 들어 소문(rumor)은 재난 상황에서 중요한 역할을 한다. 정보가 부족하거나 신뢰할 수 없는 공식 발표가 늦어질 경우, 주민들은 단순화된 혹은 부정확한 정보를 기반으로 판단할 수밖에 없는 것이다.

둘째, 재난 발생 이후, 관련 기관 간의 관계에서 비롯되는 복잡성은 다음의 두 가지 점에서 살펴볼 수 있다. 첫 번째는 재난 발생 이전(pre-disaster)과 비교할 때 재난 발생 이후(post-disaster) 단계에서는 재난관리 행정의 경계가 확대되며, 이는 단순히 사고 대응을 넘어 복구, 재건, 사회적 안정화 과정까지 포괄하게 된다(남궁근, 1995). 두 번째는 재난 발생 이후 단계에서는 기존의 재난관리 조직의 개입 범위가 축소되는 경향이 나타난다. 이는 초기 대응이 끝난 후 복구와 재건 과정에서 다양한 기관과 지역사회, 민간단체가 더 적극적으로 개입하기 때문이다(Drabek, 1985).

4 인지성

인지성(recognizability)은 사람들이 특정 재난을 얼마나 신속하고 정확하게 인식할 수 있는지를 의미한다. 이는 재난 대응 및 예방에 중요한 요소로 작용한다. 예를 들어 동일한 재난을 재난관리자는 단순한 '기술적인 사고(technical incident)'로 여기는 데 비해 그 재난의 피해자는 '대재앙(catastrophe)'으로 인식하는 것도 한 예가 될 수 있다. 이처럼 언어에 내재된 모호성으로 인해 재난의 배양(incubation) 과정에서 정보 수집과 의사소통의 어려움이 발생하게 되고, 그에 따라 재난의 발발 요인이 축적된다

(Gherardi et al., 1998).

인지성은 객관적인 사실과 주관적인 인식 간의 차이를 포함하며, 힐스(Hills, 1998), 페탁(Petak, 1985), 정익재(1994) 등의 연구에서도 이러한 불일치를 강조하고 있다. 특히, 정치적 요소가 배제된 경우, 일반 국민은 재난을 단기적인 관점에서 바라보는 경향이 있으며, 이는 장기적인 대비와 예방이 부족해지는 원인이 될 수 있다. 힐스(Alice Hills)는 재난 인식의 단기적 성향을 지적하며, 사람들이 즉각적인 피해에는 민감하지만 장기적인 위험 요소에 대한 경각심은 상대적으로 낮다고 분석했다(Hills, 1998). 페탁(William Petak)과 정익재는 이를 객관적(정량적) 차원과 주관적(정성적) 차원의 불일치로 설명하며, 재난의 실제 위험성과 사람들이 느끼는 위험 수준이 다를 수 있음을 강조했다(Petak, 1985; 정익재, 1994). 이러한 인지적 차이를 줄이기 위해서는 재난 교육, 정보 전달 체계 개선, 장기적인 위험관리 전략이 필요하며, 특히 객관적인 데이터와 주관적인 인식을 조화롭게 연결하는 노력이 중요하다.

또한, 최병선은 재난의 일상성과 한정된 자원 배분의 효율성 간의 불일치를 강조하며, 위험 인지를 단순한 안정성이나 무해성의 기준으로 볼 수 없다고 제시했다(최병선, 1994). 대신, 기회 편익(opportunity benefit)과 사회적 순편익(social net benefit)을 기준으로 위험을 평가해야 한다는 점을 강조했다. 이는 재난 대응에서 자원의 제한성과 사회적 영향을 고려해야 한다는 의미로 해석될 수 있다. 즉, 모든 위험을 완전히 제거하는 것이 현실적으로 불가능하므로, 사회적·경제적 관점에서 최적의 대응 전략을 마련하는 것이 중요하다는 것이다.

제5절 재난관리 단계별 활동

재난관리의 핵심은 피해를 최소화하는 데 있으며, 이를 위해 예방, 대비, 대응, 복구의 모든 과정을 체계적으로 수행하는 것이 중요하다. 「재난 및 안전관리 기본법」은 이러한 과정을 법적으로 명확하게 규정해 국가와 지방자치단체가 효과적인 재난 대응을 할 수 있도록 기반을 마련하고 있다. 예방과 대비는 재난 발생을 사전에 차단하거나 피해를 줄이는 중요한 단계이며, 대응과 복구는 발생한 재난으로부터 빠르게 회복하고 정상화를 이루는 핵심 과정이다. 이를 위해 재난 예측 및 조기 경보 시스템, 안전한 도시 설계, 신속한 긴급 대응 체계 구축 등이 필수적으로 시행된다. 이와 같은 체계적인 접근 방식은 국민의 생명과 재산을 보호하는 데 중요한 역할을 한다.

재난관리의 과정모형은 시간적 국면에 따라 사전 단계(예방·대비)와 사후 단계(대응·복구)로 구분되며, 각 단계에서 수행해야 할 핵심 활동이 정의된다(Petak, 1985; 김영규·임송태, 1997; 이재은, 2002: 169-171). 즉, 재난관리의 과정은 일반적으로 재난의 생애주기(life-cycle)에 따라 예방(prevention), 대비(preparedness), 대응(response), 그리고 복구(recovery)의 4단계 과정으로 분류된다.

〈표 1-4〉 재난관리 단계별 주요 활동 내용

구분		주요 활동 내용
재난 발생 이전 단계	예방 단계 (prevention)	위험성 분석 및 위험지도 작성, 건축법 제정과 정비, 재해보험, 토지 이용관리, 안전 관련 법규 제정 및 정비, 세제 지원 등
	대비 단계 (preparedness)	재난대응계획 수립, 비상경보 체제 구축, 비상통신망 구축, 유관 기관 협조 체제 유지, 비상자원의 확보 등
재난 발생 이후 단계	대응 단계 (response)	재난대응계획의 시행, 재해의 긴급대응과 수습, 인명구조·구난 활동 전개, 응급의료 체계 운영, 환자의 수용과 후송, 의약품 및 생필품 제공 등
	복구 단계 (recovery)	잔해물 제거, 전염병 예방 및 방역활동, 이재민 지원, 임시거주지 마련, 시설복구 및 피해 보상 등

다음 [그림 1-3]과 같이 재난관리의 각 단계는 개별적으로 존재하는 것이 아니라, 서로 긴밀하게 연결되고 보완되어야만 전체적인 대응 효과를 극대화할 수 있다(양기근, 2004: 50-52; 김중양, 2004: 49-50).

첫째, 예방(prevention)은 재난이 발생하기 전에 위험 요소를 사전에 제거하거나 피해를 최소화하는 활동을 포함한다(McLoughlin, 1985: 166). 이는 재난 발생 자체를 방지하거나, 불가피한 경우라도 피해 규모를 줄이는 데 초점을 맞추고 있으며 예방 단계에서의 주요 활동은 다음과 같다

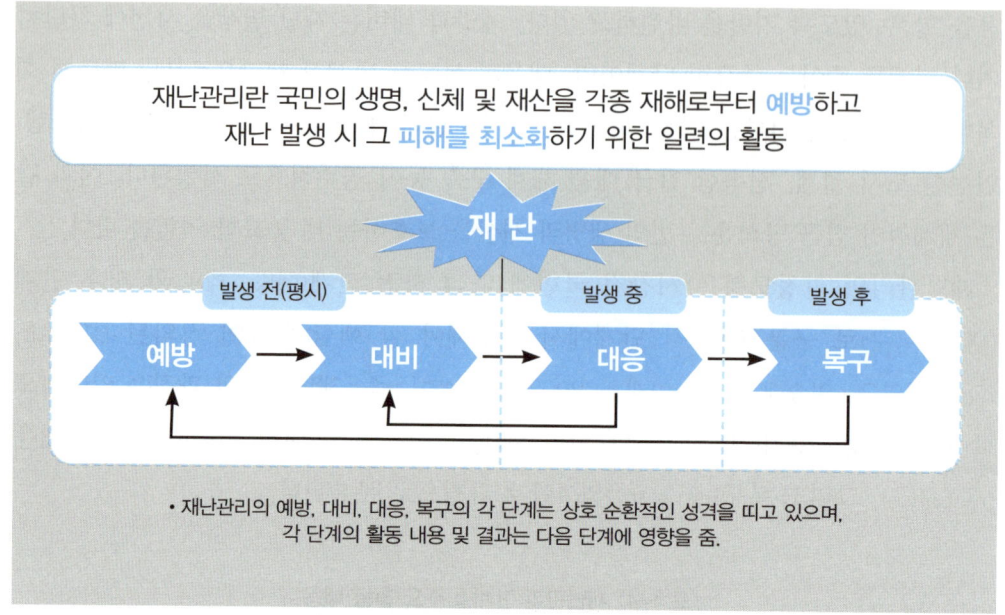

[그림 1-3] 재난관리 단계의 유기적 연계성

- 건축 기준 강화: 내진 설계를 포함한 엄격한 건축 규정을 적용해 지진이나 강풍에도 안전한 건물 건설
- 홍수 방지 인프라 구축: 제방, 배수 시스템, 저수지 등을 조성해 홍수 위험을 줄이고 물 관리 능력 강화
- 산불 예방 조치: 산림 관리, 방화벽 설치, 공공 경고 시스템 운영 등을 통해 산불 발생을 예방
- 기후 변화 대응 정책 수립: 온실가스 배출 저감, 재생 에너지 확대, 지속 가능한 도시 개발을 추진하여 장기적으로 기후 변화의 영향 완화

이 외에도 조기 경보 시스템 구축, 재난 교육 및 훈련, 환경 보호 활동 등이 예방 활동에 포함될 수 있다. 예방 단계는 재난이 초래할 수 있는 위험을 사전에 최소화하고, 장기적인 관점에서 안전한 사회를 구축하는 데 중점을 두고 있다. 이를 위해 다양한 전략과 정책이 마련되며, 이를 효과적으로 실행하는 것이 매우 중요하다. 특히,

사전 예방 대책의 수립과 재난 영향의 예측 및 평가는 위험을 사전에 감지하고 대비할 수 있도록 하는 핵심적인 활동이다.

둘째, 대비(preparedness)는 재난이 발생했을 때 신속하고 효과적으로 대응할 수 있도록 사전에 준비하는 과정이다. 대비 단계에서는 다양한 대응 능력 개발 활동이 이루어지며, 주요 목표는 피해를 최소화하고 대응 속도를 높이는데 있다(Clary, 1985: 20; Petak, 1985: 3; McLoughlin, 1985: 166). 대비 단계에서의 주요 활동은 다음과 같다.

- 사전 교육 및 훈련: 각 재난 유형별 대응 방법을 숙지하기 위해 모의 훈련과 시뮬레이션을 실시
- 표준운영절차(SOP) 확립: 대응 인력과 조직이 일관성 있게 재난에 대응할 수 있도록 프로세스 정의
- 유관 기관 협력 체계 구축: 정부, 지자체, 민간 조직 및 국제기구 간 협력 네트워크 강화
- 재난 대응 자원 확보 및 비축: 필수 물품(식량, 의료품, 통신 장비) 및 복구 자재 비축
- 자원 수송 및 통제 계획: 재난 발생 시 필요한 자원을 신속하게 배분하는 수송 및 관리 체계 확립
- 재난 예·경보 시스템 구축: 신속한 재난 감지 및 주민들에게 경고를 전달하는 체계 개발
- 주민 대피 홍보 및 비상방송 체제 마련: 주민이 안전하게 대피할 수 있도록 정보 전달 체계 확립

이러한 대비 단계의 활동이 철저히 이루어지면, 실제 재난 발생 시 혼란을 줄이고 신속한 대응이 가능해진다.

셋째, 대응(response) 단계는 재난이 실제 발생했을 때 피해를 최소화하고 추가적인 손실을 방지하기 위해 재난관리기관이 즉각적으로 개입하는 과정이다. 이 단계는 예방 및 대비 활동과 긴밀하게 연결되어 있어야 하며, 동시에 복구 단계에서의 부담을 최소화하는 역할도 한다(Drabek, 1985: 85; Petak, 1985: 3)

대응 단계에서 신속하고 체계적인 대응이 이루어져야 피해 규모를 줄이고, 이재민

들에게 적절한 지원을 제공할 수 있다. 대응 단계에서 이루어지는 주요 활동은 다음과 같다.

- 현장지휘소 및 상황실 운영: 신속한 의사결정과 구조 활동을 조정하기 위한 중심 기구 운영
- 관련 기관 간 협력 및 조정: 정부, 지방자치단체, 민간 및 비정부기구(NGO) 간 원활한 협력 체계 구축
- 피해 상황 파악 및 보고: 실시간으로 피해 규모를 분석하고 대응 방향 설정
- 이재민 보호 및 수용시설 운영: 임시 대피소 운영과 의료·식량 지원을 통해 기본 생활 보장
- 탐색 및 구조 활동: 실종자 탐색과 긴급 구조 활동 수행
- 응급 의료 지원: 부상자 치료 및 필요한 의료 지원 제공
- 의연금 및 구호 물자 전달: 피해자들에게 빠르고 효과적인 지원 제공
- 긴급 복구 계획 수립: 장기적인 복구를 위한 첫 단계로서 기반시설 복원 및 피해 복구 전략 마련

넷째, 복구(recovery) 단계는 재난 발생 직후부터 피해 지역이 정상적인 상태로 돌아갈 때까지 지속적으로 진행되는 장기적인 활동 과정이다. 이 단계에서는 단순히 피해를 복구하는 것을 넘어, 더 나은 회복과 재발 방지를 위한 구조적인 변화가 포함될 수 있다. 복구 단계는 장기적인 재건과 향후 재난 예방을 위한 시스템 개선까지 포함하는 중요한 과정이며 복구 활동의 주요 활동은 다음과 같다.

- 복구 상황 점검 및 관리: 피해 지역의 현황을 지속적으로 평가하고, 복구 진행 상황을 모니터링
- 피해 파악 및 긴급 지원: 피해 규모를 정확히 집계하고 긴급 물품 및 지원을 제공
- 재난 원인 분석 및 평가: 재난 발생 원인을 조사하여 향후 유사 피해 방지

또한 세부 복구 활동에는 다음과 같은 작업들이 포함된다.

- 중·장기 복구 계획 수립 및 우선순위 결정: 신속한 재건을 위해 단계별 복구 목표 설정
- 복구 장비 및 예산 확보 방안 마련: 필요한 자원 및 예산을 확보하여 원활한 진행 보장
- 유관 기관과의 협력 체계 구축: 정부, 지자체, 민간 기업 및 국제기구 간 협업 추진
- 긴급 지원물품 제공 및 피해자 보상·배상 관리: 피해 주민이 일상을 회복할 수 있도록 지원
- 재난 원인 조사 및 개선안 마련: 향후 재발을 방지하기 위한 법·제도적 개선
- 책임자 및 책임 기관의 법적 처리: 피해 유발 원인을 명확히 규명하고 적절한 조치

　최근 재난관리의 패러다임은 복구 중심에서 예방 및 대비 중심으로 변화하고 있으며, 특히 미국과 일본 같은 선진국에서는 첨단 과학기술을 활용한 재난 예방 및 대비를 적극적으로 추진하고 있다. 미국에서는 인공지능(AI)과 빅데이터를 활용해 재난 예측 및 대응 시스템을 강화하고 있고, 데이터 기반 정책을 통해 에너지 효율성을 높이고 재난 응급 대응 체계를 발전시키고 있으며, 일본에서는 지진 조기 경보 시스템, 내진 설계 기술, 재난 정보 전달 시스템 등을 활용해 재난 대응을 최적화하고 있고, 특히 지역사회의 참여를 강조하는 방식으로 대응체계를 발전시키고 있다(미국, 중국, 일본의 재난 정책과 기술 개발 동향: 2025 최신 분석).

　우리나라에서도 복구 중심의 재난관리에서 예방 및 대비 중심으로 변화하는 흐름이 이어지고 있으며, 이를 위한 국가 차원의 제도 및 R&D 투자가 점차 확대되고 있다. 최근 정부는 재난 예방 및 대비를 위한 R&D 투자를 강화하고 있으며, 특히 첨단 기술을 활용한 재난 대응 시스템 개발에 집중하고 있다. 예를 들어, 재난·안전 R&D 정보포털에서는 과학기술 기반의 안전사회 조성을 위한 투자 및 성과 정보를 제공하고 있으며, 행정안전부에서는 재난안전산업 육성을 위해 재난 유형별 특화된 기술 개발 및 성능 평가 플랫폼 구축을 지원하는 사업을 추진하고 있다(양기근 외, 2016).

제6절 재난관리 방식

재난관리 방식은 크게 유형별 관리 방식과 통합관리 방식으로 구분될 수 있다. 유형별 관리 방식은 재난의 특성에 따라 각 정부 부처 또는 기관이 개별적으로 대응하는 것을 의미하고 통합관리 방식은 하나의 기관에서 모든 재난을 일괄적으로 관리하는 방식을 말한다(한상대, 2004: 17-18; 채경석, 2004: 39-40).

전통적인 재난관리 방식은 재난의 유형별 특징을 강조하는 분산관리를 기반으로 발전해 왔으며, 이는 1930년대 행정 이론적 변화와 함께 조직의 전문화 원리를 따르는 흐름과 맞물려 형성됐다. 이러한 분산관리 방식의 핵심은 각각의 재난이 가지는 특성을 고려해 개별적인 대응 전략을 수립하는 것이다. 이와 같은 유형별 재난관리는 각 재난에 대한 전문성을 높이는 장점이 있지만, 기관 간 협력의 부족이나 중복 대응의 문제를 초래할 가능성도 있다.

분산관리 방식은 각 재난 유형에 맞는 전문적인 대응을 가능하게 하지만, 여러 기관이 중복 대응하거나 과잉 대응하는 문제가 발생할 수 있다. 특히 재난 발생 시 즉각적인 조율과 협력이 필요함에도 불구하고 기관 간 소통의 어려움이 빈번하게 나타나며, 이로 인해 재난 대응이 비효율적이거나 혼란스러워질 수 있다(김국래·유병옥, 2009: 234).

통합관리 방식(integrated emergency management system: IEMS)은 분산관리 방식의 한계를 보완하기 위해 도입된 개념으로, 재난관리의 예방-대비-대응-복구의 전 과정을 일원화해 체계적으로 관리하는 접근법이다. 미국 연방재난관리청(FEMA)의 창설과 함께 이론적 근거가 확립된 이 시스템은 모든 재난 유형의 통합 관리, 기관 간 협력 및 조정 강화, 자원 및 인력의 효율적 배분, 재난 대응 표준화 등과 같은 특징을 가진다. 이러한 통합관리 방식은 재난의 피해 범위, 대응 지원 및 방식에서 유사성이 존재한다는 점을 이론적 근거로 하고 있다(남궁근, 1995).

제도론적 관점에서의 통합관리는 단순히 모든 자원을 하나의 기관에서 일괄적으로 관리하는 것이 아니라, 재난 대응 기능별로 책임 기관을 지정하고 이를 조정하는 역할을 수행하는 방식이다. 즉, 재난 발생 시 다수의 기관이 협력하면서도 조율이 필요한 영역을 중앙에서 관리하는 코디네이터 시스템을 의미한다.

최근에는 각국에서 통합관리 방식으로의 전환을 고려하는 추세이며, 특히 인공지능(AI), 빅데이터 분석, 실시간 재난 정보 공유 시스템 등의 기술을 활용해 다양한 재난을 한 기관에서 효과적으로 조율하고 관리하는 접근 방식이 강조되고 있다. 분산관리 방식과 통합관리 방식 간의 장단점을 비교해 보면 〈표 1-5〉와 같다.

〈표 1-5〉 재난관리 방식별 장단점 비교

유형	유형별 관리 방식	통합관리 방식
성격	분산관리 방식	통합관리 방식
관련 부처 및 기관	다수 부처 및 기관의 단순 병렬	단일 부처 조정에 따른 병렬적 다수 부처 및 기관
책임 범위와 부담	소관 재난에 대한 관리 책임, 부담 분산	모든 재난에 대한 관리 책임, 과도한 부담 가능성
관련 부처의 활동 범위	특정 재난에 대한 관리활동	모든 재난에 대한 종합적 관리활동과 독립적 활동의 병행
정보 전달 체계	정보 전달의 다원화	정보 전달의 일원화
재난 대응	대응 조직 없음(사실상 소방)	통합 대응/지휘통제 용이(소방)
재난에 대한 인지 능력	미약, 단편적	강력, 종합적
장점	- 한 재해 유형을 한 부처가 지속적으로 담당하므로 경험 축적 및 전문성 제고가 용이 - 한 사안에 대한 업무의 과다 방지	- 재난 발생 시 총괄적 자원 동원과 신속한 대응성 확보 - 자원봉사자 등 가용자원을 효과적으로 활용
단점	- 복잡한 재난에 대한 대처 능력에 한계 - 각 부처 간 업무의 중복 및 연계 미흡 - 재원 마련과 배분의 복잡성	- 종합관리 체계를 구축하는 데 많은 어려움이 따름. - 부처이기주의 및 기존 조직의 반대 가능성이 높고 업무와 책임이 과도하게 한 조직에 집중됨.
대표적인 국가	일본	미국

◆ 영상 자료 ◆

[모듈화 연구] 한국의 재난관리체계
https://www.youtube.com/watch?v=IJBUwSMtt7Q

출처: 한국행정연구원(KIPA).

참고 문헌

국가위기관리학회(2020). 『재난관리론』. 윤성사.
권봉안 · 김진해 · 정순광(2001). 『안전학개론』. 한국체육대학교.
김경안 · 유충(1998). 『재난대응론』. 도서출판 반.
김국래 · 유병옥(2009). 『재난관리론』. 정훈사.
김영규 · 임송태(1997). 재난대응체계 모델에 관한 연구. 「지방행정연구」, 11(4): 81-103.
김영평(1994). 현대사회와 위험의 문제. 「한국행정연구」, 3(4): 5-26.
김은성 · 안혁근(2009). 중앙정부와 지방정부 재난안전 관리의 효과적 협력 방안 연구. 「KIPA 연구보고서 2009-20」. 한국행정연구원.
김중양(2004). 대구지하철 참사 수습과 재난관리대책. 한국행정연구원 「행정포커스」, 1/2: 38-56.
남궁근(1995). 재해관리 행정체계의 국가 간 비교연구: 미국과 한국의 사례를 중심으로. 「한국행정학보」, 29(3): 957-981.
미국, 중국, 일본의 재난 정책과 기술 개발 동향: 2025 최신 분석(https://seo.goover.ai/report/202504/go-public-report-ko-eaf4ebd3-0f10-435e-b561-230344952e7b-0-0.html).
양기근(2004). 재난관리의 조직학습 사례연구: 세계무역센터 붕괴와 대구지하철 화재를 중심으로. 「한국행정학보」, 38(6): 47-70.
양기근 · 류상일 · 송윤석 · 이주호 · 이동규 · 홍영근(2016). 『재난관리론』. 대영문화사.
이광희 · 이환성(2017). 재난안전 분야 평가제도 메타평가 및 개선방안. 한국행정연구원 연구보고서.
이재은(2000). 위기관리정책 효과성 제고와 집행구조 접근법. 「한국정책학회보」, 9(1): 51-77.
_____(2002). 지방자치단체의 자연재해관리정책과 인위재난관리정책 비교 연구: AHP기법을 이용한 상대적 중요도 및 우선순위 측정을 중심으로. 「한국행정학보」, 36(2): 160-180.

정우석 외(2019). 재난 빅데이터를 활용한 대형복합재난 피해확산예측 시스템 구현에 관한 연구, 한국통신학회논문지.
정익재(1994). 위험의 특성과 예방적 대책. 「한국행정연구」, 3(4): 50-66.
정지범 · 라휘문(2015). 재난안전 관련 예산관리 현황 및 개선방안 연구, 한국행정연구원 연구보고서.
채경석(2004). 『위기관리정책론』. 대왕사.
최병선(1994). 위험문제의 특성과 전략적 대응. 「한국행정연구」, 3(4): 27-49.
한상대(2004). 지방자치단체 재난관리체제에 관한 연구. 아주대학교 공공정책대학원 석사학위 논문.

Alexander, D. (2005). An Interpretation of Disaster in terms of Changes in Culture, Society and International Relations, in Ronald W. Perry & E. L. Quarantelli(ed.). What is a Disaster?: New Answers to Old Questions. Delaware: Xlibris.
Clary, Bruce B. (1985). The Evolution and Structure of Natural Hazard Policies. Public Administration Review. 45(Special Issue, Jan.): 20-28.
Drabek, Thomas E. (1985). Managing the Emergency Response. *Public Administration Review*. 45(Special Issue, Jan.): 85-92.
Gherardi, Silvia, Nicolini, Davide, & Odella, Francesca(1998). What Do You Mean By Safety? Conflicting Perspectives on Accident Causation and Safety Management in a Construction Firm. *Journal of Contingencies and Crisis Management*. 6(4): 202-213.
Hills, A. (1998). Seduced by recovery: The consequences of misunderstanding disaster. *Journal of Contingencies and Crisis Management*. 6(3): 162-170.
Jones, D. K. C. (1993) Environmental Hazards.
Louis K. Comfort(1988). *Designing Policy for Action: The Emergency Management System*. L. K. comfort(ed), *Managing Disaster*. Dorham, North Carolina: Duke University Press. pp.3-21.
Malasky, Sol W. (1975). *System safety: planning/engineering/management*. Spartan Books.
McLoughlin, David(1985). A Framework for Integrated Emergency Management. Public Administration Review. 45(Special Issue): 165-172.
Petak, William J. (1985). Emergency Management : A Challenge for Public Administraton. *Public Administrative Review*. Vol.45, Special Issue.
Schneider, Saundra K. (1992). Governmental Response to Disasters: The Conflict Between Bureaucratic Procedures and Emergent Norms. *Public Administration*

Review. 52(2): 135-145.
Turner, B. A. 1978. *Man-Made Disasters*. London: Wykeham Science Press.

한국행정연구원(KIPA). [모듈화 연구] 한국의 재난관리체계(https://www.youtube.com/watch?v=lJBUwSMtt7Q).
대한적십자사 공식채널. [적십자아카데미] [교육] 01 재난의 이해(Understanding Disasters)(https://www.youtube.com/watch?v=EXLgQ0S47hM).

제2장

재난관리체계

◆영상 자료◆

[울진굿모닝목요특강] 8회 - 국가재난관리체계 및 주요 정책의 이해
https://www.youtube.com/watch?v=DwEYaHDVYDM&t=1692s

출처: 울진군

제1절 재난관리체계의 의의

1 재난관리체계의 개념

　재난관리는 인간에게 피해를 줄 수 있는 사건 또는 사고의 위험을 인지하고 이에 관해 의도적·체계적인 통제활동을 의미한다고 할 수 있다(최완규 외, 2021: 217). 다시 말해, 재난의 발생과정에 따라 재난이 발생하지 않도록 사전에 예방하고 재난 발

생 시 일어날 수 있는 제반 위험을 효율적으로 관리하는 것이 중요한 과제이다. 이를 효과적으로 수행하기 위해서는 체계적인 접근 방식, 즉 재난관리체계의 구축과 운영이 필수적이다.

재난관리체계는 재난을 예방하고, 그 위험으로부터 국민의 생명과 재산을 보호하며, 재난위험시설의 안전관리와 재난의 조기 대응체계를 구축해 재난 발생 시 신속한 대응으로 재난 피해의 최소화를 궁극적인 목표로 하는 체계이다(채진, 2021: 186). 이러한 목표를 달성하기 위해 재난관리체계는 재난의 예방, 대비, 대응, 복구의 전 과정을 조직적·통합적으로 운영할 필요가 있다. 이러한 의미에서 재난관리체계는 단순히 하나의 기관이나 부서가 독립적으로 재난에 대응하는 것이 아니다. 대부분의 부처 및 부서는 어느 정도의 차이는 있지만 예방, 대비, 대응, 복구 등 재난관리의 모든 단계별로 직간접적으로 관여하게 된다. 예를 들면, 항공기 추락으로 발생한 재난 사고에서 국토교통부는 재난관리 주관기관으로 사고수습 책임을 지고, 행정안전부는 이를 총괄지원하는 업무를 맡는다. 그뿐만 아니라 관할 지역의 지방자치단체와 긴급구조를 담당하는 소방, 경찰, 자원봉사자 등 현장종사자 등이 개입한다(임현우·유지선, 2024: 167-168). 따라서 중앙정부, 지방자치단체, 민간조직 등 다양한 조직이 유기적 연계 관계를 형성해 재난관리 기능을 수행해야 한다.

우리나라의 재난관리체계는 중앙정부와 지방자치단체가 유기적으로 연계되어 운영되는 다층적 구조를 가지고 있다. 「재난 및 안전관리 기본법」(이하, "재난안전법"이라 한다)을 근거로 하여 각종 재난으로부터 국토를 보존하고 국민의 생명·신체 및 재산을 보호하기 위해 국가와 지방자치단체의 재난관리체제가 확립되어 있다. 중앙정부는 행정안전부를 중심으로 한 정책 수립과 총괄·조정 기능을 담당하며, 소방청이 현장 대응을 주도하고 있다. 지방자치단체는 재난의 최초 대응기관으로서 초동대응을 담당하고, 재난관리의 모든 단계에 걸쳐 일차적인 역할을 수행하고 있다.

2 재난관리체계의 특징

재난관리체계는 ① 복잡성과 연계성, ② 유동성, ③ 경계성과 가외성, ④ 규모의 열세성, ⑤ 보충성이라는 특징을 갖고 있다. 이를 정리하면 〈표 2-1〉과 같다.

〈표 2-1〉 재난관리체계의 특징

특징	내용
복잡성·연계성	재난관리체계는 자연재난, 사회재난에 대응하기 위해 존재하는 하나의 네트워크 체계로서 구성 요소들 간의 연계를 통해 재난관리 기능을 수행한다.
유동성	재난발생 이전과 비교할 때 재난발생 이후의 단계에서는 그 영역이 대폭 확장된다. 그러나 확장된 재난관리체계는 목적이 완료됨과 동시에 경계가 축소되어 조직이 해체되거나 구성원들이 본래의 조직으로 돌아가므로 그 존속기간이 잠정적이라는 점에서 프로젝트 조직의 성격도 가지고 있다.
경계성	재난관리는 최악의 상황을 대비할 수 있는 모든 자원과 기술, 인력을 갖추고 있으면서 위험의 경계를 게을리하지 않아야 하는 경계성 원리에 따라야 한다.
가외성	재난관리 업무는 과업의 일상화, 표준화가 불가능할 뿐만 아니라 소관업무가 서로 중첩되어 있어야만 각종 재난 발생 시 적절히 대응할 수 있으므로 가외성이 확보되어야 한다.
규모의 열세성	재난은 소규모사고에서부터 많은 사상자가 발생하는 대형재난에 이르기까지 그 규모는 예측하기 어려우며 발생여부의 불확실성과 그로 인해 예산 배상이 개발예산에 비해 그 우선순위가 낮고 재난관리 상설조직은 재난발생 규모보다 조직의 대응규모가 열세성을 띠게 된다.
보충성	재난 대응 및 복구조직은 재난규모에 비해 능력이 열세하므로 관련 기능을 가진 주변조직을 임시로 조직·통합하여 대응하는 보충적 성격을 가지게 된다.

출처: 채진(2021: 187).

제2절 재난관리체계의 변천과정

우리나라 재난관리체계는 1948년 정부 수립 이후 약 75년에 걸쳐 지속적인 변천과 개편을 거쳐 왔다. 이러한 변화는 주요 재난 발생을 계기로 한 제도적 개선과 사회적 요구에 따른 개편의 연속이었다. 다음에서는 시대적 흐름을 네 가지로 구분해 재난 임시방편 대응기, 근대적 재난관리 도입기, 재난관리 확대기 그리고 재난관리체계 발전기로 나누어 변천과정을 살펴보고자 한다.

1 재난 임시방편 대응기(1940~1950년대)

1945년 광복 이후 매우 혼란스러운 시기에 군정 실시 후 당초 총독부 행정기구를 그대로 이어오다 1946년 4월 10일 소방부 및 중앙소방위원회를 설치했고, 조선 총독부의 내무국 토목국이 1946년 8월 토목부로 승격되어 중앙소방관리위원회를 관장하면서부터 소방업무가 경찰에서 분리됐다. 1948년 11월 4일 내무부 직제 제정을 통해 방재업무(풍수해 대책: 태풍, 호우)의 경우 내무부 건설국 이수과로, 소방업무는 내무부 치안국 소방과로 이관됐다(신희영, 2018: 514). 이수과는 치수사업 조사 및 기본계획수립, 하천공사 지도감독 등의 치수업무를 주로 관장했다(내무부직제 대통령령 제18호). 특히, 「소방법」이 제정되기 전까지 한국 재난관리체계는 과학적인 사전·사후적 관리시스템을 갖추지 못한 '자연치유적 접근 방식'을 취하고 있었고, 이수과 역시 치수관리, 하천관리 등이 업무의 중심이었다(최연우 외, 2020: 5). 1950년대에 와서는 소방조직이 치안국 보안과 소방계로, 1953년에는 치안국 경비과 소방계로 축소됐다.

이 시기에는 재난 관련 조직의 역할 분담을 시도하고자 하는 노력이 있었으나, 법적인 측면에서는 1960년 이전까지 풍수해 관련 법령이 없었다. 이에 따라 1959년 태풍 사라 발생 시 정례국무회의에서 긴급복구사업비를 결의해 실시하는 등 임시방편으로 대응하는 한계가 있었다. 즉, 재해대책에 필요한 사항을 국무회의 의결을 거쳐 범정부적으로 지원하거나 선례에 준해 각 부처에서 개별적으로 지원했으므로 체계적인 재난관리가 정비되어 있지 않았기 때문에 임시방편 대응기로 구분할 수 있겠다(신희영, 2018: 515).

이후 소방 부문에서 변화가 있었는데, 기존의 소방업무는 화재의 진압에 초점이 맞추어져 있었으나 1953년 11월 27일 부산역화재가 발생했을 때, 강풍이 함께 동반되면서 화재가 더욱 커졌고, 그 결과 부산 중구의 절반이 피해를 입는 사건이 있었는데, 이를 계기로 1958년 「소방법」이 제정됐다(신희영, 2018: 515). 이러한 「소방법」이 제정되면서 소방업무의 법적 근거가 처음으로 마련됐고, 화재뿐만 아니라 풍수해, 설해 등의 자연재난들도 관리대상에 포함되면서(제1조) 소방업무의 범위가 더욱 넓어지기 시작했다(최연우 외, 2020: 6).

2 근대적 재난관리 도입기: 자연재해 중심의 재난체계 도입 (1960~1980년대)

1959년 태풍 사라의 피해가 있은 후, 1961년 5월 16일 군사혁명으로 정부조직을 개편할 때, 국민 경제 부흥을 위한 경제기획원을 신설했으며 국토건설에 관한 사무를 위해 경제기획원 산하에 국토건설청 및 중앙경제위원회를 설치했다(신희영, 2018: 516).

같은 해 경북 영주와 남원에 커다란 수해가 발생하면서 이에 대한 수해복구 계기로 근대적 재해대책업무의 효시라고 볼 수 있는 영주수해복구사업소와 남원수해복구사업소가 설치(1962년 5월 1일 수해복구 및 재건사업 완료로 임시수해복구사무소 직제 폐지)됐다. 이때 국토건설청은 수해복구와 재건공사의 계획관리 및 지도감독을 관장하는 역할을 했으며, 국토건설청 소속의 임시수해복구사업소 설치로 인해 정부차원에서의 대책기구가 시작됐다고 볼 수 있다(신희영, 2018: 516).

이 시기에는 태풍, 홍수, 호우 등의 풍수해가 지속적으로 발생해 막대한 피해를 발생시켜 피해경감, 피해복구 및 재건업무에 대한 필요성이 높아졌다. 이에 정부는 1962년 10월 2일 내무부 치안국 내에 소방과를 신설해 전문적인 소방업무를 강화하고, 토목국을 국토건설청으로 이관해 풍수해로 인한 피해복구 및 재건업무를 강화했다. 같은 해 6월 29일에는 국토건설청이 건설부로 통폐합되면서 내무부 건설국 내의 이수과는 건설부 수자원국으로 이관됐고, 1963년 10월 23일에는 자원국 내에 방재과가 신설되면서 풍수해 재난관리업무의 기반이 마련됐다. 또한 1967년 7월 28일 「풍수해대책법」을 제정하면서 풍수해 및 재난관리안전체계를 마련했다. 신설된 방재과는 조직의 명칭에 '방재(防災)'라는 용어가 처음 명시된 부서였으며, 재난관리 업무만을 담당했던 최초의 부서였다(최연우 외, 2020: 6). 이를 계기로 자연재해에 대한 근대적 업무가 시작됐다. 국무총리 소속 하에 건설부가 사무를 관장하는 중앙재해대책위원회(위원장: 국무총리, 부위원장: 내무부 장관, 건설부 장관)와 지방재해대책위원회(위원장: 지방자치단체의 장)을 두도록 했고(풍수해대책법 제10조, 제16조), 이는 오늘날 안전관리위원회의 모태라고 볼 수 있다. 또한 재해대응대책총괄조정을 위해 재해대책본부를 중앙-시·도-시·군·구 단위로 체계화하여 설치했다(동법 제17조)(정찬권,

2024: 84). 1970년대에는 대연각 화재사고(1971), 서울 시민회관 화재사고(1972), 청량리 대왕코너 화재사고(1974) 등 대형 화재사고가 빈번하게 발생했다. 이에 정부는 1975년 7월 25일에 대형 화재사고에 대한 소방대응역량을 강화하기 위해 「민방위기본법」을 제정했다. 동법에 따라 방재에 관한 계획과 방재 조직에 관한 사항을 민방위 체계에 맞추어 정비(내무부 내 민방위본부[2국] 설치 - 민방위국 4과 소방국 3과로 확대)했다. 내무부 민방위 본부 신설에 따른 조직개편 및 신설을 통해 한국 재난관리조직체계는 자연재난관리 업무(건설부)와 소방 및 민방위 업무(민방위본부)의 이원적 운영이 시작됐다(최연우 외, 2020: 6).

〈표 2-2〉 1950~1980년대 주요 재난관련법의 연혁

연도	내용
1958	「소방법」 제정: 강풍으로 대규모 화재가 발생한 부산역화재사건을 계기
1961	「수난구호법」 제정, 「하천법」 제정
1962	「재해구호법」 제정
	풍수해대책위원회 규정 공포: 풍수해의 예방 및 복구에 관한 종합대책 강구
1967	「풍수해대책법」 제정
	「농어업재해대책법」 제정
1975	「민방위기본법」 제정: 남북 특수성 고려, 방재에 관한 계획과 조직 사항을 민방위체계에 맞추어 정비
1979	중앙재해대책본부 운영규정 공포
	1960~1980년대 자연재해 중심으로 재난관련법 체계 정비

출처: 신희영(2018: 517).

3 재난관리 확대기: 자연재난에서 인적재난으로 재난범위 확대 (1990년대)

도시화와 산업화가 시작되면서 인적 재난의 위험이 점차 증대됐고, 기존 건설부가 재해 예방과 응급 복구를 모두 관리하는 데에는 한계가 있었다. 이에 지방과 민방위

업무를 담당하는 내무부가 방재 업무를 맡아야 한다는 여론이 많아졌다. 특히 1990년 9월 9일 경기도에서 발생한 집중호우로 한강 일산제방이 붕괴되는 대규모 재난이 발생했고, 이로 인해 163명의 인명피해와 187,265명의 이재민이 발생하면서, 하천의 관리는 내무부가, 개보수는 건설부가 담당하는 관리체계의 문제점이 드러났다. 이를 계기로 효율적인 재난관리를 위해 건설부의 재해대책 기능을 내무부로 이관하고자 했다. 이에 1990년 12월 27일「정부조직법」을 개정해 건설부 방재과를 폐지하고 내무부 내 민방위국에 방재계획관을 두었다(신희영, 2018: 518). 그 결과 풍수해 중심의 방재 업무(건설부)와 소방 및 민방위 업무(내무부 민방위본부)로 이원화된 재난관리조직체계가 내무부 단일체계로 개편됐다(최연우 외, 2020: 6).

내무부로 방재 업무가 이관된 이후 지속적으로 내부 조직을 개편하려는 시도가 있었다. 1990년 3월 26일 방재계획과 및 방재시설과가 방재과로 통합된 이후 1994년 4월 민방위본부장 산하 방재계획관에 방재담당관, 재해복구담당관이 확대 개편 및 보강됐고, 1994년 12월 방재계획관실이 방재국(방재계획과, 재해대책과, 재해복구과)으로 확대 개편함에 따라 최초 국 단위의 방재조직이 설치됐다(신희영, 2018: 518).

1995년에 국내에서 부실공사와 건축법 위반 등의 문제로 성수대교 붕괴와 삼풍백화점 붕괴라는 엄청난 인적재난이 발생하게 된다. 특히, 재난 대응 과정에서 대응 활동 통제 미흡, 구조 장비 및 통신장비 부족, 기술적 결함, 인명구조기술 미비, 대응기관 간 협력 미흡 등 재난관리활동의 근본적인 문제점이 발생했다. 이에 정부는 전문적이고 체계적인 국가 재난관리체계를 강화하기 위해 내무부 민방위본부를 민방위재난통제본부로 개편하고, 재난관리국을 신설해 재난관리조직을 대폭 강화했다(최연우 외, 2020: 7).

이후, 1995년 7월 18일 재해현장의 비효율성 문제를 계기로「재난관리법」을 제정했고, 동법에 따라 자연재난뿐만 아니라 사회적 재난에 대한 관리체계를 갖추게 됐다. 또한「풍수해대책법」을「자연재해대책법」으로 개정해 가뭄과 지진을 재난유형으로 추가하는 등 재난관리 대상을 더욱 확대시켰다(최연우 외, 2020: 7). 같은 해 10월「정부조직법」개정 후 관계부처의 재난관리조직을 보강했다. 총리실에 국가재난관리 업무를 총괄하는 안전관리심의관을 설치했고, 내무부의 민방위본부를 민방위재난통제본부로 개편했으며, 재난관리국을 신설해 재난관리조직을 대폭 강화했다(신희영, 2018: 518).

그러나 1990년대 말, 국가 IMF 금융위기를 겪는 과정에서 상대적으로 중요성 및 필요성이 낮았던 재난관리조직은 우선적으로 축소 개편됐다. 1998년 2월 28일에 내무부가 행정자치부로 통폐합되면서 그 밑의 민방위국과 재난관리국이 민방위재난관리국으로 통합됐고, 이후 1999년 5월 24일에 다시 방재국과 통합되면서 최종적으로는 민방위방재국으로 통폐합됐으며, 안전 지도과의 업무는 재난관리과로 이관됐다(최연우 외, 2020: 7). 이는 국가도약의 기반을 구축하기 위해 중앙행정기관의 조직을 전면적으로 개편하면서 민방위방재국으로 통폐합되는 구조적인 환경문제에 기인한 것으로 보인다. 그럼에도 불구하고 1990년도에는 전체적으로 조직적인 면에서 방재시설 및 기능이 강화됐다고 볼 수 있다(신희영, 2018: 518).

〈표 2-3〉 1990년대 주요 재난관련법의 연혁

연도	내용
1993	인적 재난에 관한 법령으로 「재해예방 및 수습에 관한 훈령」 제정
1995	「소하천정비법」 제정
1995	「재난관리법」 제정 : 성수대교붕괴, 삼풍백화점 붕괴 계기로 재해 현장 비효율성 문제가 제기되어 재난관리국 신설(재해복구 3단계 방재체제 구축, 재해영향평가제 도입)
1995	「시설물의 안전관리에 관한 특별법 시행령」 제정
1995	「풍수해대책법」 ▶ 「자연재해대책법」으로 전문개정
1999	「환경 · 교통 · 재해 등에 관한 영향 평가법」 제정

출처: 신희영(2018: 519-520).

4 재난관리체계 발전기: 재난관련법 및 조직체계 구체화 시작 (2000년대)

태풍 루사(2002), 태풍 매미(2003) 등의 대형 재난사고로 인한 심각한 피해가 발생했다. 특히, 2002년 8월 30일부터 9월 1일까지 태풍 루사로 인해 약 4조 9,500억 원의 재산 피해가 발생했고, 2003년 2월 18일에 대구 중앙로역에서 발생한 지하철역

화재 사고로 인해 192명의 사망자와 148명의 부상자 및 6명의 실종자가 발생했으며, 2003년 9월 12일부터 13일까지 태풍 매미로 인해 약 4조 8,750억 원의 재산피해가 발생했다(최연우 외, 2020: 8). 이러한 대규모 재난이 연달아 발생함에 따라 정부는 최초 재난 전담기구를 설치하게 된다. 2004년 3월 11일 행정자치부의 민방위재난통제본부를 외청인 소방방재청으로 확대해 신설했다. 소방방재청 신설은 정부역사상 최초로 국가 재난관리 전담기구로서 출범한 것이며, 재난분야를 통합적 운영하기 위해 설립했다는 점에서 의의가 있다(신희영, 2018: 520). 소방방재청은 재난관리에서의 구성원 간의 협력체계 강화를 위해 국·과의 조직체계에서 본부·팀(재난예방본부, 소방대응본부, 복구지원본부) 체제로 개편했다. 그리고 조직명칭 및 기능을 현실에 맞게 개편하기 위해 재난예방본부를 재난안전본부로, 소방대응본부를 소방정책본부로, 복구지원본부를 방재관리본부로 명칭을 개편하고, 예방안전본부에 과학방재팀을, 방재관리본부에 재해보험팀을 신설했다(최연우 외, 2020: 8).

2013년 안전을 강화한다는 의미의 안전행정부가 출범하면서 재난의 범위를 정리했는데, 인적 재난과 사회적 재난을 합쳐 사회재난으로 분류한 뒤 자연재난과 두 분류로 나누게 됐다. 그리고 사회재난의 경우 안전행정부로 업무가 이관되면서 사실상 재난관리체계는 자연재난을 담당하는 소방방재청과 사회재난을 담당하는 안전행정부로 이원화된 특징이 있다(신희영, 2018: 522).

2014년에는 우리나라의 재난관리체계에 대한 총체적인 문제점을 직시하는 사건이 발생하는데, 4월 16일 발생한 진도해상 여객선 침몰사건이다. 이를 계기로 재난안전 총괄부처로 안전행정부의 인력과 업무를 이관 받아 국무총리 소속의 국민안전처를 출범했다. 국민안전처는 소방방재청과 해양경찰청을 흡수해 중앙소방본부 및 해양경비안전본부를 설치하고 재난총괄관리를 위한 중앙재난안전상황실과 3실(안전정책실, 재난관리실, 특수재난실)의 조직체계를 구성했다(최연우 외, 2020: 10).

그러나 재난 대응 과정에서의 기관 간의 혼선, 관할권 문제 등으로 재난사고에 대한 효과적인 대응이 이뤄지지 못하는 문제점이 발생했다. 특히, 국민안전처가 통합적 재난 및 안전관리 전담조직으로 신설되었음에도 불구하고 재난 및 안전관리 업무 시의 통합적·체계적·유기적·협력적 관리상의 한계점이 높았다. 이러한 이유로 2017년 7월 26일에 정부는 국민안전처를 폐지했고 중앙소방본부는 소방청으로, 해양경비안전본부는 해양경찰청으로 분리·독립시켰고 행정자치부를 행정안전부로 재개편해 그 안에 재난안전관리본부를 신설해 국민안전처가 담당하던 재난 및 안전관리 업무를 모두 이관했다. 이로써, 화재 및 응급상황은 소방청, 해양재난은 해양경찰청, 그 외의 자연재난 및 사회재난은 행정안전부 재난안전관리본부가 담당하는 이원화된 재난관리조직체계로 개편됐다(최연우 외, 2020: 10).

〈표 2-4〉 2000년대 이후 주요 재난관련법의 연혁

연도	내용
2002	「자연재해대책법」 일부개정: 특별재해 지역선포 및 특별지원 내용 추가
2004	「재난 및 안전관리 기본법 제정: 소방방재청 신설
2005	「자연재해대책법」 전부개정: 중앙재해대책본부 내용 삭제, 예방과 연구 중심
2006	「다중이용업소의 안전관리에 관한 특별법」 제정
2007	「재해경감을 위한 기업의 자율 활동 지원에 관한 법률」 제정
2008	「지진재해대책법」 제정: 중국 쓰촨성 지진 후 내진설계와 경보체제 구축 위해 제정
2014	「세월호법」 신설 후 국민안전처 출범
	1990년대 인적재난 법령 등장으로 자연재난과 인적재난의 관련법 근거는 있었으나 사실상 2004년이 되어서야 재난관련법 정비

출처: 신희영(2018: 523).

5 재난대책본부 변천과정

지금까지 논의를 바탕으로 재난대책본부의 변천과정을 정리하면 다음과 같다.

〈표 2-5〉 재난대책본부의 변천과정

구분		조직체계	연도	관련법
초기 대책 본부 형태	임시 수해 복구 사업소	• 주관기관: 국토건설청 • 1961.8.21. 영주, 남원 수해	1960년대 정부차원 관리시작	• 각령 제104호
	수해 대책 본부	• 주관기관: 건설부 • 풍수해대책위원회 소속하에 수해대책본부 설치	1960년대 풍수해대책 인프라 구축	• 1962.6.16. 「풍수해대책위원회 규정」 제정 • 1964 「재해대책기본법(안)」 수립
	재해 대책 본부	• 주관기관: 건설부 • 수해대책본부 → 재해대책본부		• 1967.2.28. 「풍수해대책법」 제정
중앙재해 대책본부 (건설부)		• 1981.12.17. 재해대책본부 → 중앙재해대책본부 • 중앙/지방재해대책본부 최초로 분화 • 1991.4.23. 방재 업무 기능 이관 (건설부 → 내무부)	1970년대~ 1990년대 초기 방재업무 이관 지방재난관리 시작	• 1975.7.25. 재해대책업무 민방위 분야로 흡수 • 1981.12.17. 「풍수해대책법」 일부개정: 지방재해대책본부 신설
중앙재해 대책본부 (내무부) 「자연재해대책법」	중앙사고 대책본부 (주무부처) 「재난관리법」	• 주관기관: 내무부	1990년대 중반 ~2000년대 주무부처로 재난관리 확대	• 1995.12.6. 「자연재해대책법」 전문개정 • 1995.7.18. 「재난관리법」 제정
중앙재난안전 대책본부 (행자부)	중앙사고 수습본부 (주무부처)	2004.3.11. 소방방재청 신설	2004년~ 최초 재난 전담기구 신설	• 2004.3.11. 「재난 및 안전관리기본법」 제정
		2014.11.19. 국민안전처 신설 (2017.7. 폐지)	2014년~ 재난관련법 및 조직체계 구체적으로 정비시작	• 2013.8.6. 「재난 및 안전관리기본법」 개정 - 제15조의2(중앙사고수습본부) 신설 • 2014.12.30. 「재난 및 안전관리기본법」 개정 - 국무총리 중대본부장의 권한 대행 가능 - 중수본 지휘범위 확대 (시·군·구 → 시·도지사)
		2017년~ 행정안전부 소방청 신설 해양경찰청 신설		

출처: 신희영(2018: 528).

제3절 재난관리체계의 조직 및 기능

1 재난관리체계의 법적 근거와 구조

1) 재난관리체계의 법적 근거

우리나라의 재난관리체계는 「재난안전법」에 근거해 구축되어 있다. 동법은 각종 재난으로부터 국토를 보존하고 국민의 생명·신체 및 재산을 보호하기 위해 국가와 지방자치단체의 재난 및 안전관리체제를 확립하고, 재난의 예방·대비·대응·복구와 안전문화활동에 필요한 사항을 규정함을 목적으로 한다. 동법은 재난을 예방하고 재난이 발생한 경우 그 피해를 최소화하는 것이 국가와 지방자치단체의 기본적 의무임을 명시하고 있으며, 모든 국민과 국가·지방자치단체가 국민의 생명 및 신체의 안전과 재산보호에 관련된 행위를 할 때에는 안전을 우선적으로 고려해야 함을 기본이념으로 제시하고 있다.

재난관리체계는 예방, 대비, 대응, 복구의 4단계로 구성되어 있으며, 각 단계별로 중앙정부와 지방자치단체의 역할과 책임이 명확히 규정되어 있다. 특히 재난의 유형을 자연재난과 사회재난으로 구분해 각각에 대한 전문적이고 체계적인 대응체계를 마련하고 있다. 이는 국가 전체의 재난관리 역량을 강화하고, 각 기관 간의 협력체계를 구축하는 데 중요한 역할을 한다.

2) 재난관리체계의 기본 구조

재난관리조직은 평시 상설조직과 비상시 임시조직으로 구분된다. 상설조직은 행정안전부, 소방청, 지방자치단체의 재난안전 담당 부서 등이 해당되며, 이들은 재난의 예방과 대비 업무를 상시적으로 수행한다. 비상시 임시조직으로는 중앙재난안전대책본부, 시·도재난안전대책본부, 시·군·구재난안전대책본부 등이 있으며, 재난 발생 시 신속한 대응과 수습을 위해 설치·운영된다. 이러한 이원적 조직 구조는 평시의 체계적인 준비와 비상시의 신속한 대응을 동시에 가능하게 하는 장점이 있다.

2 행정안전부 재난안전관리본부

행정안전부는 재난 및 안전관리에 관한 정책의 수립·총괄·조정을 담당하는 중앙정부의 핵심 기관이다. 여기서 총괄·조정이라는 것은 재난안전 분야에 대한 모든 업

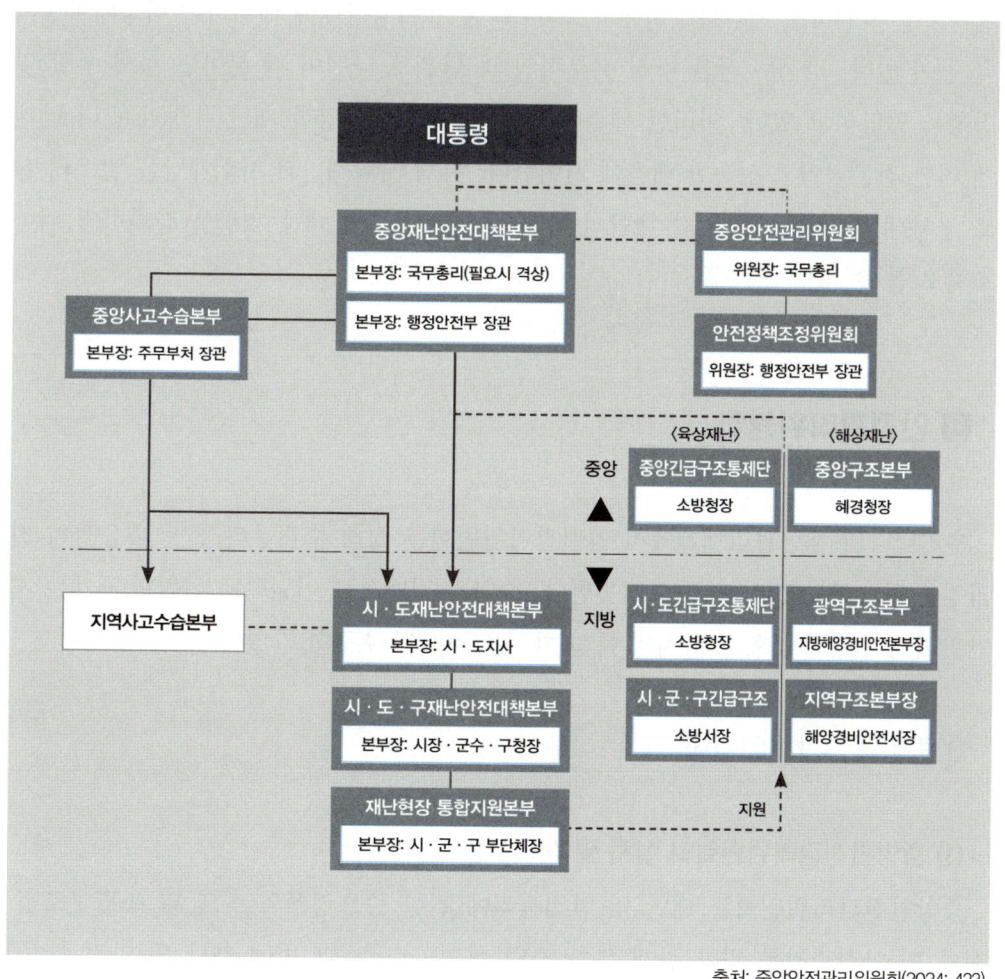

출처: 중앙안전관리위원회(2024: 423).

[그림 2-1] 국가 재난안전관리체계

무를 다 한다는 것이 아니라 관련 기관이 협력해서 재난관리를 하는 데 있어서 구심점 또는 조정자의 역할을 한다는 것이다(임현우·유지선, 2024: 173). 2017년 국민안전처가 해체되면서 행정안전부 내에 재난안전관리본부가 설치돼 재난관리 업무를 전담하고 있다.

재난안전관리본부장은 본부의 업무를 총괄하며, 본부 내에는 다양한 전문 부서들이 재난의 예방부터 복구까지 전단계를 체계적으로 관리하기 위해 조직되어 있다. 재난안전관리본부의 주요 조직으로는 중앙재난안전상황실, 안전정책을 총괄하는 안전예방정책실, 자연재난을 전담하는 자연재난실, 사회재난을 담당하는 사회재난실, 피해복구를 지원하는 재난복구지원국, 그리고 국가 비상사태에 대비하는 비상대비정책국 등이 있다. 각 실·국은 다시 세부적인 과 단위로 나뉘어 각 분야별 정책 수립 및 집행을 담당하고 있다. 이러한 세분화된 조직 구조는 다양한 재난 유형과 관리 단계에 대한 전문적이고 신속한 대응에 기여한다. 특히 자연재난과 사회재난을 별도의 실로 구분해 운영하는 것은 각 재난의 특성에 맞는 전문적 대응 역량을 강화하기 위한 조치로 볼 수 있다.

3 안전관리위원회

우리나라의 재난관리체계에서 안전관리위원회는 정책 수립부터 현장 대응까지 전 과정을 관장하는 핵심 기구로 기능한다. 중앙과 지방으로 이원화된 위원회 체계는 재난관리의 수직적 통합성과 지역 특성 반영을 동시에 추구하고 있다.

1) 중앙안전관리위원회

(1) 중앙안전관리위원회의 설치 및 심의사항

중앙안전관리위원회는 재난 및 안전관리에 관한 중요정책의 심의 및 총괄·조정, 재난 및 안전관리를 위한 관계 부처 간의 협의·조정, 그 밖에 재난 및 안전관리에 필요한 사항을 시행하기 위해 설치된 국무총리실 소속의 행정위원회이다(재난안전법

제9조 제1항).

중앙안전관리위원회의 주요 심의사항은, ① 재난 및 안전관리에 관한 중요 정책에 관한 사항, ② 국가안전관리기본계획에 관한 사항, ③ 재난 및 안전관리 사업 관련 중기사업계획서, 투자우선순위 의견 및 예산요구서에 관한 사항, ④ 중앙행정기관의 장이 수립·시행하는 계획, 점검·검사, 교육·훈련, 평가 등 재난 및 안전관리업무의 조정에 관한 사항, ⑤ 안전기준관리에 관한 사항, ⑥ 재난사태의 선포에 관한 사항, ⑦ 특별재난지역의 선포에 관한 사항, ⑧ 재난이나 그 밖의 각종 사고가 발생하거나 발생할 우려가 있는 경우 이를 수습하기 위한 관계 기관 간 협력에 관한 중요 사항, ⑨ 재난안전의무보험의 관리·운용 등에 관한 사항, ⑩ 중앙행정기관의 장이 시행하는 대통령령으로 정하는 재난 및 사고의 예방사업 추진에 관한 사항, ⑪「재난안전산업 진흥법」에 따른 기본계획에 관한 사항, ⑫ 그 밖에 위원장이 회의에 부치는 사항 등이다(동법 제9조 제1항). 여기서 중앙안전관리위원회의 법률상 기능만 보았을 때 심의위원회로서의 성격을 가지고 있지만, 중앙안전관리위원회의 기능을 고려한다면 실질적인 재난안전관리와 관련한 정책이나 부처 간 업무사항을 확정 짓는 역할을 하고 있다(정명운, 2016: 34).

중앙안전관리위원회는 국무총리를 위원장으로 하며, 기획재정부 장관부터 해양경찰청장에 이르기까지 31개 중앙행정기관의 장이 당연직 위원으로 참여하고 있다. 그 밖에 중앙안전관리위원회의 위원장이 지정하는 기관 및 단체의 장도 위원으로 참여할 수 있다(동법 제9조 제2항, 동법 시행령 제6조).

(2) 안전정책조정위원회

중앙안전관리위원회에 상정될 안건을 사전에 검토하고, 중앙행정기관의 장이 수립·시행하는 계획, 점검·검사, 교육·훈련, 평가 등 재난 및 안전관리업무의 조정에 관한 사항 등을 사전에 조정하는 등의 사무를 수행하기 위해 중앙안전관리위원회에 안전정책조정위원회를 두고 있다(재난안전법 제10조 제1항). 안전정책조정위원회의 위원장은 행정안전부 장관이 되고, 위원은 대통령령으로 정하는 중앙행정기관의 차관 또는 차관급 공무원과 재난 및 안전관리에 관한 지식과 경험이 풍부한 사람 중에서 위원장이 임명하거나 위촉하는 사람이 된다(동법 제10조 제2항, 동법 시행령 제9조).

안전정책조정위원회에는 위원회의 업무를 효율적으로 처리하기 위한 실무위원회와 재난 및 안전관리에 관한 민관 협력관계를 원활히 하기 위한 중앙안전관리민간협력위원회를 두고 있다(동법 제10조 제4항 제12조의2). 실무위원회는 ① 재난 및 안전관리를 위하여 관계 중앙행정기관의 장이 수립하는 대책에 관하여 협의·조정이 필요한 사항, ② 재난 발생 시 관계 중앙행정기관의 장이 수행하는 재난의 수습에 관하여 협의·조정이 필요한 사항, ③ 그 밖에 실무위원회의 위원장이 회의에 부치는 사항을 심의한다(동법 시행령 제10조).

민관협력에 의한 재난위험 예방과 최소화에 협력은 필수 불가결한 사항이라 할 수 있다. 이에 민과 관이 상호 소통하고 협력함으로써 좀 더 실효적인 정책수립과 이행을 도모하고자 안전정책조정위원회에 중앙안전관리민간협력위원회를 두고 있다(정명운, 2016: 35). 중앙안전관리민간협력위원회는 ① 재난 및 안전관리 민관협력활동에 관한 협의, ② 재난 및 안전관리 민관협력활동사업의 효율적 운영방안의 협의, ③ 평상시 재난 및 안전관리 위험요소 및 취약시설의 모니터링·제보, ④ 재난 발생 시 제34조에 따른 재난관리자원의 동원, 인명구조·피해복구 활동 참여, 피해주민 지원서비스 제공 등에 관한 협의 등의 사무를 수행하고 있다(동법 제12조의3 제1항). 재난 발생 시 신속한 재난 대응 활동 참여 등 중앙안전관리민간협력위원회의 기능을 지원하

〈표 2-6〉 중앙안전관리위원회 개요

구분	내용	법적 근거
위원장	국무총리	제9조 제2항
위원	대통령령으로 정하는 중앙행정기관의 장 또는 관계 기관·단체의 장 (예: 기획재정부 장관, 행정안전부 장관, 국방부 장관, 소방청장 등)	제9조 제2항, 시행령 제6조
간사	행정안전부 장관	제9조 제4항
주요 기능 (심의 사항)	• 재난 및 안전관리에 관한 중요 정책에 관한 사항 • 국가안전관리기본계획에 관한 사항 • 안전기준관리에 관한 사항 • 재난사태의 선포에 관한 사항 • 특별재난지역의 선포에 관한 사항 등	제9조 제1항
의사결정 방식	재적위원 과반수 출석으로 개의, 출석위원 과반수 찬성으로 의결	시행령 제8조
주요 권한	재난관리책임기관 등에 자료 제출, 의견 진술 등 협조 요청권	제9조 제8항

기 위해 중앙안전관리민간협력위원회에 재난긴급대응단을 둘 수 있다(동법 제12조의3 제3항).

(3) 중앙재난방송협의회

재난에 관한 예보·경보·통지나 응급조치 및 재난관리를 위한 재난방송이 원활히 수행될 수 있도록 중앙안전관리위원회에 중앙재난방송협의회를 두어야 한다(재난안전법 제12조 제1항). 재난방송협의회는 ① 재난에 관한 예보·경보·통지나 응급조치 및 재난관리를 위한 재난방송 내용의 효율적 전파 방안, ② 재난방송과 관련해 중앙행정기관, 시·도 및 「방송법」 제2조 제3호에 따른 방송사업자 간의 역할분담 및 협력체제 구축에 관한 사항, ③ 「언론중재 및 피해구제 등에 관한 법률」 제2조 제1호에 따른 언론에 공개할 재난 관련 정보의 결정에 관한 사항, ④ 재난방송 관련 법령과 제도의 개선 사항, ⑤ 그 밖에 재난방송이 원활히 수행되도록 하기 위해 필요한 사항으로서 방송통신위원회위원장과 과학기술정보통신부 장관이 요청하거나 중앙재난방송협의회 위원장이 필요하다고 인정하는 사항을 심의한다(동법 시행령 제10조의3).

2) 지역안전관리위원회

(1) 지역안전관리위원회의 설치 및 심의 사항

지역별 재난 및 안전관리에 관한 사항을 심의·조정하기 위해 특별시장·광역시장·특별자치시장·도지사·특별자치도지사 소속으로 시·도 안전관리위원회를 두고, 시장·군수·구청장 소속으로 시·군·구 안전관리위원회를 두고 있다(재난안전법 제11조 제1항).

지역안전관리위원회는 ① 해당 지역에 대한 재난 및 안전관리정책에 관한 사항, ② 해당 지역의 안전관리계획에 관한 사항, ③ 재난사태의 선포에 관한 사항(시·군·구 안전관리위원회는 제외), ④ 해당 지역을 관할하는 재난관리책임기관(중앙행정기관과 상급 지방자치단체는 제외)이 수행하는 재난 및 안전관리업무의 추진에 관한 사항, ⑤ 재난이나 그 밖의 각종 사고가 발생하거나 발생할 우려가 있는 경우 이를 수습하기 위한 관계 기관 간 협력에 관한 사항, ⑥ 다른 법령이나 조례에 따라 해당 지역안전관

〈표 2-7〉 지역안전관리위원회 개요

구분	내용(시·도)	내용(시·군·구)	법적 근거
위원장	특별시장·광역시장·특별자치시장·도지사·특별자치도지사	시장·군수·구청장	제11조 제2항
위원	• 조례로 정함 • 예) 서울특별시의 경우 서울특별시교육감, 수도방위사령관, 서울특별시경찰청장 등	• 조례로 정함 • 예) 서울특별시 강남구의 경우 구의 분야별 재난·안전관리 업무를 담당하는 국·소장, 강남구의회 의원 1명, 강남소방서장, 강남경찰서장 등	제11조 제5항, 조례
주요 기능 (심의사항)	• 해당 지역에 대한 재난 및 안전관리정책에 관한 사항 • 안전관리계획에 관한 사항 • 재난사태의 선포에 관한 사항(시·군·구위원회는 제외) • 해당 지역을 관할하는 재난관리책임기관(중앙행정기관과 상급 지방자치단체는 제외)이 수행하는 재난 및 안전관리업무의 추진에 관한 사항 등		제11조 제1항, 조례
의사결정 방식	재적위원 과반수 출석으로 개의, 출석위원 과반수 찬성으로 의결		제11조 제5항, 조례

리위원회의 권한에 속하는 사항, ⑦ 그 밖에 해당 지역안전관리위원회의 위원장이 회의에 부치는 사항을 심의·조정한다(동법 제11조 제1항).

(2) 안전정책실무조정위원회

지역안전관리위원회는 회의에 부칠 의안을 검토하고, 재난 및 안전관리에 관한 관계 기관 간의 협의·조정 등을 위해 안전정책실무조정위원회를 둘 수 있다(재난안전법 제11조 제3항). 재난안전법은 안전정책조정위원회의 실무위원회와는 달리 안전정책실무조정위원회에 관한 근거 규정을 두고 있지 않다. 재난안전법이 안전정책실무조정위원회의 구성과 운영을 각 지방자치단체의 조례에 위임하고 있는데,「부산광역시 안전관리위원회 조례」제7조[1]와 같이 실무위원회 설치 근거 규정을 두고 있는 경

---

1 부산광역시 안전관리위원회 조례 제7조(실무위원회) ① 위원회의 회의에 부칠 안건을 사전 검토하고, 관계 기관 간 협조사항을 정리하는 등 위원회의 효율적인 운영을 기하기 위해 위원회에 실무위원회를 둔다. ② 실무위원회의 위원장은 행정부시장이 되고, 위원은 위원회의 위원이 소속하는 기관·단체의 직원 중에서 당해 기관·단체의 장이 지명하는 자가 된다. ③ 실무위원회의 회의는 실무위원회의 위원장이 필요하다고 인정하는 때에 소집한다. ④ 실무위원회의 회의는 재적위원 과반수의 출석으로 개의하고 출석위원 과반수의 찬성으로 의결한다.

우도 있다.

안전정책실무조정위원회에서도 재난 및 안전관리에 관한 지역 차원의 민관 협력관계를 원활히 하기 위해 시·도 또는 시·군·구 안전관리민관협력위원회를 구성·운영할 수 있다(재난안전법 제12조의2 제2항).

(3) 지역재난방송협의회

지역 차원에서 재난에 대한 예보·경보·통지나 응급조치 및 재난방송이 원활히 수행될 수 있도록 시·도 안전관리위원회에 시·도 재난방송협의회를 두어야 하고, 필요한 경우 시·군·구안전관리위원회에 시·군·구 재난방송협의회를 둘 수 있다(재난안전법 제12조 제2항). 지역재난방송협의회의 구성 및 운영에 필요한 사항은 해당 지방자치단체의 조례로 정하도록 하고 있다(동법 제12조 제3항). 「서울특별시 재난 및 안전관리 기본 조례」 제11조 제2항에 따르면, 서울특별시 재난방송협의회는 ① 재난에 관한 예보·경보·통지나 응급조치 및 재난관리를 위한 재난방송 내용의 효율적 전파 방안, ② 재난방송과 관련해 시와 자치구 및 「방송법」 제2조 제3호에 따른 방송사업자 간의 역할분담 및 협력체제 구축에 관한 사항, ③ 「언론중재 및 피해구제 등에 관한 법률」 제2조 제1호에 따른 언론에 공개할 재난 관련 정보의 결정에 관한 사항, ④ 재난방송 관련 법령과 자치법규 및 제도의 개선 사항, ⑤ 그 밖에 재난방송이 원활하게 수행되도록 하기 위해 필요한 사항으로서 서울특별시 재난방송협의회의 위원장이 필요하다고 인정하는 사항을 심의하고 있다.

4 재난안전대책본부

1) 중앙재난안전대책본부

(1) 중앙재난안전대책본부의 설치

중앙재난안전대책본부는 대규모 재난의 대응·복구 등에 관한 사항을 총괄·조정하고 필요한 조치를 하기 위해 행정안전부에 두는 기관이다(재난안전법 제14조 제1항).

중앙재난안전대책본부는 단순한 행정조직이 아니라 재난 상황에서 국가 차원의 총괄적 대응을 위한 특별한 기구로서 설치된다. 중앙안전관리위원회가 평상시, 즉 재난이 발생하기 전에 재난 및 안전관리에 대한 전반적인 사항을 심의하고 정책의 방향성과 계획을 설정하는 기관이라면, 중앙재난안전대책본부는 실제로 재난이 발생하는 경우 사전에 설정된 계획 등에 따른 대응과 복구, 즉 집행을 하는 기관이라고 할 수 있다(이동규, 2022: 277).

재난이 발생하는 경우에 해당 지역을 관할하는 지방자치단체가 그에 대한 대응과 복구를 하는 것이 원칙이라고 할 것이다. 그러나 재난의 규모가 크거나 그의 영향이 사회적·경제적으로 광범위해 관할 지방자치단체의 대응 역량을 벗어나는 대규모 재난의 경우에는 행정안전부를 비롯한 중앙정부가 이에 대해 관여할 필요가 있다. 따라서 「재난안전법」에서는 인명 또는 재산의 피해 정도가 매우 크거나 그의 영향이 사회적·경제적으로 광범위한 재난이 발생하는 경우 그의 대응·복구 등에 관한 사항을 총괄·조정하고 필요한 조치를 위해 행정안전부에 중앙재난안전대책본부를 두도록 하고 있다(이동규, 2022: 277).

(2) 구성 및 운영

중앙재난안전대책본부는 본부장과 차장을 두며, 중앙재난안전대책본부 본부장은 원칙적으로 행정안전부 장관이 된다(재난안전법 제14조 제2항, 제3항). 그러나 재난의 성격에 따라 예외적 규정이 마련되어 있는데, 해외재난의 경우에는 외교부 장관이, 방사능재난의 경우에는 중앙방사능방재대책본부의 장이 각각 중앙대책본부장의 권한을 행사한다(동법 제14조 제3항 단서). 이러한 차별화된 지휘체계는 재난의 특성에 맞는 전문적 대응을 가능하게 한다. 또한, 범정부적 차원의 통합 대응이 필요하다고 국무총리가 인정하는 경우나, 행정안전부 장관 또는 수습본부장의 요청이 있는 경우에 국무총리가 직접 중앙대책본부장의 권한을 행사할 수 있다(동법 제14조 제4항). 이는 대규모 재난 상황에서 정부 최고위급의 직접적인 지휘를 통해 좀 더 효과적인 대응을 가능하게 하는 제도적 장치이다.

(3) 권한 및 기능

중앙대책본부장은 대규모 재난을 효율적으로 수습하기 위해 관계 재난관리책임기관의 장에게 행정 및 재정상의 조치, 소속 직원의 파견, 그 밖에 필요한 지원을 요청할 수 있고, 해당 대규모 재난의 수습에 필요한 범위에서 수습본부장 및 지역대책본부장을 지휘할 수 있다(재난안전법 제15조 제1항, 제3항). 또한, 중앙대책본부장은 지역재난안전대책본부장이 요청하는 경우 또는 재난을 효율적으로 수습하기 위해 필요하다고 인정하는 경우에는 관계 재난관리책임기관의 장 및 재난 피해에 대한 지원을 실시하는 기관으로서 지원실시기관의 장에게 소속 직원을 지역재난안전대책본부에 파견하도록 요청할 수 있다(동법 제15조 제4항).

2) 지역재난안전대책본부

(1) 지역재난안전대책본부의 설치 구성

중앙정부의 중앙재난안전대책본부에 대응하는 조직으로 해당 관할 구역에서 재난의 수습 등에 관한 사항을 총괄·조정하고 필요한 조치를 하기 위해 시·도지사는 시·도재난안전대책본부를, 시장·군수·구청장은 시·군·구재난안전대책본부를 두고 있다(재난안전법 제16조 제1항).

(2) 구성 및 운영

시·도재난안전대책본부 또는 시·군·구재난안전대책본부의 본부장은 시·도지사 또는 시장·군수·구청장이 되며, 지역대책본부장은 지역대책본부의 업무를 총괄하고 필요하다고 인정하면 대통령령으로 정하는 바에 따라 지역재난안전대책본부회의를 소집할 수 있다(동법 제16조 제2항). 시·군·구대책본부의 장은 재난현장의 총괄·조정 및 지원을 위해 재난현장 통합지원본부를 설치·운영할 수 있다. 이 경우 통합지원본부의 장은 긴급구조에 대해서는 시·군·구긴급구조통제단장의 현장지휘에 협력해야 한다(동법 제16조 제3항). 통합지원본부의 장은 관할 시·군·구의 부단체장이 되며, 실무반을 편성해 운영할 수 있다(동법 제16조 제4항).

(3) 권한 및 기능

지역대책본부장은 재난의 수습을 효율적으로 하기 위해 해당 시·도 또는 시·군·구를 관할 구역으로 하는 재난관리책임기관의 장에게 행정 및 재정상의 조치나 그 밖에 필요한 업무협조를 요청할 수 있고, 재난의 수습을 위해 필요하다고 인정하면 해당 시·도 또는 시·군·구의 전부 또는 일부를 관할 구역으로 하는 재난관리책임기관의 장에게 소속 직원의 파견을 요청할 수 있다(재난안전법 제17조 제1항, 제2항). 또한, 지역대책본부장은 재난으로 인해 생명·신체 및 재산에 대한 피해를 입은 사람과 그 가족에게 지원되는 정보를 신속하게 제공·안내하기 위해 필요한 경우에는 관할 구역의 긴급구조기관의 장 및 지원실시기관의 장에게 소속 직원의 파견을 요청할 수 있다(동법 제17조 제3항).

5 사고수습본부

1) 중앙사고수습본부

「재난안전법」에 따라 재난이나 그 밖의 각종 사고에 대해 그 유형별로 예방·대비·대응 및 복구 등의 업무를 주관하여 수행해야 하는 관계 중앙행정기관이 정해져 있는데, 이러한 중앙행정기관을 재난관리주관기관이라 한다(재난안전법 제2조 제5의2호). 예를 들면, 행정안전부는 「자연재해대책법」 제2조 제2호에 따른 자연재해로서 낙뢰, 가뭄, 폭염 및 한파로 인해 발생하는 재해에 대해, 환경부는 황사로 인해 발생하는 재해에 대해 재난관리주관기관으로서 재난관리 업무를 주관하여 수행해야 한다(동법 시행령 제3조의2).

재난관리주관기관의 장은 재난이 발생하거나 발생할 우려가 있는 경우에는 재난상황을 효율적으로 관리하고 재난을 수습하기 위한 중앙사고수습본부를 신속하게 설치·운영해야 한다(동법 제15조의2 제1항). 행정안전부 장관은 재난이나 그 밖의 각종 사고로 인한 피해의 심각성, 사회적 파급효과 등을 고려해 필요하다고 인정하는 경우에는 재난관리주관기관의 장에게 수습본부의 설치·운영을 요청할 수 있다(동법 제15

조의2 제2항).

  수습본부의 장은 해당 재난관리주관기관의 장이 되며, 재난정보의 수집·전파, 상황관리, 재난발생 시 초동조치 및 지휘 등을 위한 수습본부상황실을 설치·운영해야 한다. 이 경우 재난안전상황실과 인력, 장비, 시설 등을 통합·운영할 수 있다(동법 제15조의2 제3항, 제4항). 또한, 수습본부장은 재난을 수습하기 위해 필요하면 관계 재난관리책임기관의 장에게 행정상 및 재정상의 조치, 소속 직원의 파견, 그 밖에 필요한 지원을 요청할 수 있다(동법 제15조의2 제5항).

〈표 2–8〉 중앙재난안전대책본부와 중앙사고수습본부의 비교

구분	중앙재난안전대책본부	중앙사고수습본부
목적	대규모 재난의 대응/복구 등에 관한 사항을 총괄조정 및 필요한 조치	재난이 발생하거나 발생할 우려가 있는 경우 재난상황의 효율적 관리와 재난을 수습
본부장	행정안전부 장관 또는 국무총리 * 해외재난: 외교통상부 장관, 방사능재난: 원안위원장	재난관리책임기관의 장
본부장의 권한	• 관계 재난관리책임기관의 장에게 행정상 및 재정상의 조치, 소속 직원의 파견, 그 밖에 필요한 자원을 요청 • 중대본상황실 설치/운영(재난안전상황실과 인력, 장비, 시설 등과 통합 운영 가능) • 업무총괄조정, 중대본회의소집(필요 시) • 수습지원단 파견, 특수기동구조대 등 파견 • 수습본부장·지역대책본부장을 지휘 • 대책지원본부 운영(수습본부, 지대본의 재난상황관리와 수습 지원)	• 관계 재난관리책임기관의 장에게 행정상 및 재정상의 조치, 소속 직원의 파견, 그 밖에 필요한 지원을 요청 • 재난정보 수집·전파, 상황관리, 재난 발생 시 초동조치 및 지휘 등을 위한 수습본부상황실 설치·운영(재난안전상황실과 인력, 장비, 시설 등 통합운영 가능) • 지역사고수습본부장 지명 • 지역대책본부장을 지휘 • 수습지원단 구성·운영을 중대본부장에게 요청 가능
주요 업무	• 재난예방대책에 관한 사항 • 재난응급대책에 관한 사항 • 재난복구계획에 관한 사항 • 국고지원 및 예비비 사용에 관한 사항 • 그 밖에 중앙대책본부장이 회의에 부치는 사항 등 심의 및 협의	• 재난 피해상황 종합관리 및 상황보고 • 재난 초동조치 및 지휘 등 수습업무전담 • 재난 경보 발령 및 전파 • 피해상황조사, 피해보상·지원대책 마련 • 재난 피해조사 및 복구계획 수립 • 재난관리책임기관의 장에게 재난 수습에 필요한 행정상 및 재정상 조치 • 중앙대책본부장에게 중앙수습지원단 파견 및 중앙대책본부 설치 건의 • 중앙대책본부장 요구사항 이행 등

출처: 정찬권(2024: 90–91).

2) 지역사고수습본부

수습본부장은 지역사고수습본부를 운영할 수 있으며, 지역사고수습본부장은 수습본부장이 지명한다(재난관리법 제15조의2 제6항). 수습본부장은 해당 재난의 수습에 필요한 범위에서 시·도지사 및 시장·군수·구청장을 지휘할 수 있다(동법 제15조의2 제7항).

6 긴급구조통제단

긴급구조에 관한 사항의 총괄·조정, 긴급구조기관 및 긴급구조지원기관이 하는 긴급구조활동의 역할 분담과 지휘·통제를 위해 소방청에 중앙긴급구조통제단을 두고, 중앙통제단의 단장은 소방청장이 된다(재난안전법 제49조 제1항, 제2항). 중앙통제단장은 긴급구조를 위해 필요하면 긴급구조지원기관 간의 공조체제를 유지하기 위해 관계 기관·단체의 장에게 소속 직원의 파견을 요청할 수 있다(동법 제49조 제3항).

또한, 지역별 긴급구조에 관한 사항의 총괄·조정, 해당 지역에 소재하는 긴급구조기관 및 긴급구조지원기관 간의 역할분담과 재난현장에서의 지휘·통제를 위해 시·도의 소방본부에 시·도긴급구조통제단을 두고, 시·군·구의 소방서에 시·군·구긴급구조통제단을 두고, 시·도긴급구조통제단의 단장은 소방본부장이 되고 시·군·구긴급구조통제단의 단장은 소방서장이 된다(동법 제50조 제1항, 제2항). 지역통제단장은 긴급구조를 위해 필요하면 긴급구조지원기관 간의 공조체제를 유지하기 위해 관계 기관·단체의 장에게 소속 직원의 파견을 요청할 수 있다(동법 제50조 제3항).

◆ 영상 자료 ◆

국가 재난대응체계 및 민관협력 사례 민금영 교수
https://www.youtube.com/watch?v=dXUT5jMCfng

출처: 경기도 자연재난과

참고 문헌

김경호(2010). 우리나라 재난관리체계의 효율적 운영방안에 관한 연구. 영남대 박사학위 논문.
박효근(2015). 재난 및 안전관리 기본법상 재난관리체계에 관한 법정책적 개선방안. 「법과 정책연구」, 제15집 제4호.
신희영(2018). 국가재난관리체계의 형성과 변천과정. 「한국지방정부학회 학술대회 논문집」, Vol 2018 No 2.
이동규(2022). 『한국재난관리론』. 윤성사.
임현우·유지선(2024). 『재난관리론』. 박영사.
정명운(2016). 지방자치단체의 재난안전관리체계 및 법제 정비 방안연구. 한국법제연구원.
정찬권(2024). 국가재난대응체계 개선 방향에 관한 연구. 「한국군사」, 제16호.
중앙안전관리위원회(2024). 제5차 국가안전관리 기본계획(2025~2029).
채진(2021). 재난관리론. 동화기술.
최연우 외(2020). 한국의 재난관리 조직체계 변화분석. 「한국위기관리논집」, Vol 16 No10.
최완규 외(2021). 기업의 재난 및 안전관리체계 특징이 재난 및 안전관리 활동성과에 미치는 영향. 「한국산학기술학회논문지」, Vol 22 No 6.

울진군. [울진굿모닝목요특강] 8회 - 국가재난관리체계 및 주요 정책의 이해(https://www.youtube.com/watch?v=DwEYaHDVYDM&t=1692s).
경기도 자연재난과. 국가 재난대응체계 및 민관협력 사례 민금영 교수(https://www.youtube.com/watch?v=dXUT5jMCfng).

제3장

재난관리 단계별 활동

◆영상 자료◆

[#아지트] 17강 예측불가 시대, 국가의 재난관리체계는?
https://youtu.be/A2PBsLXO7GQ?si=yQ_tW-_wcCotL2Nk

출처: MBC경남 NEWS.

제1절 재난관리 단계별 활동에 관한 주요 이론 및 모형

1 개설

재난관리는 재난에 대한 위협과 재난에 대한 결과를 관리하는 것으로 "각 재난 원인(자연적·산업 및 기술적·계획적 원인 등)에 따라 인간 환경에서 발생될 수 있는 취약한 대상의 규모를 줄이는 것"으로 정의한다(Perrow, 2007).

재난을 관리의 관점에서 구분할 경우, 일반적으로 4단계로 구분한다. 즉, 완화(경감), 대비(준비), 대응, 복구로 구분할 수 있다. 이러한 구분은 재난의 관리에 초점을 맞출 경우에 도출될 수 있는 것으로 1980년대 비상사태관리 분야에서 개발된 포괄적 비상사태관리(comprehensive emergency management: CEM)에서 제시됐다(이동규, 2022: 31).

〈표 3-1〉 CEM의 기본적인 비상사태관리 4단계 주요 개념과 주요 활동

구분	개념	주요 활동
완화 (또는 경감)	- 완화(경감) 활동은 주로 구조적인 조치를 통해 위험을 파악해 재난의 영향을 감소시키는 것을 포함 - 완화 활동은 종종 장기적인 효과를 가지고 있으며 보험료에도 영향을 미침 - 많은 경우에 경감 활동은 주요 재난의 복구단계에서 일어남	• 화재, 태풍 또는 지진과 같은 위험에 대한 건축법규 • 범람원에서의 건축을 제한하는 지역획정규정(zoning rules) • 좀 더 복원력이 있는 재료를 이용한 손상된 건축물의 재건축 • 예방 점검표를 확인하고, 범람원과 침수우발지역에 위치한 주택 및 건축물의 이정을 위한 홍수지역도 작성(flood mapping) • 범람을 막는 댐 및 제방
대비 (또는 준비)	- 대비는 위험의 감소 또는 제거에 중점을 두는 것이 아니라 인원 또는 조직들의 다양한 잠재적 위험에 대응할 수 있는 역량을 강화하는 것에 중점을 두고 있다는 점에서 경감과 구분됨	• 교육 • 계획의 수립 • 식량, 식수 또는 의약품과 같은 자원의 확보 • 잠재적 위험을 확인하기 위한 정보수집 및 감시 활동 • 계획수립의 적절성 및 재난대응계획을 향상시키기 위한 사후보고서의 활용을 확보하기 위한 연습의 실시
대응	- 대응 활동은 생명을 구조하고 재산과 환경을 보호하며 기본적인 인간의 필요를 충족시키기 위한 즉각적인 활동들로 구성됨 - 대응에는 재난관리계획의 실시와 관련 활동이 해당됨	• 피해자들의 대피 • 대응팀의 파견, 의약품 및 다른 자원들의 투입 및 재난 지휘 활동의 실시
복구	- 복구는 필수적인 역무의 제공을 회복하고 재난으로 인해 입은 손해를 복구하기 위한 활동	• 정부의 활동과 역무(경찰 활동, 학교 등)의 재구축 • 이재민에 대한 주거와 역무의 제공 • 비축품의 재비축

출처: 이동규(2022: 32).

한편 재난관리 활동을 4단계로 구분하는 것은 많은 장점이 있지만, 반대로 단점도 존재한다. 장점으로는 재난관리 활동의 유형화와 개념 설정에 도움이 될 뿐만 아니라 대상이 되는 활동과 자원을 개념적으로 정의할 수 있다는 점이다. 반면 재난관리 각 단계의 활동이 중첩적으로 이루어지는 경우가 있으므로 재난관리의 각 단계가 명확

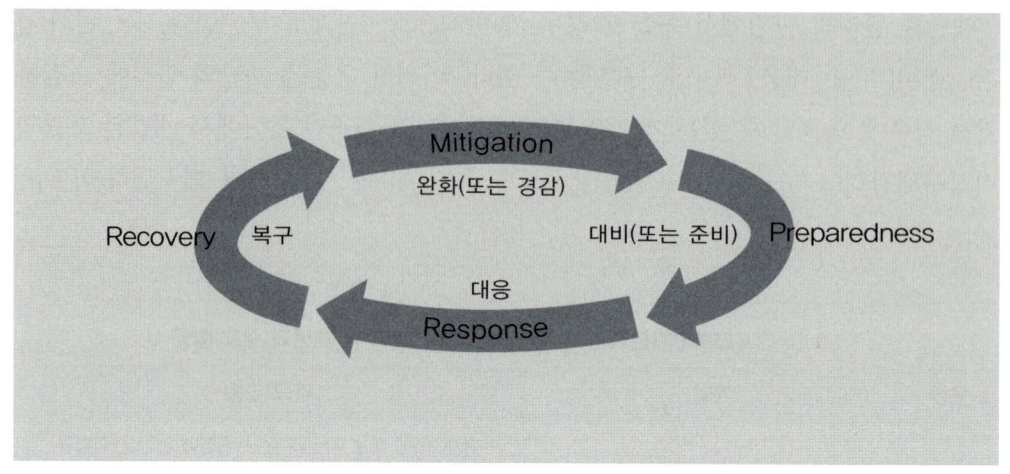

출처: 이동규(2022: 32).

[그림 3-1] CEM의 기본적인 비상사태관리 4단계 모형

히 구분되지 않는다는 단점이 있다(이동규, 2022: 31). 재난관리의 단계는 순환적인 환류의 의미로 이해하는 한, 그것이 서로 독립적이라기보다는 유기적으로 동시에 또는 중첩적으로 나타날 수밖에 없는 것이므로 이에 대한 지적은 사실상 타당한 면이 있다(McLoughlin, 1985: 166; Petak, 1985: 3).

어쨌든 일반적으로 포괄적인 비상사태 관리 4단계 모형을 그대로 재난관리에도 적용시키는 것은 개념적 유형화와 그를 통한 포괄적·통합적 관리를 목적으로 한다는 점에서는 충분히 수용될 수 있다. 재난관리의 단계와 관련해서는 다양한 견해와 모형이 제시되고 있지만, 다음에서는 가장 많이 소개되고 있는 맥러플린과 페탁이 제시한 이론적 모형의 주요 내용을 살펴본다.

2 맥롤린의 모형

맥롤린(David McLoughlin)은 미국의 재난 관련 대응 조직의 문제점을 지적하면서, 수없이 많은 공공·민간 조직이 혼재되어 대응 단계에서의 협조 문제를 야기하고 있는데, 이러한 재난 대응의 전통적인 문제가 반복되고 있다는 점을 지적했다. 맥롤린은 통합관리모형을 제시하면서 행정을 중심으로 하는 재난관리 모형을 제시했다. 즉, 미국의 통합재난관리가 연방·주·지방의 협조를 바탕으로 일련의 순환 과정을 거치며 인명과 재산을 보호하고 행정능력을 유지할 수 있음을 강조한다. 그러면서 예방 및 완화, 준비 및 계획, 대응, 복구의 프로그램을 통해 각 중앙정부와 지방정부가 인명과 재산 그리고 정부 기능을 보호하기 위하여 협력해야 한다고 하고 있다(국가위기관리학회, 2020: 56).

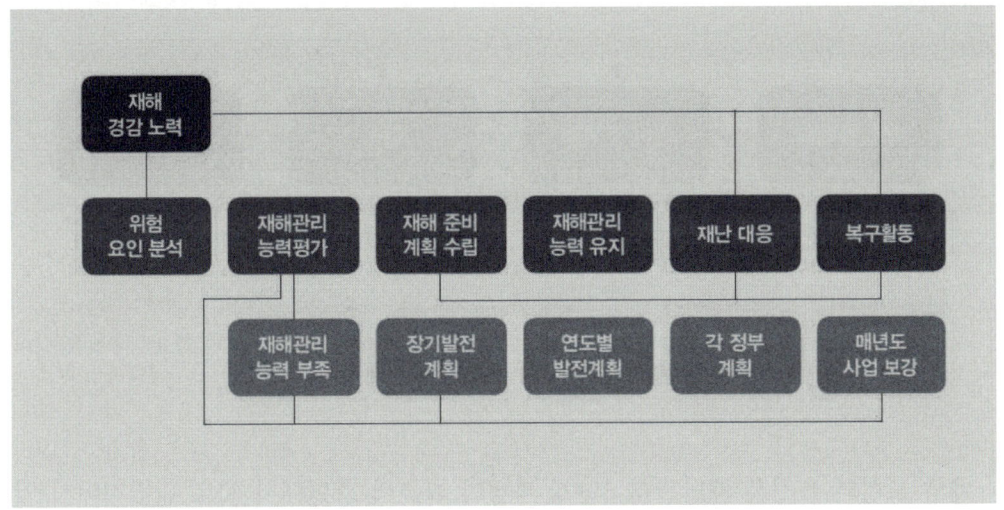

출처: McLoughlin(1985: 170; 국가위기관리학회(2020: 56).
[그림 3-2] 맥롤린의 통합관리모형

하지만 재난관리에서는 의사결정 과정만큼 집행 과정, 사후 회복 과정이 중요한데 이러한 점에는 적절하지 않아 집행이나 대응 단계에서의 역동적 상황을 고려하지 못한다는 비판을 받고 있다(국가위기관리학회, 2020: 56).

3 페탁의 모형

페탁(William J. Petak)은 재난관리 단계를 재난의 진행 과정과 대응 활동에 따라 구분하면서, 재난 발생 시점을 기준으로 사전 재난관리와 사후 재난관리로 나누어 나열했다. 그러면서 재난관리 단계를 재난의 예방과 완화(prevention and mitigation), 재난의 준비와 계획(preparedness and planning), 재난에의 대응(response), 재난의 복구(recovery) 등으로 나누었다. 이러한 페탁의 4단계 모형은 우리 「재난 및 안전관리 기본법」의 기본 틀에 영향을 미쳤다고 본다(Kim & Sohn, 2018: 45).

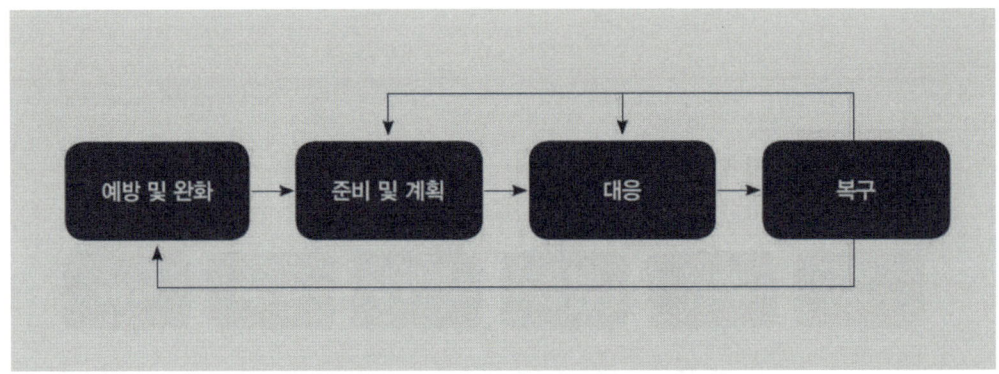

출처: 임송태(1996: 25 재작성); 국가위기관리학회(2020: 56).

[그림 3-3] 페탁의 재난관리 4단계 모형

페탁 모형의 특징은 재난관리 4단계 과정이 환류의 측면에서 서로 단절적이지 않고 순환적이라는 것에 있다. 4단계 과정이 상호 순환적이라는 의미는 일련의 과정이 각 단계별로 분리되어 별개로 이루어지는 것이 아니라 시간적 흐름에 따른 활동의 순서인 것으로 보고 최종 복구 활동의 결과 및 노력, 경험을 이어지는 새로운 예방 및 완화를 위한 시작 활동으로 이해하고 있고, 그것이 페탁 모형의 핵심이다(국가위기관리학회, 2020: 54). 그러므로 재난관리 각 단계는 하나의 재난관리 체제 내에서 각각의 고유한 기능을 지니고 있는 하위 체제로서 작용하게 되고, 각각의 단계가 통합 관리될 때만이 효과적인 재난관리가 이루어질 수 있다고 본다. 그리고 재난관리의 총체성으로 인해 이러한 4단계의 과정에 참여하는 재난관리 책임기관, 긴급구조기관, 긴급구조 지원기관 간의 조정과 통제 등 필요한 활동 체제를 갖추는 노력도 재난관리의 필수 활동이라고 한다.

한편, 페탁의 재난관리모형에 대하여는 다음과 같은 점에서 비판의 시각이 있다(국가위기관리학회, 2020: 55).

① 시계열상의 단순분석으로만 파악해, 재난과 같은 상황에서 필요한 전략적인 재정적·기술적 고려 이외에 정치적 면에 대해서는 크게 고려하지 않고 있다는 점.
② 재난관리는 전략 및 수단적·도구적 합리성에 대한 인식을 요구하고, 오류 가능성에 대한 인식과 예측치 못한 사건의 처리 능력을 필요로 함에도 페탁의 모형에서는 이러한 것들이 검토되지 않고 있다는 점.
③ 재난관리 의사결정 과정에서 필수적인 환경 탐색과 정보 수집 과정이 간과되고 있다는 점.

4 기존 이론 및 모형의 한계

디지털 기술의 대변혁으로 인한 AI기술의 상용화·일상화는 현재 그리고 미래의 인류 삶의 양식과 삶 전반에 관한 혁신적 변화를 가져올 것이 분명하다. 이와 같은 대변혁은 사회구조·생활양식·가치 체계에서부터 경제·산업환경 변화에 이르기까지 매우 광범위한 영향을 미칠 것이다(과학기술부, 1999: 3-80). 이러한 변화는 결국 지구의 환경 변화에도 큰 영향을 줄 수밖에 없어 그로 인한 기상 이변의 고착화 현상 또한 피할 수 없게 됐다. 이러한 전지구적 변화의 소용돌이에서 재난 및 그에 대한 관리에 관한 기존의 이론 및 모형은 현실과 현상을 반영하지 못하는 한계를 맞고 있다. 이에 대한 새로운 재난관리의 패러다임에 대한 모색이 필요한 시점이다.

기존 재난관리의 정책과 그를 기반으로 한 재난관리 단계별 활동은 매우 중앙집중적이고 관료주의적이라는 비판을 받아 왔다. 재난관리에 관한 전통적 중앙집중적 구조는 모든 국가 권력이 중앙에 집중되어 효율성과 신속 대응성이라는 명분 하에 획일적으로 자본과 인력, 기술의 집중을 기반으로 한다(채진, 2023: 161). 그러나 이러한 중앙집중적 구조와 정책은 단기적, 가시적 성과를 보여줄 수는 있지만, 재난 현장에서의 근본적이고도 탄력적인 대응을 저해하는 다양한 문제점을 야기하고 있다. 특히 재난의 단계별로 살펴보면, 예방 및 대비 차원에서는 지역의 위험성을 누구보다 잘 알고 있는 지역에서의 자발적이고 일차적이며, 촘촘한 대책을 추진하기보다는 지역의 특성을 전혀 반영하지 못한 중앙정부의 지침에 의존하는 경향이 문제이고, 대응의 차원에서는 일차적 대응을 지역에서 하도록 하고 있으나 대규모 재난에 대해서는 지역 간 연계성 부족으로 인한 신속 대응을 어렵게 만드는 문제, 그리고 복구 차원에서는 재원을 전적으로 국고 및 광역자치단체의 지원에 의존하도록 구조화한 문제 등이 반복해 나타나고 있음이 지적되고 있다(채진, 2023: 161).

　재난이 단순한 하나의 사건으로 이루어지는 것보다는 복합적, 연속적, 점진적으로 이루어지는 복합 재난의 경우가 대부분이므로 재난관리 단계 또한 그러한 상호 의존적, 병합적 관점에서 모형화하기 위한 새로운 시각의 노력이 요구된다. 그러므로 재난관리 4단계의 구분을 절대적, 상호 단절적인 것으로 봐서는 안 된다. 재난 발생 이전의 예방 및 완화를 위한 활동은 대비 단계와 연동되는 것으로써 엄격 구분이 어렵고, 현재 발생한 재난에 대한 복구 활동은 향후 발생할지 모를 재난에 대한 예방 및 완화를 위한 활동이기도 하다는 것을 인식하고 행정 및 관리상의 편의를 위한 법 규정과는 별개로 다루어져야 한다. 위기가 변화를 위한 가장 큰 기회이자 최고의 원동력인 만큼 이에 대한 한계를 인식하고 관련 전문가 집단의 폭넓고도 깊은 논의를 통한 개선 및 보완이 필요하다.

제2절　재난관리 단계별 주요 내용

◆법령 자료◆

「재난 및 안전관리 기본법(약칭: 재난안전법)」
https://www.law.go.kr/%EB%B2%95%EB%A0%B9/%EC%9E%AC%EB%82%9C%EB%B0%8F%EC%95%88%EC%A0%84%EA%B4%80%EB%A6%AC%EA%B8%B0%EB%B3%B8%EB%B2%95

출처: 법제처 국가법령정보센터.

1 개설

「재난 및 안전관리 기본법」 제1조에서는 다음과 같이 규정하고 있다.

> **제1조(목적)** 이 법은 각종 재난으로부터 국토를 보존하고 국민의 생명·신체 및 재산을 보호하기 위하여 국가와 지방자치단체의 재난 및 안전관리체제를 확립하고, 재난의 예방·대비·대응·복구와 안전문화활동, 그 밖에 재난 및 안전관리에 필요한 사항을 규정함을 목적으로 한다.

이것은 '국가는 재해를 예방하고 그 위험으로부터 국민을 보호하기 위하여 노력하여야 한다(헌법 제34조 제6항).'라는 헌법상 국민에 대한 국가의 재해로부터의 안전한 보호라는 국가의 중대한 책무를 구체화한 규정이다.

국가와 지방자치단체는 재해 및 재난으로부터 국민을 안전하게 보호하기 위하여 재난을 예방하고 재난이 발생한 경우 그 피해를 최소화하여 일상으로 회복할 수 있도록 지원하여야 한다. 재난은 규모나 크기가 천차만별이고 일단 발생하게 되면 그 피해를 예측하는 것이 어려운 만큼 적합하고 효율적인 재난관리가 필수적이다. 이를 위하여「재난 및 안전관리 기본법」에서는 적합하고 효율적인 재난관리를 위하여 재난관리 단계를 구분하고, 단계별 주요 내용을 제4장~제7장에 걸쳐 규정하고 있다. 동법상 재난관리 단계는 예방, 대비, 대응, 복구로 구분하고 각 단계별 주요 활동을 정하고 있다.

「재난 및 안전관리 기본법」에서 정하고 있는 각 단계별 주요 내용은 다음과 같다.

〈표 3-2〉「재난 및 안전관리 기본법」(제4장~제7장: 재난의 예방, 대비, 대응, 복구)

구분		세부 구분	주요 조문
재난 관리 제4장 ~ 제7장	예방	재난관리책임기관의 재난예방조치	제25조의 2(재난관리책임기관의 장의 재난예방조치 등)
		국가기반시설 등의 관리	제26조(국가핵심기반의 지정 등) 제26조의 2(국가핵심기반의 관리 등) 제27조(특정관리대상지역의 지정 및 관리 등) 제29조(재난방지시설의 관리)
		종사자 교육	제29조의 2(재난안전분야 종사자 교육)
		안전점검	제30조(재난예방을 위한 긴급안전점검 등) 제31조(재난예방을 위한 안전조치) 제32조(정부합동 안전 점검) 제32조의 2(사법경찰권) 제33조의 2(재난관리체계 등에 대한 평가 등)
		재난관리 실태 공시	제33조의 3(재난관리 실태 공시 등)
	대비	재난관리자원 등의 관리	제34조(재난관리자원의 비축·관리)
		재난현장 긴급통신수단	제34조의 2(재난현장 긴급통신수단의 마련) 제34조의 8(재난안전통신망의 구축·운영)
		국가재난관리기준 및 기능별 재난대응활동계획	제34조의 3(국가재난관리기준의 제정·운용 등) 제34조의 4(기능별 재난대응활동계획의 작성·활용) 제34조의 9(재난대비훈련 기본계획 수립)
		위기관리 매뉴얼 등	제34조의 5(재난분야 위기관리 매뉴얼 작성·운용) 제34조의 6(다중이용시설 등의 위기상황 매뉴얼 작성·관리 및 훈련)
		안전기준	제34조의 7(안전기준의 등록 및 심의 등)
		재난대비 훈련	제34조의 9(재난대비훈련 기본계획 수립) 제35조(재난대비훈련 실시)
	대응	재난사태 선포 및 응급조치	제36조(재난사태 선포) 제37조(응급조치)
		위기경보 발령	제38조(위기경보의 발령 등)
		동원 대피명령, 통행제한 등	제39조(동원명령 등) 제40조(대피명령) 제41조(위험구역의 설정) 제42조(강제대피조치) 제43조(통행제한 등)
		긴급구조에 관한 사항	제49조(중앙긴급구조통제단) 제50조(지역긴급구조통제단) 제51조(긴급구조) 제52조(긴급구조 현장지휘) 제54조(긴급구조대응계획의 수립) 제56조(해상에서의 긴급구조) 제57조(항공기 등 조난사고 시의 긴급구조 등)

재난관리 제4장 ~ 제7장	복구	재난피해조사	제58조(재난피해 신고 및 조사)
		복구계획 수립	제59조(재난복구계획의 수립·시행)
		특별재난지역 선포	제60조(특별재난지역의 선포) 제61조(특별재난지역에 대한 지원)
		비용 부담 등	제62조(비용 부담의 원칙) 제63조(응급지원에 필요한 비용) 제64조(손실보상) 제66조(재난지역에 대한 국고보조 등의 지원)

출처: 이동규(2022: 146-148).

2 예방 단계

1) 재난관리 예방 단계 개념 일반

재난관리 과정에서 재난 예방은 재난 발생 이전에 재난의 피해를 경감하기 위한 모든 행위를 의미한다. 재난이 발생하면 무고한 생명과 막대한 재산의 손실이 발생하기에 미래에 발생할 가능성이 있는 재난을 사전에 예방(McLoughlin, 1985: 166)하고 재난 발생 가능성을 감소(Perry, 1985: 5)시키는 일련의 활동으로써 재난 요인을 제거하려는 행위, 피해 가능성을 최소화하는 행위, 피해를 분산시키는 행위 등이 이에 해당한다(임현우·유지선, 2024: 208). 즉, 사회와 그 구성원의 건강, 안전, 복지에 대한 위험이 있는지 알아보고 위험 요인을 줄여서 재난 발생의 가능성을 낮추는 활동을 수행하는 단계로, 장기적 관점에서 장래의 모든 재난에 대비하고자 하는 것으로서 정치적, 정책 지향적 기술이 필요하다는 점에서 다른 단계의 활동과 구분될 수 있다고 한다(채진, 2023: 172-173; 국가위기관리학회, 2020: 57).

고드샤크(David Godschalk)와 브로워(David Brower)는, 완화는 주로 장기적이고 일반적인 위기 감소 문제를 다루고, 미래의 위기를 극복할 능력을 향상시키는데 초점을 두며, 위기의 종류에 따라 목표가 변화한다는 특성을 지닌다 했고(Godschalk & Brower, 1985: 64-65; 김인범 외, 2014: 73), 짐머만(Rae Zimmerman)은 유해 화학물질의 유출 등으로 인한 기술적 재난과 관련해 예방 단계에서 잠재적 사고의 원천에 대한 규제와 계획이 검토된다고 했다. 여기서 계획을 장기적 계획과 상황의존(contingency) 계획으로 구분하면서, 장기적 계획은 재난의 원천과 영역을 명확히 하고, 재난에 대처하는 표준운영절차(SOP)를 준비하며, 집행 체계를 설계하는 등의 광범위한 프로그램과 집행 과정을 포함하고 있고, 상황의존 계획은 장기적 계획과 재난 대비 단계를 연결시켜주는 것으로 보았다(Zimmerman, 1985: 32-34; 국가위기관리학회, 2020: 57).

「재난 및 안전관리 기본법」상 예방 단계는 앞선 페탁이 제시한 재난관리 과정 중 예방 및 완화 단계에 해당한다. 예방 단계의 주요 활동은 재난관리를 위한 장기계획 수립, 재난 피해 최소화를 위한 건축 및 안전 기준 관련 법령 제정, 위험성 분석 및 위험(재해)지도의 작성, 위험 요소에 대한 탐색 및 조치, 위험 시설이나 취약시설에 대한 보수·보강 계획 수립, 재난 취약시설물에 대한 주기적 안전점검, 주요 재난시설물에 대한 연계 관리계획의 수립, 재난 전담요원 확보, 자연재해위험개선지구 설정 및 재난방지시설 설치, 풍수해 저감 종합계획 수립, 재해영향 평가 및 사전재해 영향성 검토 협의제도 운영, 재난보험 개발 등이 있다.

2) 「재난 및 안전관리 기본법(이하 법 규정은 본 법을 의미함)」상 예방 단계의 주요 내용

- 재난관리책임기관의 장의 재난예방조치(제25조의2): 재난관리책임기관의 장은 소관 관리대상 업무의 분야에서 재난 발생을 사전에 방지하기 위하여 재난에 대응할 조직의 구성 및 정비, 재난의 예측 및 예측정보 등의 제공·이용에 관한 체계의 구축, 재난 발생에 대비한 교육·훈련과 재난관리예방에 관한 홍보, 재난이 발생할 위험이 높은 분야에 대한 안전관리체계의 구축 및 안전관리규정의 제정, 국가핵심기반의 관리, 특정관리대상지역에 관한 조치, 재난방지시설의 점검·관리, 재난관리자원의 관리 등 재난을 예방하기 위하여 필요하다고 인정되는 사항 전반에 대한 조치를 하여야 한다. 아울러 재난관리책임기관의 장 및 국회·법원·헌법재판소·중앙선거관리위원회의 행정사무를 처리하는 기관의 장은 재난 상황에서 해당 기관의 핵심기능을 유지하는 데 필요한 계획("기능연속성계획")을

수립·시행하여야 한다.

- 국가핵심기반의 지정 등(제26조): 에너지, 정보통신, 교통수송, 보건의료 등 국가경제, 국민의 안전·건강 및 정부의 핵심기능에 중대한 영향을 미치는 시설, 정보기술시스템 및 자산 등을 국가핵심기반이라고 한다. 관계 중앙행정기관의 장은 소관 분야의 국가핵심기반을 지정함에 있어 다른 국가핵심기반 등에 미치는 연쇄효과, 둘 이상의 중앙행정기관의 공동대응 필요성, 재난이 발생하는 경우 국가안전보장과 경제·사회에 미치는 피해 규모 및 범위, 재난의 발생 가능성 또는 그 복구의 용이성을 기준으로 하여 조정위원회의 심의를 거쳐 지정할 수 있도록 한다.

- 특정관리대상지역의 지정 및 관리 등(제27조): 중앙행정기관의 장 또는 지방자치단체의 장은 재난이 발생할 위험이 높거나 재난예방을 위하여 계속적으로 관리할 필요가 있다고 인정되는 지역을 대통령령으로 정하는 바에 따라 특정관리대상지역으로 지정할 수 있다. 재난관리책임기관의 장은 지정된 특정관리대상지역에 대하여 대통령령으로 정하는 바에 따라 재난 발생의 위험성을 제거하기 위한 조치 등 특정관리대상지역의 관리·정비에 필요한 조치를 하여야 한다. 특정관리대상지역의 지정·관리 등에 관한 지침을 마련하도록 하고(시행령 제32조), 안전등급을 구분하여 관리하도록 하고 있으며(시행령 제34조의2 ①), 정기 및 수시안전점검을 실시하여야 한다(시행령 제34조의2 ③).

- 지방자치단체에 대한 지원 등(제28조): 행정안전부 장관은 제27조 제2항에 따른 지방자치단체의 조치 등에 필요한 지원 및 지도를 할 수 있고, 관계 중앙행정기관의 장에게 협조를 요청할 수 있다.

- 재난방지시설의 관리(제29조): 재난관리책임기관의 장은 관계 법령 또는 제3장의 안전관리계획에서 정하는 바에 따라 대통령령으로 정하는 재난방지시설을 점검·관리하여야 한다. 행정안전부 장관은 재난방지시설의 관리 실태를 점검하고 필요

한 경우 보수·보강 등의 조치를 재난관리책임기관의 장에게 요청할 수 있다.

- 재난안전분야 종사자 교육(제29조의2): 재난관리책임기관에서 재난 및 안전관리 업무를 담당하는 공무원이나 직원은 행정안전부 장관이 실시하는 전문교육(이하 "전문교육"이라 한다)을 행정안전부령으로 정하는 바에 따라 정기적으로 또는 수시로 받아야 한다.

- 재난예방을 위한 안전점검 등(제30조): 행정안전부 장관 또는 재난관리책임기관(행정기관만을 말함)의 장은 대통령령으로 정하는 시설 및 지역에 재난이 발생할 우려가 있는 등 대통령령으로 정하는 긴급한 사유가 있으면 소속 공무원으로 하여금 긴급안전점검을 하게 하고, 행정안전부 장관은 다른 재난관리책임기관의 장에게 긴급안전점검을 하도록 요구할 수 있다. 이 경우 요구를 받은 재난관리책임기관의 장은 특별한 사유가 없으면 요구에 따라야 한다.

- 재난예방을 위한 안전조치(제31조): 행정안전부 장관 또는 재난관리책임기관(행정기관만을 말함)의 장은 제30조에 따른 긴급안전점검 결과 재난 발생의 위험이 높다고 인정되는 시설 또는 지역에 대하여는 대통령령으로 정하는 바에 따라 그 소유자·관리자 또는 점유자에게 정밀안전진단(시설만 해당), 보수(補修) 또는 보강 등 정비, 재난을 발생시킬 위험요인의 제거 등의 안전조치를 할 것을 명할 수 있다.

- 정부 합동 안전점검(제32조): 행정안전부 장관은 재난관리책임기관의 재난 및 안전관리 실태를 점검하기 위하여 대통령령으로 정하는 바에 따라 정부합동안전점검단을 편성하여 안전 점검을 실시할 수 있다. 정부합동 안전 점검은 정기점검과 수시점검으로 구분하여 실시할 수 있다(시행령 제39조의3 ③).

- 안전관리전문기관에 대한 자료요구 등(제33조): 행정안전부 장관은 재난 예방을 효율적으로 추진하기 위하여 한국소방산업기술원, 한국농어촌공사, 한국가스안전공사 등 대통령령으로 정하는 안전관리전문기관에 안전점검결과, 주요시설물

의 설계도서 등 대통령령으로 정하는 안전관리에 필요한 자료를 요구할 수 있다

- 재난관리체계 등에 대한 평가 등(제33조의2): 행정안전부 장관은 재난관리책임기관에 대하여 대통령령으로 정하는 바에 따라 대규모 재난의 발생에 대비한 단계별 예방·대응 및 복구과정, 재난에 대응할 조직의 구성 및 정비 실태, 안전관리체계 및 안전관리규정, 재난관리기금의 운용 현황 등을 정기적으로 평가할 수 있다.

- 재난관리 실태 공시 등(제33조의3): 시장·군수·구청장은 전년도 재난의 발생 및 수습 현황, 재난예방조치 실적, 재난관리기금의 적립 및 집행 현황(이 경우에는 시·도지사를 포함), 현장조치 행동매뉴얼의 작성·운용 현황 등의 사항이 포함된 재난관리 실태를 매년 1회 이상 관할 지역 주민에게 공시하여야 한다.

3 대비 단계

1) 재난관리 대비 단계 개념 일반

재난관리 단계 중 대비는 예방 및 완화 단계의 제반 활동에도 불구하고 재난 발생 확률이 높아진 경우, 재난 발생 후에 효과적으로 대응할 수 있도록 사전에 대응활동을 위한 메커니즘을 구성하는 등 운영적인 준비 장치를 갖추는 단계로(박광국·주효진, 1999: 4-5) 비상대응, 복구, 재활을 위한 대비를 통해 효율적으로 재난의 영향을 최소화하는 것이다(채진, 2023: 176).

대비 활동 단계는 각 재난 상황에 적합한 재난 계획을 수립하고, 부족한 대응자원에 대한 보강을 하고, 재난관리 능력을 측정해 대응 능력을 강화하거나, 적절한 능력을 유지하고 관리하는 과정으로써 발생 가능성이 높은 위기 상황에 대비하는 단계이다. 그러므로 대비 단계에서는 각 분야 간의 조정과 협조를 이루는 것이 필수적이다. 예를 들어 산불 재난관리나 감염병으로 인한 재난 상황에서 조직 간·지역 간 혹은 조직 내의 수평적·수직적 위계 문제 등의 조정과 협조를 해결하지 못한다면 효율적

이고 원활한 재난 대응을 대비할 수 없다. 이러한 조정의 난관은 사회적, 경제적 그리고 정치적 장벽으로 이들 문제를 극복할 경우에만 해결될 수 있다고 한다(Tierney, 1985: 77-78). 무엇보다도 재난 발생 시 투입될 자원과 관련하여 자원의 신속한 배분을 위해서 재난관리 자원에 대한 배분 우선순위 체계를 설정하고, 그와 함께 재난 발생 시 정상적으로 사용할 수 있는 자원 외에 예측하지 못한 재난에 대하여도 자원이 투입될 수 있는 특별자원 확보 방안도 마련해야 한다(Zimmerman, 1985: 35-36; 국가위기관리학회, 2020: 55).

대비 단계는 대응 단계와의 원활한 연계가 무엇보다 중요하다. 그러므로 재난 상황을 신속하게 벗어나고 복귀하는 것을 목표로 할 경우 대비 과정은 대응을 과정을 위한 지속적·연속적 과정으로서 양자의 연계를 필수로 하여 과학적 지식과 계획에 따라 합리적으로 이행되어야 한다(Kreps, 1991: 33-36; 채진, 2023: 176).

「재난 및 안전관리 기본법」상 대비 단계는 페탁이 제시한 재난관리 과정 중 준비 및 계획 단계에 해당한다. 대비 단계의 주요 활동으로는 재난대응계획 수립, 재난 분야 위기관리 매뉴얼 작성, 재난 종류별 유관 기관 확인 및 연락 체계 구축, 재난 예·경보 시스템 구축, 비상방송 시스템 구축, 부족한 대응자원 보강, 자원 보유기관 확인 및 응급 복구 자재 비축 및 장비 가동 준비, 재난 유형별 사전 교육·훈련 실시, 자원 수송 및 통제 계획 수립, 필요한 자원의 긴급 지원 대책 수립, 구호물자 확보·비축, 주민 대피계획 수립, 지역 간 상호원조 협정 체결 등이 있다.

2) 「재난 및 안전관리 기본법」상 대비 단계의 주요 내용

- 재난관리자원의 비축·관리(제34조): 재난관리책임기관의 장은 재난관리를 위하여 필요한 물품, 재산 및 인력 등의 물적·인적자원 재난관리책임기관의 장은 재난관리를 위하여 필요한 물품, 재산 및 인력 등의 물적·인적자원("재난관리자원")을 비축하거나 지정하는 등 체계적이고 효율적으로 관리하여야 하며, 재난관리자원의 관리에 관하여는 따로 「재난관리자원의 관리 등에 관한 법률」로 정한다.

- 재난현장 긴급통신수단의 마련(제34조의2): 재난관리책임기관의 장은 재난의 발생

으로 인하여 통신이 끊기는 상황에 대비하여 미리 유선이나 무선 또는 위성통신망을 활용할 수 있도록 긴급통신수단을 마련하여야 한다. 행정안전부 장관은 재난현장에서 긴급통신수단이 공동 활용될 수 있도록 하기 위하여 재난관리책임기관, 긴급구조기관 및 긴급구조지원기관에서 보유하고 있는 긴급통신수단의 보유 현황 등을 조사하고, 긴급통신수단을 관리하기 위한 체계를 구축·운영할 수 있다.

- 국가재난관리기준의 제정·운용 등(제34조의3): 행정안전부 장관은 재난관리를 효율적으로 수행하기 위하여 재난분야 용어정의 및 표준체계 정립, 국가재난 대응체계에 대한 원칙, 재난경감·상황관리·유지관리 등에 관한 일반적 기준 등이 포함된 국가재난관리기준을 제정하여 운용하여야 한다. 다만, 「산업표준화법」 제12조에 따른 한국산업표준을 적용할 수 있는 사항에 대하여는 한국산업표준을 반영할 수 있다.

- 기능별 재난대응활동계획의 작성·활용(제34조의4): 재난관리책임기관의 장은 재난관리가 효율적으로 이루어질 수 있도록 대통령령으로 정하는 바에 따라 재난상황관리 기능, 긴급 생활안정 지원 기능, 긴급 통신 지원 기능, 시설피해의 응급복구 기능 등(시행령 제43조의5 ①)이 포함된 기능별 재난대응활동계획을 작성하여 활용하여야 한다.

- 재난분야 위기관리 매뉴얼 작성·운용(제34조의5): 재난관리책임기관의 장은 재난을 효율적으로 관리하기 위하여 재난유형에 따라 위기관리 표준매뉴얼, 위기대응 실무매뉴얼, 현장조치 행동매뉴얼을 작성·운용하고, 이를 준수하도록 노력하여야 하며, 이 경우 재난대응활동계획과 위기관리 매뉴얼이 서로 연계되도록 하여야 한다. 행정안전부 장관은 재난유형별 위기관리 매뉴얼의 표준화 및 실효성 제고를 위하여 위원장 1명을 포함하여 200명 이내의 위원으로 구성된 위기관리 매뉴얼협의회를 구성·운영할 수 있다(시행령 제43조의6).

- 다중이용시설 등의 위기상황 매뉴얼 작성·관리 및 훈련(제34조의6): 「건축법 시

행령」제2조 제17호 가목에 따른 다중이용 건축물이나 그와 같은 건축물에 준하는 건축물 또는 시설로서 위기상황 매뉴얼의 작성·관리가 필요하다고 인정하여 고시하는 건축물 또는 시설(시행령 제43조의8) 등 대통령령으로 정하는 다중이용 시설 등의 소유자·관리자 또는 점유자는 대통령령으로 정하는 바에 따라 위기상황에 대비한 매뉴얼(이하 "위기상황 매뉴얼"이라 한다)을 작성·관리하여야 한다. 다만, 다른 법령에서 위기상황에 대비한 대응계획 등의 작성·관리에 관하여 규정하고 있는 경우에는 그 법령에서 정하는 바에 따른다.

- 안전기준의 등록 및 심의 등(제34조의7): 행정안전부 장관은 안전기준을 체계적으로 관리·운용하기 위하여 안전기준을 통합적으로 관리할 수 있는 체계를 갖추어야 하며, 안전기준의 등록 방법 및 절차와 안전기준심의회 구성 및 운영에 관하여는 대통령령으로 정한다.

- 개인안전통신망의 구축·운영(제34조의8): 행정안전부 장관은 체계적인 재난관리를 위하여 재난안전통신망을 구축·운영하여야 하며, 재난관리책임기관·긴급구조기관 및 긴급구조지원기관은 재난관리에 재난안전통신망을 사용하여야 한다. 재난안전통신망의 운영, 사용 등에 필요한 사항은 「재난안전통신망법」에서 정한다.

- 재난대비훈련 기본계획 수립(제34조의9): 행정안전부 장관은 매년 재난대비훈련 기본계획을 수립하고 재난관리책임기관의 장에게 통보하여야 한다.

- 재난대비훈련 실시(제35조): 행정안전부 장관, 중앙행정기관의 장, 시·도지사, 시장·군수·구청장 및 긴급구조기관("훈련주관기관")의 장은 대통령령으로 정하는 바에 따라 매년 정기적으로 또는 수시로 재난관리책임기관, 긴급구조지원기관 및 군부대 등 관계 기관("훈련참여기관")과 합동으로 재난대비훈련(제34조의5에 따른 위기관리 매뉴얼의 숙달훈련을 포함한다)을 실시하여야 한다. 관계 기관과 합동으로 참여하는 재난대비훈련을 각각 소관 분야별로 주관하여 연 1회 이상 실시하

여야 하며, 재난대비훈련에 참여하는 데에 필요한 비용은 참여 기관이 부담한다. 다만, 민간 긴급구조지원기관에 대해서는 훈련주관기관의 장이 부담할 수 있다.

4 대응 단계

1) 재난관리 대응 단계 개념 일반

재난관리에 있어 대응 단계는 재난관리 기관들이 수행해야 할 각종 임무 및 기능을 실제로 적시에 적절하게 효과적으로 적용하는 단계이다. 일단 재난이 발생하면 신속한 대응활동을 통해 재난으로 인한 인명 및 재산 피해를 최소화하고, 재난의 확산을 방지하며, 순조롭게 복구가 이루어지도록 활동하는 단계이다(권건주, 2009: 40). 대응 단계에서는 예방·대비활동 단계와 밀접하게 연계되어 재난 유형에 관계없이 재난관리의 총체적 차원에서 재난을 파악·대응하는 통합 재난관리 체계 확립을 통해 피해 복구와 원조를 제공해야 한다(Drabek, 1985: 85; 채진, 2023: 178).

대응 단계에서의 재난조직의 주요 임무는 1차적으로는 인명구조이고, 2차적으로는 재난의 확산 방지이다. 그러므로 대응조직은 재난에 적절한 대응이 가능하도록 지식, 기술, 능력을 갖추어야 한다. 여기서 지식은 재난 현장의 위험 요소 파악 후 향후 진행 상황을 예측하는 것이고, 기술은 화재 진압 및 전술, 인명구조, 주민 대피 유도 등 대응활동 시 실제 적용하는 기술이며, 능력은 대응조직이 갖추고 있는 인력과 장비를 의미한다고 한다(Sigel, 1985: 110; 국가위기관리학회, 2020: 60). 그리고 대응 단계에서는 준비한 대책과 비상계획 등이 실효적으로 작동해 재난 대응 시간을 줄이고 신속하게 상황관리가 가능하도록 무엇보다 적시성, 적절성, 효과성이 확보되어야 하며, 이를 위한 신속한 판단력이 중요하다(이재은, 2012: 270).

재난 현장에서 적절하면서도 효과적인 대응이 이루어지기 위해서는 기동성과 자율성이 적절히 결합을 이루면서 조화롭게 대처해야 한다. 일사불란한 위계질서와 함께 자율적 판단에 따른 즉각적이고 탄력적인 대처도 함께 이루어질 수 있도록 해야 한다. 이를 강조한 사람은 슈나이더(Saundra K. Schneider)이다. 그는 재난관리조직에서 관료적 규범(bureaucratic norms)과 출현적 규범(emergent norms)의 적절한 결합을 강조한다(Schneider, 1992: 135-145).

대응 단계에서의 주요활동은 수립된 각종 재난안전 관리계획 실행, 재난 예·경보 발령, 재난안전대책본부 및 긴급구조통제단 가동, 현장지휘소 및 응급의료소 가동, 탐색 및 인명구조, 긴급대피계획의 실행, 환자 등의 후송, 탐색 및 구조, 재난 피해자 및 이재민의 구호시설 수용, 긴급의약품 조달, 위험지역 주민의 신속한 대피 등이 있다.

2) 「재난 및 안전관리 기본법」상 대응 단계의 주요 내용

(1) 응급조치 활동

- 재난사태 선포(제36조): 행정안전부 장관은 대통령령으로 정하는 재난이 발생하거나 발생할 우려가 있는 경우 사람의 생명·신체 및 재산에 미치는 중대한 영향이나 피해를 줄이기 위하여 긴급한 조치가 필요하다고 인정하면 중앙위원회의 심의를 거쳐 재난사태를 선포할 수 있다. 다만, 행정안전부 장관은 재난상황이 긴급하여 중앙위원회의 심의를 거칠 시간적 여유가 없다고 인정하는 경우에는 중앙위원회의 심의를 거치지 아니하고 재난사태를 선포할 수 있다. 행정안전부 장관 및 지방자치단체의 장은 재난사태가 선포된 지역에 대하여 재난경보의 발령, 재난관리자원의 동원, 위험구역 설정, 대피명령, 응급지원 등 법률에 따른 응급조치, 해당 지역에 소재하는 행정기관 소속 공무원의 비상소집, 해당 지역에 대한 여행 등 이동 자제 권고, 휴업명령 및 휴원·휴교 처분의 요청 등의 조치를 할 수 있다.

- 응급조치(제37조): 시·도긴급구조통제단 및 시·군·구긴급구조통제단의 단장(이하 "지역통제단장"이라 한다)과 시장·군수·구청장은 재난이 발생할 우려가 있거나 재난이 발생하였을 때에는 즉시 관계 법령이나 재난대응활동계획 및 위기관리 매뉴얼에서 정하는 바에 따라 수방(水防)·진화·구조 및 구난(救難), 그 밖에 재난 발생을 예방하거나 피해를 줄이기 위하여 필요한 경보의 발령 또는 전달이나 피난의 권고 또는 지시, 제31조에 따른 안전조치, 진화·수방·지진방재,

그 밖의 응급조치와 구호, 피해시설의 응급복구 및 방역과 방범, 그 밖의 질서 유지, 긴급수송 및 구조 수단의 확보, 급수 수단의 확보, 긴급피난처 및 구호품 등 재난관리자원의 확보, 현장지휘통신체계의 확보 등의 응급조치를 하여야 한다. 다만, 지역통제단장의 경우에는 가능한 응급조치 범위가 정하여져 있음을 주의하여야 한다(제37조 ① 제2호 중 진화에 관한 응급조치와 제4호 및 제6호만 가능).

• 위기경보의 발령 등(제38조): 재난관리주관기관의 장은 대통령령으로 정하는 재난에 대한 징후를 식별하거나 재난발생이 예상되는 경우에는 그 위험 수준, 발생 가능성 등을 판단하여 그에 부합되는 조치를 할 수 있도록 위기경보를 발령할 수 있다. 다만, 제34조의5 제1항 제1호 단서의 상황인 경우에는 행정안전부 장관이 위기경보를 발령할 수 있다.

• 재난 예보·경보 체계 구축·운영 등(제38조의2): 재난관리책임기관의 장은 사람의 생명·신체 및 재산에 대한 피해가 예상되면 그 피해를 예방하거나 줄이기 위하여 재난에 관한 예보 또는 경보 체계를 구축·운영할 수 있다. 재난에 관한 예보·경보·통지 중 「지진·지진해일·화산의 관측 및 경보에 관한 법률」 제2조 제1호부터 제3호까지에 따른 지진·지진해일·화산, 대통령령으로 정하는 규모 이상의 호우 또는 태풍, 그 밖에 대통령령으로 정하는 자연재난에 해당하는 재난에 대해서는 기상청장이 예보·경보·통지를 실시한다.

• 동원명령 등(제39조): 중앙대책본부장과 시장·군수·구청장(시·군·구대책본부가 운영되는 경우에는 해당 본부장을 말함)은 재난이 발생하거나 발생할 우려가 있다고 인정하면 동원명령 등을 조치할 수 있다.

• 대피명령(제40조): 시장·군수·구청장과 지역통제단장(대통령령으로 정하는 권한을 행사하는 경우에만 해당)은 재난이 발생하거나 발생할 우려가 있는 경우에 사람의 생명 또는 신체나 재산에 대한 위해를 방지하기 위하여 필요하면 해당 지역 주민이나 그 지역 안에 있는 사람에게 대피하도록 명하거나 선박·자동차 등을

그 소유자·관리자 또는 점유자에게 대피시킬 것을 명할 수 있다. 이 경우 미리 대피장소를 지정할 수 있다.

- 위험구역의 설정(제41조): 시장·군수·구청장과 지역통제단장(대통령령으로 정하는 권한을 행사하는 경우에만 해당)은 재난이 발생하거나 발생할 우려가 있는 경우에 사람의 생명 또는 신체에 대한 위해 방지나 질서의 유지를 위하여 필요하면 위험구역을 설정하고, 응급조치에 종사하지 아니하는 사람에게 위험구역에 출입하는 행위나 그 밖의 행위의 금지 또는 제한, 위험구역에서의 퇴거 또는 대피 등의 조치를 명할 수 있다.

- 강제대피조치(제42조): 시장·군수·구청장과 지역통제단장(대통령령으로 정하는 권한을 행사하는 경우에만 해당)은 제40조 제1항에 따른 대피명령을 받은 사람 또는 제41조 제1항 제2호에 따른 위험구역에서의 퇴거나 대피명령을 받은 사람이 그 명령을 이행하지 아니하여 위급하다고 판단되면 그 지역 또는 위험구역 안의 주민이나 그 안에 있는 사람을 강제로 대피 또는 퇴거시키거나 선박·자동차 등을 견인시킬 수 있다.

- 통행제한 등(제43조): 시장·군수·구청장과 지역통제단장(대통령령으로 정하는 권한을 행사하는 경우에만 해당)은 응급조치에 필요한 물자를 긴급히 수송하거나 진화·구조 등을 하기 위하여 필요하면 대통령령으로 정하는 바에 따라 경찰관서의 장에게 도로의 구간을 지정하여 해당 긴급수송 등을 하는 차량 외의 차량의 통행을 금지하거나 제한하도록 요청할 수 있다.

- 응원(제44조): 시장·군수·구청장은 응급조치를 하기 위하여 필요하면 다른 시·군·구나 관할 구역에 있는 군부대 및 관계 행정기관의 장, 그 밖의 민간기관·단체의 장에게 재난관리자원의 지원 등 필요한 응원(應援)을 요청할 수 있다. 이 경우 응원을 요청받은 군부대의 장과 관계 행정기관의 장은 특별한 사유가 없으면 요청에 따라야 한다.

- 응급부담(제45조): 시장·군수·구청장과 지역통제단장(대통령령으로 정하는 권한을 행사하는 경우에만 해당)은 그 관할 구역에서 재난이 발생하거나 발생할 우려가 있어 응급조치를 하여야 할 급박한 사정이 있으면 해당 재난현장에 있는 사람이나 인근에 거주하는 사람에게 응급조치에 종사하게 하거나 대통령령으로 정하는 바에 따라 다른 사람의 토지·건축물·인공구조물, 그 밖의 소유물을 일시 사용할 수 있으며, 장애물을 변경하거나 제거할 수 있다.

- 시·도지사가 실시하는 응급조치 등(제46조): 시·도지사는 관할 구역에서 재난이 발생하거나 발생할 우려가 있는 경우로서 대통령령으로 정하는 경우나 둘 이상의 시·군·구에 걸쳐 재난이 발생하거나 발생할 우려가 있는 경우에는 제37조 제1항 및 제39조부터 제45조까지의 규정에 따른 응급조치를 할 수 있다.

- 재난관리 책임기관의 장의 응급조치(제47조): 재난관리책임기관의 장은 재난이 발생하거나 발생할 우려가 있으면 즉시 그 소관 업무에 관하여 필요한 응급조치를 하고, 이 절에 따라 시·도지사, 시장·군수·구청장 또는 지역통제단장이 실시하는 응급조치가 원활히 수행될 수 있도록 필요한 협조를 하여야 한다.

- 지역통제단장의 응급조치(제48조): 지역통제단장은 긴급구조를 위하여 필요하면 중앙대책본부장, 시·도지사(시·도대책본부가 운영되는 경우에는 해당 본부장을 말함) 또는 시장·군수·구청장(시·군·구대책본부가 운영되는 경우에는 해당 본부장을 말함)에게 제37조, 제38조의2, 제39조 및 제44조에 따른 응급대책을 요청할 수 있고, 중앙대책본부장, 시·도지사 또는 시장·군수·구청장은 특별한 사유가 없으면 요청에 따라야 한다.

(2) 긴급구조 활동
- 중앙긴급구조통제단(제49조): 긴급구조에 관한 사항의 총괄·조정, 긴급구조기관 및 긴급구조지원기관이 하는 긴급구조활동의 역할 분담과 지휘·통제를 위하여 소방청에 소방청장을 단장으로 하는 중앙긴급구조통제단을 둔다. 중앙긴급구조

통제단은 국가 긴급구조대책의 총괄·조정, 긴급구조활동의 지휘·통제(긴급구조활동에 필요한 긴급구조기관의 인력과 장비 등의 동원을 포함한다), 긴급구조지원기관간의 역할분담 등 긴급구조를 위한 현장활동계획의 수립, 긴급구조대응계획의 집행 등의 기능을 수행한다(시행령 §제54조).

- 지역긴급구조통제단(제50조): 지역별 긴급구조에 관한 사항의 총괄·조정, 해당 지역에 소재하는 긴급구조기관 및 긴급구조지원기관 간의 역할분담과 재난현장에서의 지휘·통제를 위하여 시·도의 소방본부에 시·도긴급구조통제단을 두고, 시·군·구의 소방서에 시·군·구긴급구조통제단을 둔다. 시·도긴급구조통제단과 시·군·구긴급구조통제단("지역통제단")에는 각각 단장 1명을 두되, 시·도긴급구조통제단의 단장은 소방본부장이 되고 시·군·구긴급구조통제단의 단장은 소방서장이 된다.

- 긴급구조(제51조): 지역통제단장은 재난이 발생하면 소속 긴급구조요원을 재난현장에 신속히 출동시켜 필요한 긴급구조활동을 하게 하여야 한다. 지역통제단장의 요청에 따라 긴급구조활동에 참여한 민간 긴급구조지원기관에 대하여는 대통령령으로 정하는 바에 따라 그 경비의 전부 또는 일부를 지원할 수 있다.

- 긴급구조 현장지휘(제52조): 재난현장에서는 시·군·구긴급구조통제단장이 긴급구조활동을 지휘한다. 다만, 치안활동과 관련된 사항은 관할 경찰관서의 장과 협의하여야 한다.

- 긴급대응협력관(제52조의2): 긴급구조기관의 장은 긴급구조지원기관의 장에게 평상시 해당 긴급구조지원기관의 긴급구조대응계획 수립 및 재난관리자원의 관리, 재난대응업무의 상호 협조 및 재난현장 지원업무 총괄 등의 업무를 수행하는 긴급대응협력관을 대통령령으로 정하는 바에 따라 지정·운영하게 할 수 있다.

- 긴급 구조활동에 대한 평가(제53조): 중앙통제단장과 지역통제단장은 재난상황이

끝난 후 대통령령으로 정하는 바에 따라 긴급구조지원기관의 활동에 대하여 종합평가를 하여야 한다. 해양에서 발생하는 재난의 경우에는 「수상에서의 수색·구조 등에 관한 법률」 제5조에 따른 중앙구조본부의 장, 광역구조본부의 장 및 지역구조본부의 장이 재난상황이 끝난 후 대통령령으로 정하는 바에 따라 긴급구조지원기관의 활동에 대하여 종합평가를 하여야 한다.[시행일 2025.10.2.]

- 긴급구조대응계획의 수립(제54조): 긴급구조기관의 장은 재난이 발생하는 경우 긴급구조기관과 긴급구조지원기관이 신속하고 효율적으로 긴급구조를 수행할 수 있도록 대통령령으로 정하는 바에 따라 재난의 규모와 유형에 따른 긴급구조대응계획을 수립·시행하여야 한다.

- 긴급구조 관련 특수번호 전화서비스의 통합·연계(제54조의2): 행정안전부 장관은 긴급구조 요청에 대한 신속한 대응을 위하여 대통령령으로 정하는 긴급구조 관련 특수번호 전화서비스(이하 "특수번호 전화서비스"라 한다)의 통합·연계 체계를 구축·운영하여야 한다.

- 재난대비능력 보강(제55조): 국가와 지방자치단체는 재난관리에 필요한 재난관리자원의 확보·확충, 통신망의 설치·정비 등 긴급구조능력을 보강하기 위하여 노력하고, 필요한 재정상의 조치를 마련하여야 한다. 긴급구조기관의 장은 긴급구조활동을 신속하고 효과적으로 할 수 있도록 긴급구조현장지휘대 등 긴급구조체제를 구축하고, 상시 소속 긴급구조요원 및 장비의 출동태세를 유지하여야 한다. 긴급구조업무와 재난관리책임기관(행정기관 외의 기관만 해당)의 재난관리업무에 종사하는 사람은 대통령령으로 정하는 바에 따라 신규교육과 정기교육 등 긴급구조에 관한 교육을 받아야 한다.

- 긴급구조 지원기관의 능력에 대한 평가(제55조의2): 긴급구조에 필요한 능력을 유지하도록 긴급구조기관의 장은 긴급구조지원기관의 능력을 평가할 수 있다. 다만, 상시 출동체계 및 자체 평가제도를 갖춘 기관과 민간 긴급구조지원기관에

대하여는 대통령령으로 정하는 바에 따라 평가를 하지 아니할 수 있다.

- 해상에서의 긴급구조(제56조): 해상에서 발생한 선박이나 항공기 등의 조난사고의 긴급구조활동에 관하여는 「수상에서의 수색·구조 등에 관한 법률」 등 관계 법령에 따른다.

- 항공기 등 조난사고 시의 긴급구조(제57조): 소방청장은 항공기 조난사고가 발생한 경우 항공기 수색과 인명구조를 위하여 항공기 수색·구조계획을 수립·시행하여야 한다. 다만, 다른 법령에 항공기의 수색·구조에 관한 특별한 규정이 있는 경우에는 그 법령에 따른다. 국방부 장관은 항공기나 선박의 조난사고가 발생하면 관계 법령에 따라 긴급구조업무에 책임이 있는 기관의 긴급구조활동에 대한 군의 지원을 신속하게 할 수 있도록 탐색구조본부의 설치·운영, 탐색구조부대의 지정 및 출동대기태세의 유지, 조난 항공기에 관한 정보 제공 등의 조치를 취하여야 한다.

5 복구 단계

1) 재난관리 복구 단계 개념 일반

재난관리 과정에서 재난 복구 단계는 회복을 위한 지속적이고 장기적인 활동 단계이다.

재난에 대한 대응조치 이후 취하는 활동 단계로, 재난으로 인한 피해 상태를 재난 이전의 상태로 회복시키는 활동을 말한다. 복구활동은 재난으로 인한 혼란 상태가 진정되고 응급적인 인명구조와 재산 보호를 위한 활동 이후에 취해지는 재난 이전의 정상 상태로 회복시키기 위한 여러 가지 활동을 의미한다(권건주, 2005: 81; 국가위기관리학회, 2020: 60).

일반적으로 재난의 종류에 따라 각 단계 활동, 즉 예방, 대비, 대응 활동의 내용이 달라질 수밖에 없지만 복구 단계에서 재난의 종류와 무관하게 대부분 동일한 활동들이 진행된다는 특징이 있고, 재난 발생 이후부터 피해지역이 재난이 발생하기 이전의 원상태로 회복될 때까지 장기적이면서 지속적으로 이루어지는 활동 과정이라는 점도 특징적이다. 이러한 점 때문에 복구활동 단계를 전형적인 배분정책의 영역에 속하는 활동으로 보기도 한다(Petak, 1985: 3; 국가위기관리학회, 2020: 61).

이와 같은 복구 활동을 재난 발생으로 인해 피해를 입은 이재민 등 재난 피해자의 재산에 대한 단기적·임시적 응급복구와 장기적·항구적 기능 복원 또는 개선 복구를 하는 단계로 구분하기도 한다. 여기서 장기적·항구적 원상복구 또는 개량복구는 재개발계획과 도시계획 등의 과정을 거쳐 원상을 회복시켜야 한다. 이러한 계획들은 장래에 닥쳐올 재난의 영향을 줄이거나 재발을 방지할 수 있는 좋은 기회가 되며, 재난관리의 첫 단계인 재난 예방 및 완화 단계와 순환적으로 연결된다(McLoughlin, 1985: 169-170; 채경석, 2004: 62).

복구 단계에서의 주요활동은 복구 상황의 점검 및 관리, 피해조사 및 피해 상황 집계, 중·장기 복구계획 수립 및 복구의 우선순위 결정, 복구 장비 및 복구 예산 확보 및 복구비 지원, 복구 지원을 위한 관계 기관 협조, 긴급 지원 물품 제공, 감염병 예방 및 방역활동, 피해자 보상 및 배상 관리, 보험금 지급, 대부 및 보조금 지원, 재난 발생 원인 및 문제점 조사, 유사 재난 재발 방지책 마련, 피해 유발 책임자 및 책임기관에 대한 법적 처리, 사망 또는 부상 피해자 및 유가족과 재난 대응활동에 참여한 공무원에 대한 재난 심리 치유 등이 있다.

2) 「재난 및 안전관리 기본법」상 복구 단계의 주요 내용

- 재난 피해 신고 및 조사(제58조): 재난으로 피해를 입은 사람은 피해상황을 행정안전부령으로 정하는 바에 따라 시장·군수·구청장(시·군·구대책본부가 운영되는 경우에는 해당 본부장을 말함)에게 신고할 수 있으며, 피해 신고를 받은 시장·군수·구청장은 피해상황을 조사한 후 중앙대책본부장에게 보고하여야 하며, 재난관리책임기관의 장은 재난으로 인하여 피해가 발생한 경우에는 피해상황을 신속하게 조사한 후 그 결과를 중앙대책본부장에게 통보하여야 한다. 중앙대책

본부장은 재난피해의 조사를 위하여 필요한 경우에는 대통령령으로 정하는 바에 따라 관계 중앙행정기관 및 관계 재난관리책임기관의 장과 합동으로 중앙재난피해합동조사단을 편성하여 재난피해 상황을 조사할 수 있다.

- 재난복구계획의 수립·시행(제59조): 재난관리책임기관의 장은 사회재난으로 인한 피해(사회재난 중 특별재난지역 피해는 제외)에 대하여 제58조 제2항에 따른 피해조사를 마치면 지체 없이 자체복구계획을 수립·시행하여야 한다.

- 특별재난지역의 선포(제60조): 중앙대책본부장은 인명 또는 재산의 피해 정도, 재난지역 관할 지방자치단체의 재정 능력, 재난으로 피해를 입은 구역의 범위 등을 고려하여 대통령령으로 정하는 규모의 재난(시행령 제69조 참고)이 발생하여 국가의 안녕 및 사회질서의 유지에 중대한 영향을 미치거나 피해를 효과적으로 수습하기 위하여 특별한 조치가 필요하다고 인정하거나 제5항에 따른 지역대책본부장의 요청이 타당하다고 인정하는 경우에는 중앙위원회의 심의를 거쳐 해당 지역을 특별재난지역으로 선포할 것을 대통령에게 건의할 수 있다. 다만, 대규모 인명피해가 발생하는 등 시급하게 특별재난지역으로 선포할 필요가 있는 경우로서 중앙대책본부장의 요청(제14조 제4항에 따라 국무총리가 중앙대책본부장의 권한을 행사하는 경우는 제외한다)을 받아 중앙위원회의 심의를 거칠 시간적 여유가 없다고 중앙위원회의 위원장이 인정하는 경우 중앙대책본부장은 중앙위원회의 심의를 거치지 아니하고 해당 지역을 특별재난지역으로 선포할 것을 대통령에게 건의할 수 있다.

- 특별재난지역에 대한 지원(제61조): 국가나 지방자치단체는 제60조에 따라 특별재난지역으로 선포된 지역에 대하여는 제66조 제3항에 따른 지원을 하는 외에 대통령령으로 정하는 바에 따라 응급대책 및 재난구호와 복구에 필요한 행정상·재정상·금융상·의료상의 특별지원을 할 수 있다. 특별지원의 내용에는 「자연재난 구호 및 복구 비용 부담기준 등에 관한 규정」 제7조에 따른 국고의 추가지원, 「자연재난 구호 및 복구 비용 부담기준 등에 관한 규정」 제4조에 따른 지

원, 의료·방역·방제(防除) 및 쓰레기 수거 활동 등에 대한 지원, 「재해구호법」에 따른 의연금품의 지원, 농어업인의 영농·영어·시설·운전 자금 및 중소기업의 시설·운전 자금의 우선 융자, 상환 유예, 상환 기한 연기 및 그 이자 감면과 중소기업에 대한 특례보증 등의 지원 등을 포함한다.

- 비용 부담의 원칙(제62조): 재난관리에 필요한 비용은 이 법 또는 다른 법령에 특별한 규정이 있는 경우 외에는 법률 또는 제3장의 안전관리계획에서 정하는 바에 따라 그 시행의 책임이 있는 자(제29조 제1항에 따른 재난방지시설의 경우에는 해당 재난방지시설의 유지·관리 책임이 있는 자를 말함)가 부담한다. 다만, 제46조에 따라 시·도지사나 시장·군수·구청장이 다른 재난관리책임기관이 시행할 재난의 응급조치를 시행한 경우 그 비용은 그 응급조치를 시행할 책임이 있는 재난관리책임기관이 부담한다.

- 응급지원에 필요한 비용(제63조): 법률에 따라 응원을 받은 자는 그 응원에 드는 비용을 부담하여야 하는데, 그 경우 그 응급조치로 인하여 다른 지방자치단체가 이익을 받은 경우에는 그 수익의 범위에서 이익을 받은 해당 지방자치단체가 그 비용의 일부를 분담하여야 한다.

- 손실보상(제64조): 국가나 지방자치단체는 제39조 및 제45조(제46조에 따라 시·도지사가 행하는 경우를 포함)에 따른 조치로 인하여 손실이 발생하면 보상하여야 하며, 그에 따른 손실보상에 관하여는 손실을 입은 자와 그 조치를 한 중앙행정기관의 장, 시·도지사 또는 시장·군수·구청장이 협의하여야 한다.

- 치료 및 보상(제65조): 재난 발생 시 긴급구조활동과 응급대책·복구 등에 참여한 자원봉사자, 제45조에 따른 응급조치 종사명령을 받은 사람 및 제51조 제2항에 따라 긴급구조활동에 참여한 민간 긴급구조지원기관의 긴급구조지원요원이 응급조치나 긴급구조활동을 하다가 부상(신체적·정신적 손상을 말함)을 입은 경우 및 부상으로 인하여 장애를 입은 경우에는 치료(심리적 안정과 사회적응을 위한 상

담지원을 포함)를 실시하고 보상금을 지급하며, 사망(부상으로 인하여 사망한 경우를 포함)한 경우에는 그 유족에게 보상금을 지급한다. 다만, 다른 법령에 따라 국가나 지방자치단체의 부담으로 같은 종류의 보상금을 받은 사람에게는 그 보상금에 상당하는 금액을 지급하지 아니한다.

- 재난지역에 대한 국고보조 등의 지원(제66조): 국가는 자연재난이나 사회재난 중 제60조 제4항에 따라 특별재난지역으로 선포된 지역의 재난에 해당하는 재난의 원활한 복구를 위하여 필요하면 대통령령으로 정하는 바에 따라 그 비용(제65조 제1항에 따른 보상금을 포함)의 전부 또는 일부를 국고에서 부담하거나 지방자치단체, 그 밖의 재난관리책임자에게 보조할 수 있다. 다만, 제39조 제1항(제46조 제1항에 따라 시·도지사가 하는 경우를 포함) 또는 제40조 제1항의 대피명령을 방해하거나 위반하여 발생한 피해에 대하여는 그러하지 아니하다. 다른 법령에 따라 국가 또는 지방자치단체가 같은 종류의 보상금 또는 지원금을 지급하는 등에 해당하지 않는 한, 국가와 지방자치단체는 재난으로 피해를 입은 시설의 복구와 피해주민의 생계 안정 및 피해기업의 경영 안정을 위하여 사망자·실종자·부상자 등 피해주민에 대한 구호, 주거용 건축물의 복구비 지원, 고등학생의 학자금 면제 등의 지원을 할 수 있다.

- 복구비 등의 선지급(제66조의2): 지방자치단체의 장은 재난의 신속한 구호 및 복구를 위하여 필요하다고 판단되면 제66조에 따라 재난의 구호 및 복구를 위하여 지원하는 비용 중 대통령령으로 정하는 항목에 대해서는 제59조 또는 「자연재해대책법」 제46조에 따른 복구계획 수립 전에 미리 지급할 수 있다.

- 복구비 등의 반환(제66조의3): 국가와 지방자치단체는 복구비 등을 받은 자가 부정한 방법으로 복구비등을 받은 경우 또는 복구비 등을 받은 후 그 지급 사유가 소급하여 소멸된 경우에 해당하는 경우에는 행정안전부령으로 정하는 바에 따라 그 받은 복구비 등을 반환하도록 명하여야 한다.

참고 문헌

국가위기관리학회(2020). 『재난관리론』. 윤성사.
김인범 · 류상일 · 송윤석 · 양기근 · 이동규 · 이주호 · 홍영근(2014). 『재난관리론』. 대영문화사.
법제처 국가법령정보센터. 「재난 및 안전관리 기본법」, 2025.
이동규(2022). 『한국재난관리론』. 윤성사.
이재은(2012). 『위기관리학』. 대영문화사.
임현우 · 유지선(2024). 『재난관리론 1: 이론과 실제』. 박영사.
채경석(2004). 『위기관리정책론』. 대왕사.
채진(2023). 『재난관리론』. 동화기술.

David McLoughlin (Jan., 1985). A Framework for Integrated Emergency Management, *Public Administration Review*, Vol. 45, pp. 165–172.
David R. Godschalk and David J. Brower (Jan., 1985). Mitigation Strategies and Integrated Emergency Management, *Public Administration Review*, Vol. 45, pp. 64–71.
Gilbert Sigel (1985). Human Resource Development for Emergency Management, *Public Administration Review*, Vol. 45, pp. 107–117.
Kathleen J. Tierney (1985). Emergency Medical Preparedness and Response in Disaster: The Need for Interorganizational Coordination. *Public Administration Review*, Vol. 45, pp. 77–84.
Perrow, Charles (2007). *The Next Catastrophe: Reducing Our Vulnerabilities to Natural, Industrial, and Terrorist Disasters*. Princeton, NJ: Princeton University Press.
Rae Zimmerman (1985). The Relationship of Emergency Management to Governmental Policies on Man–Made Technological Disasters. *Public Administration Review*, Vol. 45, pp. 29–39.
Ronald Perry (1985). *Comprehensive Emergency Management: Evacuating Threatened Populations*. Greenwich, CT: JAI Press Inc.
Thomas E. Drabek (1985). Managing the Emergency Response. *Public Administration Review*, Vol. 45, pp. 85–92.
William J. Petak (Jan., 1985). Emergency Management: A Challenge for Public Administration. *Public Administration Review*, Vol. 45, pp. 3–7, 85–92.
Yong–kyun Kim & Hong–Gyoo Sohn (2018). *Disaster Risk Management in the Republic of Korea*. Springer.

MBC경남 NEWS. [#아지트] 17강 예측불가 시대, 국가의 재난관리체계는?(https://youtu.be/A2PBsLXO7GQ?si=yQ_tW-_wcCotL2Nk).

제4장

자연재난의 유형별 특성

제1절 자연재난의 개념

◆영상 자료◆

[두클래스 사회 개념 영상] 자연재해의 종류와 특징을 알아볼까요?
https://www.youtube.com/watch?v=72Ukn3hGEjl

출처: 두클래스.

   자연재난은 현대 사회의 주요 위험 요소로, 「자연재해대책법」 제1장 제2조 제1항에서는 "태풍, 홍수, 호우, 폭풍, 해일, 폭설, 가뭄, 지진 또는 기타 이에 준하는 자연현상으로 인해 발생하는 피해"로 규정한다(하광림, 2022).

   구체적으로 자연재난은 이상 자연현상이라는 외력으로 인해 인간의 생활, 인명 및 재산에 피해가 발생한 상황을 말한다. 여기서 재난은 원인이고 재해는 그 결과로 나타나는 피해를 의미한다. 중요한 점은 자연현상 자체가 아니라 그로 인한 인명·재산 피해를 전제로 한다는 것이다. 강력한 자연현상도 피해가 없으면 재난이 아니며, 약한 현상도 심각한 영향을 미치면 중대한 재난이 된다(심민섭, 2021).

자연재난은 원인에 따라 기상재해(태풍, 홍수, 호우, 강풍, 해일, 대설, 한파, 낙뢰, 가뭄, 폭염, 황사 등)와 지질재해(지진, 화산 활동, 우주물체 추락 등)로 구분된다. 「재난 및 안전관리 기본법」은 이러한 자연현상으로 인한 피해를 포괄적으로 자연재난으로 정의하며, 인간 활동에 기인한 사회재난과 명확히 구분한다(국립재난안전연구원, 2023).

국가와 지방자치단체는 법령에 따라 자연재난에 대한 체계적인 예방·대비·대응·복구 활동을 수행한다. 특히 2018년 폭염을 자연재난에 포함시킨 것처럼, 자연재난의 개념과 범위는 사회 변화와 기후 변화에 따라 지속적으로 확장되고 있다(국가전략정보포털).

제2절 자연재난의 특징

◆영상 자료◆

[통합사회1] 5차시 | 자연재해의 종류와 특징 |
기후 요인 | 지형 요인 | 대책
https://www.youtube.com/watch?v=NBFsv9WTKOk

출처: 워니비.

자연재난은 인간의 통제를 벗어난 불가항력적인 자연현상에 의해 초래되며(심민섭, 2021), 사회재난과 구별되는 뚜렷한 속성들을 갖는다.

첫째, 자연재난은 태풍, 지진 같은 대규모 자연현상으로 발생해 광범위한 피해를 초래한다. 사회재난과 달리 물리적·환경적 손상이 즉각적이고 명확하게 드러나 피해 규모 파악이 용이하다(행정안전부, 2023; 심민섭, 2021).

둘째, 발생의 주기성과 계절성을 보인다. 태풍은 여름-가을, 폭설은 겨울에 집중되어 예측 가능성이 높다. 현대 기술로 태풍 진로, 홍수 등은 사전 예측이 가능하나, 지진처럼 예측 곤란한 재난도 존재한다.

셋째, 자연재난 간 연계 효과로 복합재난이 발생할 수 있다(박용철·김찬오, 2020). 이는 단일 재난 대비를 넘어 통합적 재난관리체계의 필요성을 시사한다.

넷째, 상황 전환점(low point)이 명확해 이후 점차 개선되는 경향을 보인다. 이는 재난 대응 및 복구 계획 수립에 중요한 기준이 된다.

다섯째, 완전 방지는 불가능하나 과학 기술과 예방 노력으로 피해 최소화가 가능하다. 방재 인프라, 사전 예측, 신속한 복구 등으로 재해를 최소화할 수 있다.

여섯째, 기후 변화로 자연재난의 빈도와 강도가 증가하고 있다. IPCC(2021)에 따르

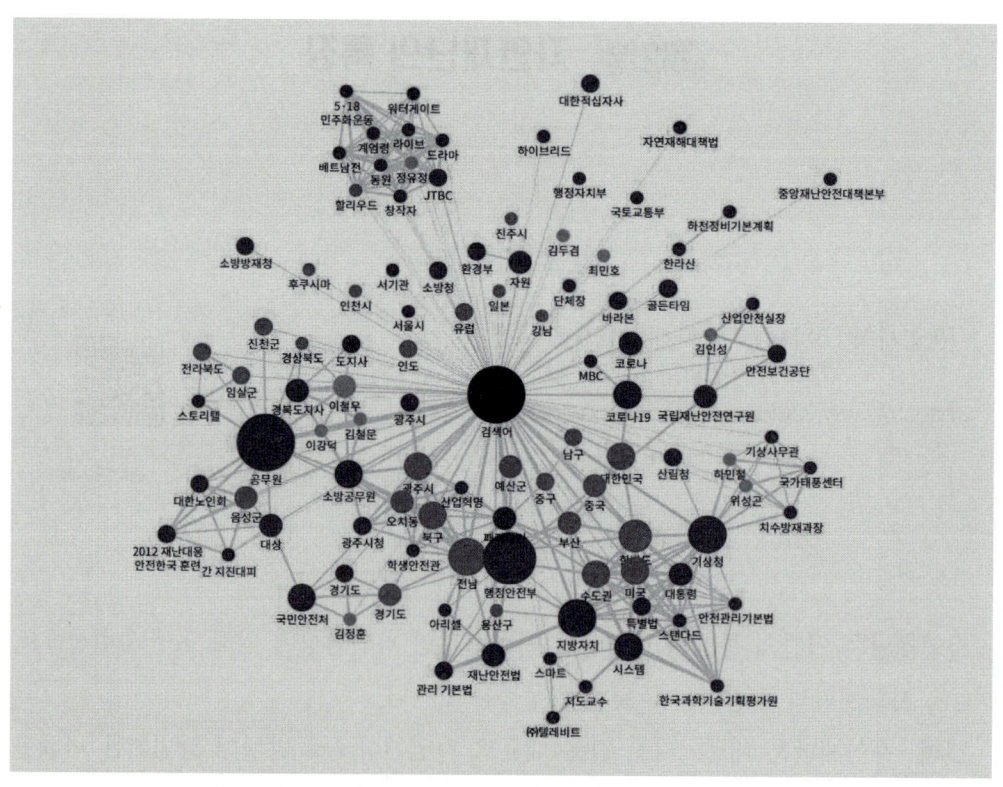

[그림 4-1] '자연재난' 관련 키워드 관계도 분석(빅카인즈 분석, 1990~2024)

면 지구 온난화가 극한 자연재난을 심화시키고 있으며, UNDRR(2022)은 동일 재난도 사회적 취약성과 대비 역량에 따라 피해가 달라진다고 지적한다. 이는 자연과학적 요인과 사회과학적 요인을 종합 고려해야 함을 의미하며, 특히 한반도는 기상재해가 대부분이므로 기상 예측과 조기 경보 시스템 강화가 핵심 과제이다.

제3절 유형별 재난관리

◆영상 자료◆

[산업안전보건교육] 재난 유형별 안전관리 대책
https://www.youtube.com/watch?v=cfpmAzSak5c

출처: 세종에듀티비.

자연재난은 그 유형에 따라 관리 주체와 대응 방식이 달라진다. 우리나라에서는 「재난 및 안전관리 기본법」 제3조 및 동법 시행령에 따라 재난 유형별 주관기관을 지정하고 있다(행정안전부, 2023).

예를 들어, 풍수해(태풍·호우 등으로 인한 홍수와 강풍), 지진, 화산 활동, 낙뢰, 가뭄 등 대부분의 자연재난은 행정안전부가 종합 조정 역할을 맡고, 해양수산부는 적조와 조수 등 해양에서 발생하는 자연재난을 주관하며, 환경부는 황사 등 환경적 자연재난 대응을 담당한다. 이처럼 재난관리 주관기관이 사전에 지정되어 있음으로써 재난 발생 시 신속하고 일원화된 대응 체계를 가동할 수 있도록 하고 있다. 또한 정부는 자연재난의 종류에 따라 위기 경보 수준과 대응 매뉴얼을 다르게 적용한다. 정부는 자연재난 발생 가능성에 따라 위기 경보를 "관심, 주의, 경계, 심각"의 4단계로 운영하고 있다(행정안전부, 2023). 마찬가지로 태풍이나 대설 등도 예상 피해 규모에 따라 사전에 경보 단계를 발령하고, 관계기관 대책본부를 운영함으로써 인명 대피, 시설 보호 등 선제적 조치를 취한다.

  재난관리는 일반적으로 예방, 대비, 대응, 복구의 4단계로 구성되며, 이는 재난안전관리기본계획에 따른 분류로 운영된다(국민재난안전포털, 2023). 특히 예방 및 대비 단계에서는 재난 유형별 취약성을 줄이기 위한 구조적·비구조적 대책이 시행된다. 예를 들어 풍수해 예방을 위해 하천 정비나 방조제 건설 같은 구조적 대책을 실시하고, 지진 대비를 위해 내진 설계 기준을 강화하며, 가뭄 대비를 위해 저수지 확충과 용수 비축을 한다. 비구조적 대책으로는 조기 경보 시스템 구축, 주민 대상 교육·훈련, 재난 예보 및 전파 등이 있다. 대응 단계에서는 해당 재난에 특화된 대응이 이루어지는데, 예컨대 태풍 시에는 해안가 주민 대피 및 응급 복구반 동원, 폭설 시에는 제설 작업과 교통 통제, 한파 시에는 취약계층 한파 쉼터 운영 등의 조치가 시행된다. 피해 복구는 피해 조사와 복구 계획 수립을 거쳐, 관련 법령에 따라 국가와 지자체가 재정을 분담한다(행정안전부, 2023; 국민재난안전포털, 2023). 이렇듯 자연재난은 유형별 특성에 맞는 대응 체계와 정책이 수립되어 운영되고 있다(심민섭, 2021).

제4절 태풍

◆영상 자료◆

이해하기 쉬운 날씨 시리즈 - 태풍의 발생과 구조
https://www.youtube.com/watch?v=Yi-KDIZUYI

출처: KMA Learning.

1 태풍의 개념과 종류

태풍은 열대 해상에서 발생한 열대저기압이 발달해 중심 부근 최대 풍속이 17.2m/s 이상인 강한 폭풍우를 동반한 기상현상이다(기상청, 2023). 지구의 에너지 불균형 해소 과정에서 적도 부근의 대류구름이 집합해 열대저기압으로 성장하며 태풍이 발생한다.

〈표 4-1〉 중심 부근 최대 풍속에 따른 태풍의 분류

중심 부근 최대풍속	세계기상기구(WMO)	한국/미국	
17㎧ 미만 (34kt 미만)	열대저압부(TD : Tropical Depression)	열대저압부	열대저기압
17㎧~24㎧ (34~47kt)	열대 폭풍(TS : Tropical Storm)	태풍 약	열대 폭풍
25㎧~32㎧ (48~63kt)	강한 열대 폭풍(STS : Severe Tropical Storm)	태풍 중	열대 폭풍
33㎧ 이상 (64kt 이상)	태풍(TY : Typhoon)	매우 강	허리케인

출처: 기상청 WMO Tropical Cyclone Operational Plan(2023).

지역에 따라 태풍(typhoon), 허리케인(hurricane), 사이클론(cyclone) 등으로 구분하나 본질적으로 동일한 현상이다. 세계기상기구(WMO)는 중심 최대 풍속에 따라 열대

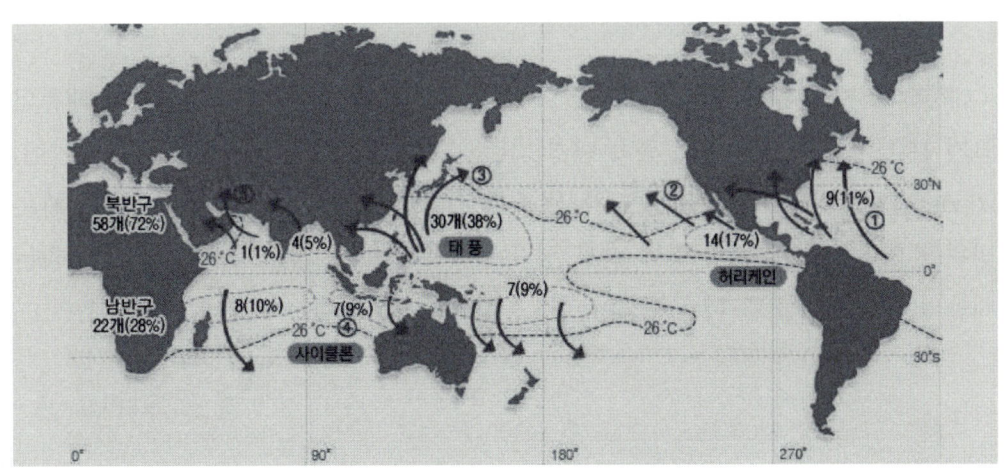

출처: 기상청 날씨누리.

[그림 4-2] 태풍이 주로 발생하는 지역과 이름

저압부(17m/s 미만), 열대폭풍(17-24m/s), 강한 열대폭풍(25-32m/s), 태풍(33m/s 이상)으로 분류한다.

2 태풍의 분류 체계

한국 기상청은 태풍 강도를 '중', '강', '매우 강', '초강력'으로 세분화한다. 2020년 5월부터는 크기 분류를 폐지하고 강풍반경(15m/s 이상)과 폭풍반경(25m/s 이상) 정보를 실시간 제공한다(기상청, 2020).

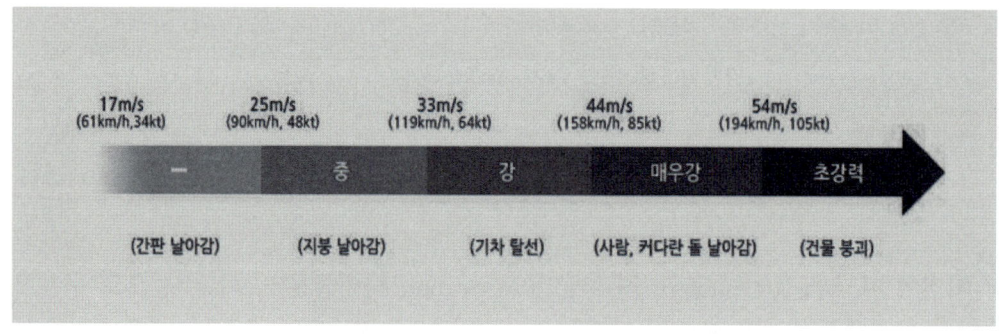

출처: 기상청 날씨누리.

[그림 4-3] 중심 부근 최대 풍속에 따른 태풍의 강도

태풍의 크기 분류도 중요한 요소였으나, 2020년 5월 15일 이후 기상청은 태풍의 크기 분류 체계를 폐지하고, 풍속 반경 기준의 실시간 정보를 제공하고 있다(기상청, 2020). 강풍반경과 폭풍반경은 각각 풍속 15m/s 및 25m/s 이상의 바람이 도달하는 범위를 의미하며, 태풍의 영향 반경 평가에 사용된다(기상청, 2023). 이러한 변화는 태풍의 영향 범위를 좀 더 구체적이고 실용적으로 제공하려는 노력의 일환이다.

〈표 4-2〉 태풍 크기에 따른 강풍반경

단계	강풍반경(풍속 15m/s 이상의 반경)
소형(small)	300km 미만
중형(medium)	300km 이상 ~ 500km 미만
대형(large)	500km 이상 ~ 800km 미만
초대형(extra-large)	800km 이상

출처: 기상청 날씨누리.

3 태풍의 특징과 구조

태풍은 해수면 온도 27℃ 이상의 열대 해상에서 발생하며, 중심에는 '눈'이라는 고요한 지역이 존재한다. 북서진하다가 편서풍대를 따라 북동진하는 경향을 보이며, 해상에서 강하고 육지에서 약화된다. 북서태평양에서 7~10월에 집중 발생하며, 수자원 공급과 열대 해양 수온 조절 등 긍정적 기능도 수행한다(기상청, 2023).

4 태풍의 역사적 기록과 피해 사례

『삼국사기』에 고구려 모본왕 2년(서기 49년) 폭풍 기록이 있으며, 중형급 태풍 수준으로 추정된다. 현대 최대 인명 피해는 1936년(태풍 이름 없음) 1,232명, 최대 재산 피해는 2002년 루사 약 5조 1,479억 원이다(국민재난안전포털, 2023).

◆ 영상 자료 ◆

태풍의 이름은 어떻게 만들어지나?
https://www.youtube.com/watch?v=KADipX1EYxI

출처: YTN 사이언스.

제5절 가뭄

◆영상 자료◆

[날씨학개론] 최악의 가뭄 겪고 있는 남부지방 현황 · 대응은?
https://www.youtube.com/watch?v=ayDnhpgoK8w

출처: YTN 사이언스 투데이.

   가뭄은 점진적으로 발생하며 장기적 · 광범위한 영향을 미치는 재해이다. 국가가뭄정보포털(2023)은 "물의 공급과 수요 간 상호작용으로 발생하며 경제적 · 환경적 · 사회적 영향을 유발한다"고 정의한다. 가뭄은 평균 강수량 대비 부족 상태이며, 필요수량 대비 부족인 물 부족과는 구별된다.

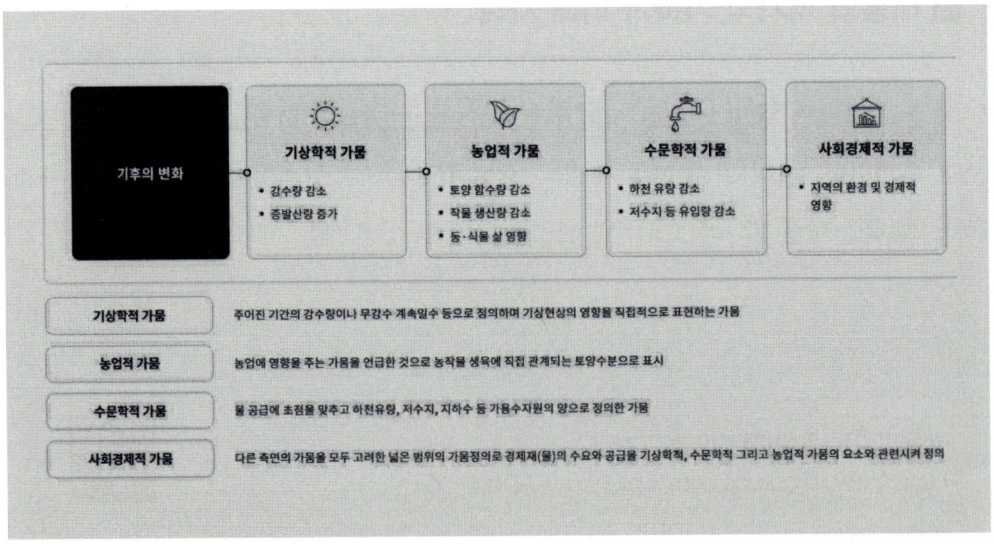

출처: 국가가뭄정보포털.

[그림 4-4] 가뭄의 정의

1 가뭄의 분류 체계

가뭄은 그 원인과 기준, 미치는 영향에 따라 여러 종류로 분류된다. 국립기상과학원(2023)은 가뭄을 기상학적, 농업적, 수문학적, 사회경제적 유형으로 구분하며, 이들은 상호 연관되지만 독립적인 특성을 지닌다고 설명한다.

한국수자원공사(2018)는 기상학적 가뭄을 평균보다 적은 강수량이 지속되는 상황으로 정의하며, 대표 지수로 SPI, PDSI, EDI 등을 사용한다고 설명한다.

농업적 가뭄은 토양 내 수분이 농작물 생육에 필요한 수준에 미치지 못할 때 발생하며, 이를 측정하는 대표 지수로는 SMDI가 있다(한국수자원공사, 2018).

국립기상과학원(2023)은 사회경제적 가뭄을 다른 유형의 가뭄 요소들과 수요-공급 불균형을 결합해 정의하며, 물의 부족으로 사회적 불편이 발생할 때를 포괄적으로 가리킨다고 설명한다.

2 가뭄의 특징과 영향

가뭄은 장기간에 걸쳐 발생한다. 태풍이나 홍수 및 지진 등은 시각적으로 볼 수 있으며 즉각적인 피해를 몸으로 느낄 수 있으나, 국가가뭄정보포털(2025)은 가뭄이 명확한 시작과 종료 시점을 구분하기 어렵고, 종종 해갈 이후에도 피해 영향이 수년간 지속된다고 설명하고 있다.

피해가 광범위하다는 점도 가뭄의 중요한 특징이다. 물정보포털(2025)에 따르면, 1987~1989년 미국의 장기 가뭄으로 약 390억 달러의 경제적 손실이 발생했고, 전체 인구의 약 70%가 직·간접적 피해를 입었다고 보고됐다.

가뭄의 영향은 직접적인 영향과 간접적인 영향으로 구분할 수 있다. 국제구조위원회(IFRC, 2023)는 가뭄의 영향을 직접적(예: 작물 피해, 산불 증가)과 간접적(예: 수입 감소, 가격 상승), 환경적(수질 악화, 생태계 손실), 사회적 영향(갈등, 정신적 스트레스)으로 구분하고 있다.

<표 4-3> 가뭄의 특징

특징	내용
진행 속도가 늦다	가뭄은 수개월에서 수십 년에 걸쳐 서서히 발생하고 지속되며, 피해가 누적되어 정상 강우 후에도 영향이 계속되는 특징을 가진다.
장기간에 걸쳐 발생한다	가뭄은 태풍·홍수·지진과 달리 시작과 끝이 불명확하고 장기간에 걸쳐 서서히 피해가 나타나는 특성을 보인다.
피해가 광범위하다	가뭄은 다른 자연재해와 달리 경제·사회·환경 전반에 걸쳐 광범위하고 지속적인 피해를 미친다.
비용손실이 크다	가뭄에 의한 비용의 손실은 순식간에 발생하는 재해에 의한 손실에 못지않게 크다. 1987~1989년 미국의 가뭄은 정부와 개인 부문에 있어 약 390억 달러로 추산되고 있으며 전 인구의 70%가 피해를 보았다. 피해가 큰 다른 재해의 경우 비용 손실은 태풍이 70억 달러, 지진이 300~400억 달러로 추산되고 있다.
대책 수립이 어렵다	가뭄의 명확한 정의 부재로 심각성 판단이 어려워 정책결정자들이 적시에 대응하지 못하고 뒤늦게 조치를 취하게 된다.

출처: 국가가뭄정보포털(2025).

3 우리나라의 가뭄 특성

우리나라는 연 강수량 자체는 충분하지만, 이앙기(5~6월)와 생육기(7~8월) 동안의 강우 편차로 인해 해마다 농업 피해가 상이하다. 이는 여름철에 강수가 집중되는 몬순 기후의 영향으로 분석된다(윤순옥·황상일, 2009; 기상청, 2023).

고대 삼국시대부터 일제강점기까지 가뭄은 반복적으로 발생했으며, 당시 수리시설 미비로 인해 가뭄은 곧 기근으로 이어지는 중대한 재난이었다는 기록이 다수 존재한다(윤순옥·황상일, 2009; 국사편찬위원회, 2020).

현대에는 수리시설의 확충으로 과거보다 피해는 줄었으나, 최근 평년 대비 강수량 부족과 저수율 하락이 자주 나타나고 있으며, 기후변화로 인해 가뭄 양상이 점점 불규칙하고 광역화되고 있어 정책적 대응이 요구된다(윤순옥·황상일, 2009; 기상청, 2023).

제6절 폭염

◆ 영상 자료 ◆

[행안부×사물궁이] 폭염도 재난입니다! 폭염 시 꼭 알아야 할 행동요령
https://www.youtube.com/watch?v=Urk2du23pPc

출처: 행정안전부.

기후변화로 폭염의 빈도와 강도가 증가해 주요 사회적 재해로 부각되고 있다. 기상청(2023)은 폭염을 일최고체감온도 33℃ 이상으로 정의하며, 2020년 5월부터 체감온도 기준을 적용한다. 폭염특보는 주의보(33℃ 이상)와 경보(35℃ 이상)가 2일 이상 지속되거나 중대한 피해가 예상될 때 발령된다(질병관리청, 2023).

〈표 4-4〉 폭염특보 기준

폭염주의보	폭염경보
폭염으로 인해 다음 중 어느 하나에 해당하는 경우	폭염으로 인해 다음 중 어느 하나에 해당하는 경우
• 일최고체감온도 33℃ 이상인 상태가 2일 이상 예상될 때 • 급격한 체감온도 상승 또는 폭염 장기화 등으로 중대한 피해 발생이 예상될 때	• 일최고체감온도 35℃ 이상인 상태가 2일 이상 예상될 때 • 급격한 체감온도 상승 또는 폭염 장기화 등으로 광범위한 지역에서 중대한 피해 발생이 예상될 때

※ 2020년 5월부터 기온과 습도를 고려하는 체감온도 기준으로 33℃ 또는 35℃ 이상이 2일 이상 지속이 예상되거나, 중대한 피해 발생이 예상될 때 폭염특보(폭염주의보와 경보)를 발표한다.

출처: 기상청.

1 폭염의 건강 영향과 취약계층

폭염 시 장시간 노출되면 열사병, 열탈진, 열실신 등 생명을 위협하는 온열질환이 발생할 수 있다. 취약계층은 노인, 유아, 만성질환자, 실외노동자이며, 특히 독거노인은 사회적 고립으로 위험성이 높다. 경기도는 취약노인 안부 확인, 냉방기기 설치, 이동노동자 쉼터 운영 등을 추진한다(행정안전부, 2022).

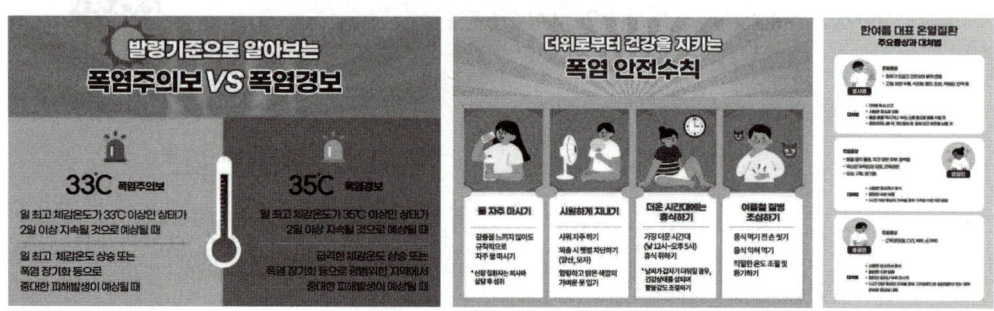

출처: 국민재난안전포털

[그림 4-5] 폭염 특보 기준과 안전수칙

2 폭염의 사회경제적 영향

폭염은 전력 수요 폭증, 교통사고 증가, 가축 폐사를 초래한다(환경부, 2023). 농업 부문에서는 농작물 품질 저하와 열섬 현상이 심화되어 도시 계획과 건축 설계에서 폭염 대응이 필수적이다(농촌진흥청, 2022).

제7절 강풍

◆영상 자료◆

달리는 열차도 전복시킨다 … 강풍 세기별 위력과 대처 요령은?
https://www.youtube.com/watch?v=WwXhiEgbFt0

출처: YTN.

　기상청(2023)은 강풍을 순간풍속 8급 이상이면 인명·재산의 피해를 유발할 가능성이 있는 풍속으로 정의한다. 강풍특보는 주의보(풍속 14m/s, 순간풍속 20m/s 이상)와 경보(풍속 21m/s, 순간풍속 26m/s 이상)로 구분되며, 산지는 기준이 더 높다.

〈표 4-5〉 강풍특보 기준

강풍주의보	강풍경보
육상에서 풍속 50.4km/h(14m/s) 이상 또는 순간풍속 72km/h(20m/s) 이상, 다만 산지는 풍속 61.2km/h(17m/s) 이상 또는 순간풍속 90km/h(25m/s) 이상이 예상될 때	육상에서 풍속 75.6km/h(21m/s) 이상 또는 순간풍속 93.6km/h(26m/s) 이상, 다만 산지는 풍속 86.4km/h(24m/s) 이상 또는 순간풍속 108km/h(30m/s) 이상이 예상될 때

출처: 기상청.

1 강풍의 발생 원인과 특성

　강풍은 북방 찬 공기의 남하, 태풍 접근, 대류성 폭풍 발달, 지형 효과 등으로 발생한다. 봄철에 자주 발생하는데, 이는 시베리아 고기압과 태평양 고기압 간 기압 차이가 크고 대기가 불안정하기 때문이다. 여름에는 뇌우와 돌풍선, 토네이도 등 극단적 날씨로 이어질 수 있다.

2 강풍의 피해 양상

간판, 조립식 지붕, 전신주, 가로수 파손으로 2차 사고 위험이 크다. 건물의 창문 파손, 농업용 비닐하우스 손상, 차량 전복, 항공기 결항 등 다양한 피해가 발생한다(행정안전부, 2023).

3 강풍 피해 대표 사례

2019년 4월 강원도 고성·속초 산불은 순간 최대 풍속 32m/s의 강풍으로 급속 확산되어 1,227ha 산림과 750억 원의 재산피해를 발생시켰다. 강풍으로 헬기 진화가 불가능해 대응에 어려움을 겪었다(소방청).

4 강풍 대응 대책

문과 창문을 단단히 고정하고, 유리창에 안전 필름 부착, 간판·철탑 등 옥외 구조물 고정·철거, 비닐하우스 연결부 보강, 외부 전선 점검 등의 사전 조치가 필요하다. 강풍 예보 시 외부 물건을 실내로 이동시켜야 한다(행정안전부, 2023).

5 강풍 발생 시 행동요령

외출 자제, 취약계층 안부 확인, 나무·전신주 주변 회피, 운전 시 감속 및 안전거리 유지가 중요하다. 공사장 등 야외 작업 중단, 낙하물 위험 장소 회피, 정전 대비 손전등 준비가 필요하다. 바닷가는 파도 위험으로 접근을 금해야 한다(기상청, 2023; 행정안전부, 2023).

제8절 대설

◆영상 자료◆

[대설 대비] 국민행동요령
https://www.youtube.com/watch?v=ikj9wiVtjvY

출처: 행정안전부.

대설은 겨울철 대표적 자연재난으로, 산간·해안 지방에서 집중 발생한다. 대설특보는 주의보(24시간 적설 5cm 이상)와 경보(24시간 적설 20cm 이상, 산지 30cm)로 구분된다. 영서와 영동은 태백산맥의 영향으로 서로 다른 대설 패턴을 보인다.

〈표 4-6〉 대설특보 기준

대설주의보	대설경보
24시간 동안 내려 쌓인 눈의 양이 5cm 이상 예상될 때	24시간 동안 내려 쌓인 눈의 양이 20cm 이상 예상될 때. 다만, 산지는 24시간 동안 내려 쌓인 눈의 양이 30cm 이상 예상될 때를 말한다.

출처: 기상청.

1 2014년 강원 영동 폭설 사례 분석

2014년 2월 6~12일 강원 영동 지역에 1주일간 폭설이 이어져 강릉에 누적 적설량이 110cm를 기록했다. 비닐하우스 400동, 축사 150동 붕괴로 농업시설 피해가 컸고, 피해액은 125억 원을 초과했다. 도로 마비로 마을이 고립되어 군 병력이 투입됐으며, 14명의 이재민이 발생했다(연합뉴스, 2014).

2 대설의 지역적 특성

영서는 시베리아 고기압, 영동은 동해 수분 공급과 지형 상승으로 대설이 발생한다. 서해안은 서해안 저기압과 황해 수분이 한랭 고기압과 만나 대설이 발생한다. 중부 내륙은 남쪽 저기압과 북쪽 고기압 사이의 강설대로 광범위한 피해가 발생하며, 수도권은 인구 밀도가 높아 사회적 영향이 크다.

3 대설의 피해 양상과 영향

직접 피해로는 시설물 붕괴, 비닐하우스 파손, 전력·통신 설비 손상이 있다. 간접 피해는 교통마비가 대표적이며, 제설·복구 비용으로 지자체 재정 부담이 가중된다. 산간·도서 지역은 외부 단절 위험이 높아 비상식량과 통신수단 확보가 필수적이다(행정안전부, 2023).

4 대설 대응 대책

예방 단계에서는 기상 모니터링, 제설 장비·제설제 확보, 인력 대기 체계 구축이 중요하다. 대응 단계에서는 우선순위에 따른 신속한 제설과 교통 통제, 실시간 정보 제공이 핵심이다. 개인은 월동 준비, 외출 자제, 스노체인 준비, 눈길 운전 숙지, 지붕 제설 등이 필요하다(오산시, 2021).

제9절 한파

◆영상 자료◆

한파 대비 국민행동요령, 이렇게 행동하세요!
https://www.youtube.com/watch?v=VUkWA21koJ8

출처: 행정안전부.

한파는 겨울철 급격한 기온 하강으로 인명·재산 피해를 초래하는 기상현상이다. 기상청(2024)은 10월~4월 중 한파특보를 주의보(최저기온 전날보다 10℃ 이상 하강해 3℃ 이하, 또는 -12℃ 이하 2일 지속)와 경보(15℃ 이상 하강해 3℃ 이하, 또는 -15℃ 이하 2일 지속)로 구분한다.

〈표 4-7〉 한파특보 기준

대설주의보	대설경보
10월~4월 사이의 기간 중에 다음 각 호의 어느 하나에 해당하는 경우 ① 아침 최저기온이 전날보다 10℃ 이상 하강하여 3℃ 이하이면서 평년값보다 3℃ 이상 낮을 것으로 예상될 때 ② 아침 최저기온 -12℃ 이하가 2일 이상 지속될 것으로 예상될 때 ③ 급격한 저온현상으로 중대한 피해가 예상될 때	10월~4월 사이의 기간 중에 다음 각 호의 어느 하나에 해당하는 경우 ① 아침 최저기온이 전날보다 15℃ 이상 하강하여 3℃ 이하이면서 평년값보다 3℃ 이상 낮을 것으로 예상될 때 ② 아침 최저기온 -15℃ 이하가 2일 이상 지속될 것으로 예상될 때 ③ 급격한 저온현상으로 광범위한 지역에서 중대한 피해가 예상될 때

출처: 기상청.

1 한파의 건강 영향

한파는 심혈관, 호흡기, 신경계, 피부에 악영향을 미친다. 혈관 수축으로 혈압이 상승하고 심장에 부담을 주어 심혈관 질환 발작을 유발할 수 있다. 유아, 노인, 만성질환자는 특별한 주의가 필요하며, 머리 부분 보온과 독감 예방접종이 중요하다. 면역력 저하로 각종 질병 감수성이 높아진다.

2 한파로 인한 시설 피해와 대응

수도관 동파가 대표적 피해로, 장기 외출 시 온수를 한 방울씩 흘려보내고 수도계량기 보호함을 보온해야 한다. 동파 시에는 헤어드라이어나 미지근한 물로 녹여야 하며, 뜨거운 물은 파열 위험이 있다. 보일러 동파 시 지자체 종합상황실이나 긴급지원반에 연락한다.

3 한파의 사회경제적 영향

전력 수요 급증으로 정전 위험, 난방비 부담 증가, 교통마비 등이 발생한다. 농업부문에서는 작물 동해, 가축 폐사, 시설 파손으로 경제적 손실이 크다. 도로 결빙으로 교통사고 증가, 항만 결빙으로 선박 운항 중단, 건설 현장 작업 중단 등의 문제가 발생한다.

4 한파 대응 전략

개인은 여러 겹 옷 착용, 노출 부위 보호, 충분한 영양 섭취가 필요하다. 가정에서는 난방 시설 점검, 비상용품 준비, 수도관 보온을 실시한다. 사회적으로는 한파특보 시스템 운영, 취약계층 보호, 에너지 공급 안정화가 중요하며, 지자체는 대응 매뉴얼 수립과 협조 체계 구축이 필요하다.

제10절 조류

◆영상 자료◆

녹조는 대체 왜 생길까? |스톱모션| 엄마가 들려주는 녹조 이야기
https://www.youtube.com/watch?v=_cbE2kjwC7I

출처: 환경부.

조류 대발생은 부영양화된 수역에서 특정 조류가 급격히 증식해 수질 악화와 생태계 교란을 초래하는 재난이다. 녹조는 부영양화된 호수나 정체된 수역에서 부유성 조류가 대량 증식해 물색을 녹색으로 변화시키는 현상으로, 주로 공장 폐수나 가정 하수의 질소·인 등 영양염류 축적으로 발생한다(국민재난안전포털).

출처: 물환경정보시스템

[그림 4-6] 녹조와 적조현상

1 녹조 발생의 조건과 메커니즘

녹조 발생 3대 조건은 영양염류(특히 질소·인), 수온(25℃ 이상), 햇볕이다. 수온 30℃ 이상에서는 급격한 번식이 일어나며, 물이 정체된 곳에서 영양염류가 축적되어 녹조가 더 빨리 진행된다. 하천의 유속 관리가 녹조 예방에 중요하다.

2 조류 대발생의 생태학적 영향

녹조는 호흡으로 용존산소량을 감소시켜 수생생물 대량 폐사를 초래한다. 조류가 분비하는 독성 물질은 간독성·신경독성으로 인간과 동물 건강을 위협한다. 특정 조류의 급격한 번식은 생물다양성을 감소시키고 먹이사슬을 교란해 생태계 안정성을 해친다.

3 조류 대발생의 예방과 대책

예방은 영양염류 유입 차단과 수온 관리에 초점을 맞춘다. 유속을 늘려 영양염류 축적을 막고, 폐수·하수 처리 시설 개선이 근본적 해결책이다. 응급 처치로는 황산구리 사용과 황토 살포가 있으나, 각각 추가 오염과 조류 부패 문제가 있다.

4 조류 대발생의 사회경제적 영향

상수원 오염으로 정수 처리 비용이 증가하고 취수 중단이 발생할 수 있다. 관광업은 경관 훼손과 악취로 관광객이 감소하며, 어업은 어류 폐사로 직접적 소득 감소를 겪는다. 농업용수 사용 시 농작물 품질 저하가 발생해 농가 소득이 감소한다.

제11절 화산

◆영상 자료◆

화산의 모든 것, 낱낱이 파헤치기!
https://www.youtube.com/watch?v=YM6LVwWRZz0

출처: 대한민국 기상청.

화산은 지하 마그마가 지표로 분출되면서 형성되는 지형으로, 주로 판의 경계에서 발생한다(USGS, 2023). 지구의 대부분 화산은 판 경계가 수중에 있어 해저에 위치하며, 발산하는 판의 화산은 비폭발적이고 수렴하는 판의 화산은 격렬한 분화를 보인다.

1 화산의 분류와 특성

화산은 활동 빈도에 따라 활화산, 휴면화산, 사화산으로 분류된다. 형태상으로는

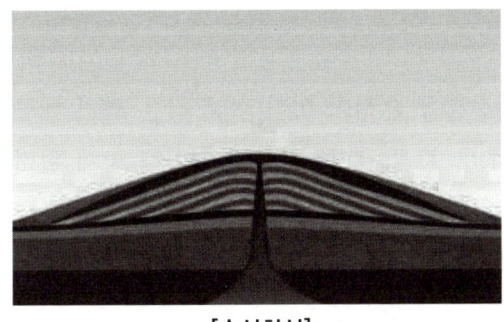
[순상화산]

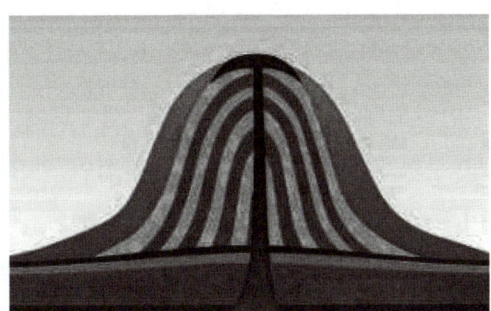
[종상화산]

[그림 4-7] 화산의 분류

순상화산(완만한 경사), 성층화산(원뿔 모양), 용암 돔, 스코리아 콘으로 구분되며, 위치에 따라 해저화산과 육상화산으로 나뉜다.

2 화산활동의 영향

대규모 화산 분화는 황산 에어로졸과 화산재로 인한 지구 냉각 현상을 유발할 수 있다(IPCC, 2021). 직접적 피해로는 용암류에 의한 인프라 파괴, 화산재에 의한 건물 붕괴와 항공 교통 마비, 화산 가스에 의한 대기 오염 등이 있다. 장기적으로는 토양 비옥화와 지열 에너지 제공 같은 긍정적 측면도 존재한다.

3 화산 모니터링과 예측

현대 기술은 지진계, GPS, 위성 관측, 가스 분석 등을 활용해 화산을 모니터링한다. 지진 활동 증가, 지반 변형, 가스 성분 변화 등의 전조 현상을 관측해 분화를 예측한다. 화산 위험도 평가는 과거 분화 이력, 현재 활동 상태, 주변 인구 분포를 종합적으로 고려한다(ICAO, 2020).

4 한반도의 화산활동

한반도에는 백두산, 울릉도, 제주도에 화산활동 흔적이 있다. 백두산은 과거 대규모 분화 기록이 있어 지속적 관심이 필요하며, 중국-북한 접경에 위치해 국제 협력이 중요하다(한국지질자원연구원, 2022). 제주 한라산과 울릉도는 현재 휴면 화산으로 분류된다. 비록 한반도가 활발한 화산 지역은 아니지만, 항공 교통과 국제 무역에 미치는 간접적 영향을 고려하면 화산 재해 대비는 여전히 중요하다.

제12절 지진

◆영상 자료◆

지진을 대하는 우리의 자세
https://www.youtube.com/watch?v=SfcTVOfdc5o

출처: 행정안전부.

1 지진의 개념

 지진(earthquake)은 지구 내부의 힘에 의해 땅속의 거대한 암반이 갑자기 갈라지거나 미끄러지면서, 그 충격으로 발생한 지진파가 지표면까지 전달되어 지반이 흔들리는 자연현상이다. 즉, 지구 내부 어딘가에서 급격한 지각 변동이 발생하면 그 충격이 파동 형태(지진파)로 사방으로 퍼지며, 이로 인해 넓은 지역에서 거의 동시에 흔들림

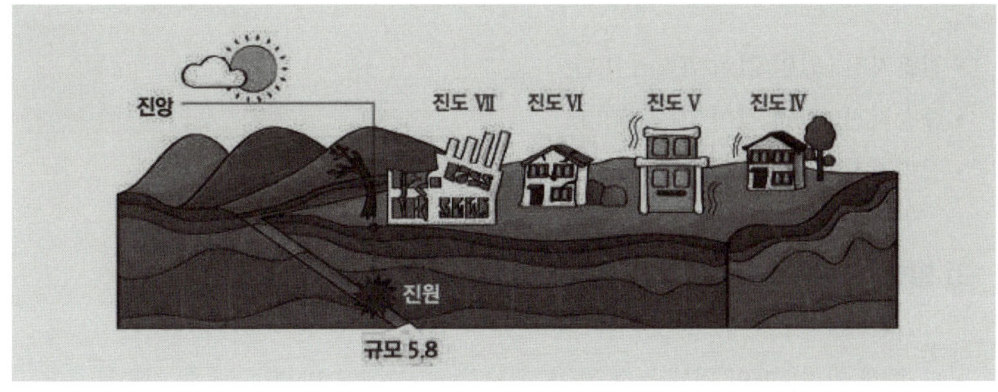

출처: 기상청(누구나 궁금한 지진 상식).

[그림 4-8] 진원과 진앙

이 감지된다. 흔들림이 가장 강한 곳은 지진이 시작된 지점(진원, hypocenter) 바로 위의 지표면(진앙, epicenter)이다.

2 지진의 분류

1) 발생 원인에 따른 분류

- 자연지진: 자연적인 지각 운동에 의해 발생하는 지진, 대부분의 지진
- 구조지진: 판의 경계나 내부에서 구조적 힘(tectonic force)이 축적되어 발생하는 가장 흔한 지진
- 화산지진: 화산 폭발이나 마그마 이동 등 화산 활동에 의해 발생
- 함몰지진: 지하의 공동이나 약한 지반이 갑자기 무너져 내리면서 발생
- 인공지진: 인간의 활동(예: 지하 핵실험, 대규모 폭발, 대량의 물 주입 등)으로 발생하는 지진
- 유발지진: 인간의 간접적 행위(댐 건설, 지하수 추출 등)로 지각에 변형이 가해져 발생하는 경우

2) 진원 깊이에 따른 분류

- 천발지진: 진원 깊이 70km 미만
- 중발지진: 진원 깊이 70~300km
- 심발지진: 진원 깊이 300km 이상

3) 발생 위치에 따른 분류

- 판 경계 지진: 판의 경계(수렴, 발산, 보존 경계 등)에서 발생
- 판 내부 지진: 판 내부(대륙판, 해양판)에서 발생하는 지진

- 해저 지진: 해저에서 발생, 해일(쓰나미)의 원인이 되기도 함
- 화산성 지진: 화산 활동과 직접적으로 연관된 지진

4) 규모와 진도에 따른 분류

- 규모(magnitude): 지진이 방출한 에너지의 양을 수치로 나타낸 것(대표적으로 리히터 규모)
  - 미소지진(M2 이하), 거대지진(M8 이상), 초거대지진(M9 이상)
- 진도(intensity): 특정 지역에서 실제로 느껴지는 흔들림의 강도(일본 기상청 0~7, 미국 MM진도 1~12 등급)

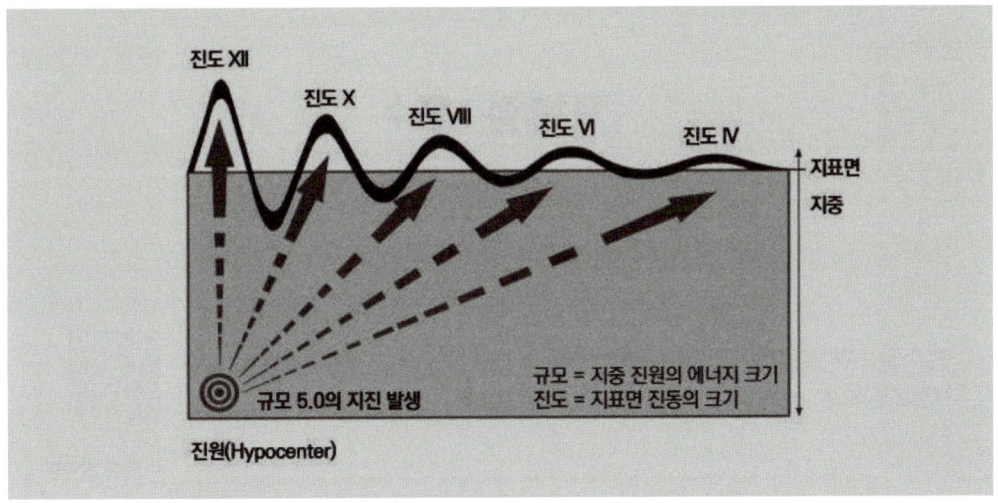

[그림 4-9] 지진의 규모와 진도 구분

5) 발생 형태에 따른 분류

- 본진: 한 지역에서 일련의 지진 중 가장 규모가 큰 지진
- 전진: 본진 전에 발생하는 작은 지진
- 여진: 본진 이후에 발생하는 지진

- 군발지진: 전진, 본진, 여진의 구분이 어려울 정도로 비슷한 규모의 지진이 여러 차례 발생하는 현상

3 우리나라의 지진 특성

우리나라는 판 경계가 아닌 판 내부에 위치해 있어 대규모 지진은 드물지만, 최근 들어 유감지진(사람이 느낄 수 있는 지진)의 빈도가 증가하고 있다. 내륙형, 단층형, 직하형 지진이 주로 발생하며, 규모는 일본이나 인도네시아 등 판 경계 지역에 비해 작으나, 내진 설계가 미흡한 지역에서는 상대적으로 피해가 클 수 있다.

제13절 홍수

◆영상 자료◆

홍수특보가 발령되면 이렇게 대처하세요!
https://www.youtube.com/watch?v=—La8S83cAA

출처: 환경부.

1 홍수의 개념

홍수는 강물이 하천 제방을 넘어 주변 지대로 흘러넘치는 현상으로, 주로 장마와 태풍으로 인한 여름철에 발생한다. 저지대의 농경지, 가옥, 산업단지가 침수되어 큰 피해가 발생하며, 특히 우리나라는 범람원을 주거지나 경지로 이용하는 지역이 많아

제방 붕괴 시 피해가 크다(국립재난안전연구원, 2022).

2 홍수의 발생 원인

집중호우로 하천 수위가 급상승해 돌발 홍수가 발생하며, 그 경로에 있는 모든 것을 떠내려 보낸다. 홍수터 지역의 인구밀도 증가, 도시화, 자연자원 이용 방식의 변화도 홍수의 원인이 된다.

3 홍수 피해 저감 방안

홍수 피해 저감 방법으로는 댐 건설, 삼림녹화사업, 제방 정비, 하천 폭 확대, 투수성 포장재 사용 등이 있다. 댐은 우기 전 수위를 낮춰 홍수를 조절하며, 정확한 기상예보가 홍수 조절에 중요하다(한국수자원공사, 2021).

4 홍수 대비 준비 사항

가족 역할 분담, 주택 위험 지역 확인, 비상용품 준비, 비상연락 방법과 피난 장소 확인이 필요하다. 호우·태풍 시에는 기상정보 청취, 외출 자제, 집 주변 정리, 정전 대비, 가재도구 이동, 취약계층 안전 확보, 가스·전기 차단 등을 실시한다.

5 홍수 예보·경보 시 준비사항

기상 변화 모니터링, 피난 장소 숙지, 높은 곳으로 신속 대피, 위험 지역 접근 금지, 전기·가스 차단, 침수 지역 운전 금지, 대피소 도착 신고 등이 중요하다. 침수

후에는 가스·전기 안전 확인과 식수 오염 검사를 반드시 실시해야 한다.

제14절 풍랑

◆영상 자료◆

너울성 파도에 따른 피해예방 및 행동요령
https://www.youtube.com/watch?v=Ew0E4uw2zHw

출처: 안전한TV.

1 풍랑의 정의

풍랑(風浪, wind wave)은 해상에서 바람에 의해 일어나는 파도이다. 풍파(風波)라고도 불리는 풍랑은 오로지 바람의 힘으로만 파도를 일으키는 것을 말한다. 풍랑은 공기의 속도를 뜻하는 풍속과 바람이 불어온 거리, 일정한 방향으로 이동하는 풍속이 연속적으로 부는 시간에 영향을 받는다. 바람이 불기 시작하면 짧은 주기의 표면파가 생기고, 시간이 지나 파고가 높아지면 장주기의 파로 변한다. 풍랑의 마루는 뾰족한 편이고 파장과 주기가 짧다는 특징이 있다.

2 풍랑특보 발표 기준

풍랑주의보는 해상에서 풍속 50.4km/h(14m/s) 이상이 3시간 이상 지속되거나 유의 파고가 3m 이상이 예상될 때 발령되고, 풍랑경보는 해상에서 풍속 75.6km/h(21m/s) 이상이 3시간 이상 지속되거나 유의 파고가 5m 이상이 예상될 때 발령된다.

〈표 4-8〉 풍랑특보 발표 기준

구분		내용
풍랑	주의보	해상에서 풍속 50.4km/h(14m/s) 이상이 3시간 이상 지속되거나 유의 파고*가 3m 이상이 예상될 때
	경보	해상에서 풍속 75.6km/h(21m/s) 이상이 3시간 이상 지속되거나 유의 파고가 5m 이상이 예상될 때

* 유의 파고: 특정 시간 내에 일어나는 모든 파도의 높이 중 가장 높은 파고부터 1/3 높이 파고의 평균
출처: 기상청 날씨 누리 기상특보 발표 기준.

참고 문헌

김지은 · 이배성 · 유지영 · 권현한 · 김태웅(2021). 기후변화 시나리오에 따른 용수구역기반 소구역의 가뭄 전망 및 갈수빈도 해석: 김천시 지역을 중심으로.「한국습지 학회지」, 23(1): 14-26.
박재규 · 이준호 · 양성기 · 김민철(2016). 표준강수지수를 활용한 제주도 가뭄의 공간적 분류 방법 연구.「한국환경과학회지」, 25(11): 1511-1519.
박종용 · 유지영 · 이민우 · 김태웅(2012). 우리나라 가뭄 위험도 평가: 자료기반 가뭄 위험도 지도 작성을 중심으로.「대한토목학회논문집 B」, 32(4B): 203-211.
소방방재청(2010). 재난상황관리 정보-해파(Sea wave).
신정훈 · 김준경 · 염민교 · 김진평(2021). 인공신경망 알고리즘을 활용한 가뭄 취약지역 분석.「한국재난정보학회 논문집」, 17(2): 329-340.
양기근 외(2016).「재난관리론」. 대영문화사.
조석현(2019).「재난관리론」. 화수목.
채진(2021).「재난관리론」. 동화기술.
한국방재학회(2012).「방재학개론」. 구미서관.

국가가뭄정보포털(https://www.drought.go.kr/menu/m30/m31.do).
국민재난안전포털(https://www.safekorea.go.kr/idsiSFK/neo/sfk/cs/contents/prevent/prevent24.html?menuSeq=126).
국민재난안전포털(https://www.safekorea.go.kr/idsiSFK/neo/main/main.html)

기상청 날씨누리(https://www.weather.go.kr/w/typhoon/basic/info1.do)
기상청(https://www.weather.go.kr/w/community/knowledge/standard.do).
농업가뭄관리시스템(http://adms.ekr.or.kr/baseInfo/baseInfo2Main.do).
소방청(https://www.nfsa.go.kr/nfa/ebook/2021-winter/sub04-02.html).
안전한 TV. 가뭄 발생 시 국민 행동 요령(https://youtu.be/Qq6r8SZM8TM).
안전한 TV. 갑자기 많은 비가 많이 내리는 집중호우 발생 증가! 호우 시 안전 수칙 (https://youtu.be/mwh7pxaV1Y8).
엠빅뉴스. '역대급 폭우'라던 9년 전 서울! 산사태와 한강 범람, 강남 침수…도시 마비였다 (https://youtu.be/ve-kjAzfjkI).
연합뉴스(2014.02.19.). 동해안 폭설피해 125억 원 넘어…이재민 14명 발생.
오산시(2021.1.13.). 대설주의보&대설경보 발령 기준 / 안전 행동요령(https://blog.naver.com/osan_si/222205146942).
질병관리청(https://www.kdca.go.kr/contents.es?mid=a20205050300).
한강홍수통제소(www.hrfco.go.kr).

Bloomfield, J. & Marchant, B. P. (2013). Analysis of groundwater drought. Building on thestandardised precipitation index approach. *Hydrology and Earth System Sciences*. 17(12): 4769-4787.

Mckee, T. B., Doesken, N. J., Kleist, J. (1993). The relationship of drought frequency and duration to time scale. In Proc. 8 Conf. Apl. climatol, 17: 179-187. American Meteorological Society Boston.

Wilhite, D. A. & Glantz, M. H. (1985). Understanding the drought phenomenon: The role of definitions. *Water International*. 10(3): 111-120.

KMA Learning. 이해하기 쉬운 날씨 시리즈(https://www.youtube.com/watch?v=Yi-KDlZUYl).
YTN 사이언스 투데이. 최악의 가뭄 겪고 있는 남부지방 현황·대응은?(https://www.youtube.com/watch?v=ayDnhpgoK8w).
YTN 사이언스. 태풍의 이름은 어떻게 만들어지나?(https://www.youtube.com/watch?v=KADipX1EYxI).
YTN. 달리는 열차도 전복시킨다…강풍 세기별 위력과 대처 요령은?(https://www.youtube.com/watch?v=WwXhiEgbFt0).
대한민국 기상청. 화산의 모든 것, 낱낱이 파헤치기(https://www.youtube.com/watch?v=YM6LVwWRZz0).
두클래스. 자연재해의 종류와 특징을 알아볼까요?(https://www.youtube.com/watch?v=72Ukn3hGEjI).

세종에듀티비. 재난 유형별 안전관리 대책(https://www.youtube.com/watch?v=cfpmAzSak5c).

안전한TV. 너울성 파도에 따른 피해예방 및 행동요령(https://www.youtube.com/watch?v=Ew0E4uw2zHw).

워니비. 자연재해의 종류와 특징(https://www.youtube.com/watch?v=NBFsv9WTKOk).

행정안전부. 대설 대비 국민행동요령(https://www.youtube.com/watch?v=ikj9wiVtjvY).

행정안전부. 지진을 대하는 우리의 자세(https://www.youtube.com/watch?v=SfcTVOfdc5o).

행정안전부. 폭염도 재난입니다!(https://www.youtube.com/watch?v=Urk2du23pPc).

행정안전부. 한파 대비 국민행동요령(https://www.youtube.com/watch?v=VUkWA21koJ8).

환경부. 녹조는 대체 왜 생길까?(https://www.youtube.com/watch?v=_cbE2kjwC7I).

환경부. 홍수특보가 발령되면 이렇게 대처하세요(https://www.youtube.com/watch?v=—La8S83cAA).

제 5 장

사회재난의 유형별 특성

◆ 영상 자료 ◆

우리의 안전은 우리 손으로! 화재 발생 시 사회재난 행동요령
https://www.youtube.com/watch?v=3eK54e_lls8

출처: 행정안전부

◆ 영상 자료 ◆

우리의 안전은 우리 손으로! 감염병 발생 시 사회재난 행동요령
https://www.youtube.com/watch?v=aMlLt3ksQBI

출처: 행정안전부

제1절 사회재난의 개념

재난의 분류는 발생원인, 발생장소, 재난의 대상, 재난의 영향, 재난의 진행속도 등 다양하게 분류 된다. 재난의 발생 원인에 의한 분류는 자연재난과 인적재난으로 분류하고, 발생장소에 따라 육상재난, 해상재난, 광역재난, 국지재난 등으로 분류한다. 또한 피해속도에 의한 만성재난과 급성재난으로 분류한다. 재난의 피해규모에 따른 분류는 개인적 재난과 사회재난으로 분류할 수 있다.

「재난 및 안전관리 기본법」에서는 자연재난과 사회재난으로 단순하게 분류하고 있지만, 많은 학자들은 자연재난, 인적재난과 사회재난을 구분하여 분류하고 있다. 우리나라의 사회재난은 인간의 실수, 관리소홀, 부주의에 의해 발생하는 인적재난을 포함하고 있다.

재난의 유형분류는 그동안 유형을 분류하여 관리하였더니 효과적으로 관리가 되었다는 결과에 따라 유형을 분류하고 있다.

「재난 및 안전관리 기본법」 제2조에 따르면 사회재난은 화재·붕괴·폭발·교통사고(항공사고 및 해상사고를 포함한다)·화생방사고·환경오염사고·다중운집인파사고 등으로 인해 발생하는 대통령령으로 정하는 규모 이상의 피해와 국가핵심기반의 마비, 「감염병의 예방 및 관리에 관한 법률」에 따른 감염병 또는 「가축전염병예방법」에 따른 가축전염병의 확산, 「미세먼지 저감 및 관리에 관한 특별법」에 따른 미세먼지, 「우주개발 진흥법」에 따른 인공우주물체의 추락·충돌 등으로 인한 피해를 말한다.

제2절 사회재난의 특징

우리나라뿐만 아니라 미국을 비롯한 서구 국가들에서도 사회재난에 대한 집중적인 관심이 기울여진 것은 최근에 이르러서이다. 그 이전까지 사회재난은 일종의 사회적 현상의 일종으로 간주하고 주로 관련된 개별조직, 즉 해당 기업이나 정부기관에서 관리하는 것이 원칙이었다고 할 수 있다. 그러나 지난 2001년 미국 뉴욕의 세계무역센터(WTC) 건물에 대한 9·11 테러 이후 미국을 비롯한 세계 각국은 테러를 비롯한 각종 사회재난에 대한 관심이 높아졌다.

사회재난의 특징은 다음과 같다.

첫째, 사회재난은 사회현상에 의해서만 나타나기보다는 자연재난과 인적재난에 의해서도 발생하는 복합재난의 성격이 있다. 즉, 사회재난은 사회구성원, 사회집단, 민족 간·인종 간·종교 간 관계 속에서 주로 발생한다. 이와 함께 사회재난은 자연재난과 인적재난으로부터 유발되는 한편, 사회재난으로 인하여 인적재난이 발생할 수도 있다.

둘째, 사회재난은 인간에 의하여 발생한다는 점에서는 인적재난과 유사한 점이 있으나, 인적재난이 기술적인 실수나 부주의, 무지·무관심에서 비롯되는 것인 반면에 사회재난은 고의성과 의도성, 즉 종교적·정치적·이념적인 목적달성을 지닌다는 점에서 차이가 있다.

셋째, 도시화, 세계화, 정보화, 고속화, 시설의 고밀도화, 산업의 첨단화 등 사회의 고도화가 진행될수록 사회재난에 대한 취약성이 증가하는 동시에 피해 규모의 대형화가 예상된다.

넷째, 금융, 교통·수송, 전기, 정보통신 등과 같이 일상생활에 필수적인 기반시설에 대한 침해나 사고는 그 자체가 사회재난으로 발전할 가능성이 매우 높다. 즉, 이러한 기반시설에 대한 보호 대책이나 복구계획이 없는 상태에서 발생하는 사회재난은 우리 사회 전반의 일상생활과 산업 활동을 마비시키는 심각한 영향을 주기 때문에 이에 대한 대비책을 마련해야 한다.

다섯째, 사회재난의 관리에는 정부뿐만 아니라 민간 부문의 기업은 물론 시민사회의 각 개인과 단체를 포함한 모든 행위자들이 참여할 경우에만 그 효과성을 확보할 수 있다.

여섯째, 사회재난은 국가핵심기반시설은 물론 일반국민, 정부 서비스, 국가 정체성과 관련된 대상에 대해서도 관리 방안의 수립이 요구된다. 오늘날 많은 사회재난의 사례가 발생함에도 불구하고 그 중요성을 인식하지 못하는 경우가 많이 있다. 또는 일부 중요성을 인정하는 경우에도 국가적으로 중요한 일부 시설에 대해서만 관심을 갖는 경우가 있으나, 일반 국민을 대상으로 하는 사회재난, 정부 서비스에 대한 사회재난, 국가정체성에 대한 사회재난 역시 중요한 부분인 것이다.

제3절 화재

1 화재의 개념

화재란 사람의 의도에 반하거나 고의에 의해 발생하는 연소 현상으로서 소화시설 등을 사용하여 소화할 필요가 있거나 또는 화학적인 폭발현상을 말한다(소방의 화재조사에 관한 법률 제2조).

최근 사회구조는 산업의 발달과 함께 도시화, 고층화, 밀집화 되어 가고 있어 화재의 형태가 복잡하고 다양해지고 있으며, 화재로 인한 인명 및 재산 피해가 증가하고 있다. 화재는 활동 대상이 다양하고, 연소의 형태도 가연물의 종류에 따라 다르며, 화재진압 및 인명구조 방법도 대상물에 따라 다양하다.

소방현장 활동에 장애가 되는 것이 연소 시 발생되는 유독가스 및 짙은 연기에 의한 시계 불량을 들 수 있다. 화재는 초기 진압에 실패할 경우 연소 확대되어 많은 소방력이 필요하며, 건축물 붕괴 및 구조물 변형 등 2차 재난 발생 위험성이 높다. 화재현장은 연기에 의한 시계 불량, 낙하물, 연장된 호스, 소화수에 의한 미끄러짐, 전기 누전 등 다양한 위험성이 산재되어 안전사고 위험 요소가 많다.

내화건물 화재는 기밀성이 높아 진한 연기와 열기가 가득하기 때문에 소화활동 및 인명구조 활동이 어려울 뿐만 아니라 유독가스에 의한 중독사 또는 산소 결핍에 의한 질식사 등 단시간에 많은 인명피해가 발생하고 있다.

2 화재의 유형분류

〈표 5-1〉 화재의 소화적응성에 따른 분류

구분	내용
일반화재	목재, 섬유, 고무, 플라스틱 등과 같은 일반 가연물의 화재를 말한다. 발생빈도나 피해액이 가장 큰 화재이다. 일반화재에 대한 소화기의 적응화재별 표시는 A로 표시한다.
유류화재	인화성 액체(4류 위험물), 락카퍼티, 고무풀, 고체파라핀, 송지, 페인트 등의 화재를 말한다. 유류화재에 대한 소화기의 적응화재별 표시는 B로 표시한다.
전기화재	전류가 흐르고 있는 전기설비에서 불이 난 경우의 화재를 말한다. 전기화재에 대한 소화기의 적응화재별 표시는 C로 표시한다.
금속화재	나트륨, 칼륨, 마그네슘과 같은 가연성 금속의 화재를 말한다. 금속화재에 대한 소화기의 적응화재별 표시는 D로 표시한다.
가스화재	메탄, 에탄, 프로판, 암모니아, 아세틸렌, 수소 등의 가연성 가스의 화재를 말한다. 가스화재에 대한 소화기의 적응화재별 표시는 국제적으로 E로 표시하고 있으나 현재 국내에서는 유류화재(B급)에 준하여 사용하고 있다.

3 소화방법

화재가 발생했을 때 불을 끄는 방법은 다양하다. 가연물을 제거하는 제거소화, 산소를 차단하는 질식소화, 점화원을 발화점 이하로 낮추는 냉각소화, 연쇄반응을 차단하는 부촉매소화 등이 있다.

첫째, 제거소화는 가연물을 제거해서 소화하는 방법이다. 연소를 지속시키는 물질을 공급하지 않으면 자연히 연소하지 못하고 꺼져버린다. 특히, 산불 발생 시 진행방향의 나무를 잘라주는 방식이나, 가스 누설 시에 메인밸브를 차단해서 연소하는 가스를 차단하는 등이 이 원리에 의한 것이다(채진, 2022).

둘째, 질식소화는 연소의 4요소 중 산소를 공급하는 산소공급원(오존, 공기, 산화제 등)을 차단하여 소화하는 방법을 말한다. 유류화재에 폼(Foam, 거품)을 이용하는 것은 유류표면에 유증기의 증발 방지층을 만들어 산소를 제거하는 소화방법이다. 대부분의 가연물질 화재는 산소농도가 15% 이하이면 소화된다. 유전화재 진압과 같이 화점 가까이에서 폭발물을 폭파시켜 주변 공기(산소)를 일시에 소진(진공상태)되게 하여 소화하는 방법도 질식소화법이다(조동훈, 2020; 김동준, 2022; 심승아, 2022).

셋째, 연소의 4요소 중 에너지(열, 점화원)에서 열을 빼앗아 발화점 이하로 낮추어 소화하는 방법이다(조동훈, 2020; 김동준, 2022; 이문주, 2018). 화재진압 시 방수[1] 활동은 연소과정에서 물의 흡열반응을 이용하여 열을 제거하는 것이다. 물은 비열·증발 잠열의 값[2]이 다른 물질에 비해 커서 주로 냉각소화에 사용되며, 가연물을 물로 냉각시켜 소화하는 경우 1g의 물이 증발하는 데는 539cal의 열을 흡수하는 효과가 있다.

넷째, 가연물의 연쇄반응이 진행하지 않도록 하여 화재를 소화시키는 방법으로 부촉매소화, 억제소화 또는 화학적 소화라고 한다. 이 소화원리는 분말소화기와 할론소화기의 소화원리처럼 연소과정에 있는 분자의 연쇄반응을 방해함으로써 화재를 진압하는 원리이다.

분자의 연쇄반응은 가연물질을 구성하는 수소분자로부터 생성되는 활성화된 수소기(H+)와 활성화된 수산기(OH)의 작용에 의해 진행되며, 따라서 연속적인 연쇄반응을 방지하려면 가연물질에 공급하는 점화원의 값을 활성화에너지의 값 이하가 되게 하여 가연물질로부터 활성화된 수산기, 수소기가 발생하지 않도록 해야 한다(채진, 2022).

부촉매소화(화학적 소화)에 이용되는 소화약제의 종류로는 포소화약제, 이산화탄소소화약제, 할로겐화합물소화약제, 분말소화약제, 산·알칼리소화약제, 강화액소화약제 등이 있다.

4 화재 발생 시 대피방법

① 불을 발견하면 "불이야"하고 큰소리로 외쳐 다른 사람에게 알리고, 화재경보 비상벨을 누른다.
② 엘리베이터를 이용하지 말고, 계단을 이용하되 아래층으로 대피가 불가능한 때에는 옥상으로 대피한다.

---

1 방수: 물을 소방호스와 관창을 통해 뿌리는 것
2 물의 비열·증발 잠열의 값: 물 1g을 증발시키는데 필요한 열의 양

③ 불길 속을 통과할 때에는 물에 적신 담요나 수건 등으로 몸과 얼굴을 감싸준다.
④ 연기가 많을 때는 젖은 수건으로 입과 코를 막고 낮은 자세로 이동한다.
⑤ 방문을 열기 전에 문손잡이를 만져 보았을 때 뜨겁지 않으면 문을 조심스럽게 열고 밖으로 나간다.
⑥ 출구가 없으면 연기가 방 안에 들어오지 못하도록 물을 적셔 문틈을 옷이나 이불로 막고 구조를 기다린다.

제4절 붕괴

1 붕괴의 개념

붕괴란 건축물의 시설구조물이 하중 등 외기의 영향으로 본래 구축물의 형태를 잃어버리고 무너져 내리는 현상을 말한다(채진, 2024).

2 붕괴사고의 일반적 특징

첫째, 붕괴사고의 양상은 각종 안전수칙 위반 및 부실공사 등으로 인한 대형 공사장의 붕괴, 건물의 노후로 인한 붕괴, 가스, 폭발사고에 수반되는 2차적 붕괴의 양상을 띠고 있다.

둘째, 대형공사장, 건물, 공작물 등의 붕괴 시 구조대가 보유하고 있는 구조 장비로서는 역부족으로 판단되므로 대형 중장비(기중기, 크레인, 굴착기 등)를 동원하여 합동작전을 행하여야 한다.

셋째, 인적이든, 자연적이든 대형 건축물의 붕괴는 수많은 인명 피해와 재산 피해를 동반하게 된다.

넷째, 대형건축물 붕괴사고는 인명 검색 및 구조 활동에서 많은 인원 및 장비가 필요하고, 사고 수습기간이 길기 때문에 현장에 투입된 인원을 유효적절하게 교대 운용할 수 있도록 지휘관의 현명한 판단력이 요구되며, 붕괴에 의한 매몰자 구조는 구조작업이 어렵고 복잡한 상황 속에서 수행되며 장기간의 현장 활동 소요 시간이 필요하다.

3 붕괴의 주요 원인

건축물의 화재 시 열에 의한 건축자재의 열팽창은 건물 구조의 결함을 초래하여 붕괴의 주요 원인으로 작용하기도 한다. 철근, 콘크리트, 벽돌, 목재와 같은 건축자재가 화염에 노출되어 가열되면 이들은 서로 다른 비율로 종적, 횡적으로 팽창한다. 이로 인해 구조물과 상호 견고하게 결합되어 있는 자재들의 표면이 파괴되고, 구조물 간의 상호협력이 상실되어 붕괴가 일어날 수 있다.

1) 부재간의 결합력 상실

콘크리트나 벽돌에 비해 철재의 열팽창 계수는 매우 크기 때문에 이들 간의 접촉부분이 파괴되는 현상이 발생한다. 그로 인해 이들 상호간의 연결부분이 파괴되어 건물의 골조와 벽 사이의 결합력이 상실된다.

2) 철근과 콘크리트의 결합력 상실

철근콘크리트는 콘크리트의 열팽창률이 철근에 비해 20% 정도 작기 때문에 철근과 결합력이 상실되어 강도가 저하되고 붕괴의 원인이 된다.

3) 고온에 의한 폭열

콘크리트의 큰 열팽창과 함수율 때문에 급격한 화재온도, 즉 1,000~1,200℃가 되면 슬래브 바닥이나 대들보 표면이 폭열해 큰 콘크리트도 파편이 되어 비산할 수 있다.

4 붕괴의 유형

1) 경사형 붕괴

경사형 붕괴(lean-to collapse)는 마주보는 두 외벽 중 하나가 결함이 있을 때 발생한다. 결함이 있는 외벽이 지탱하는 건물 지붕의 측면 부분이 무너져 내리면 삼각형의 공간이 발생하며 이렇게 형성된 빈 공간에 구조대상자들이 갇히는 경우가 많다. 파편이 지지하고 있는 벽을 따라 빈 공간으로 진입하는 것이 붕괴위험도 적고 구조활동도 용이하다.

2) 팬케이크형 붕괴

팬케이크형 붕괴(pancake collapse)는 마주보는 두 외벽에 모두 결함이 발생하여 바닥이나 지붕이 아래로 무너져 내리는 경우에 발생한다. 이를 '팬케이크 붕괴'라고 하며 '팬케이크처럼 겹쳐졌다'는 표현을 쓰기도 한다. 팬케이크 붕괴에 의해 형성되는 공간은 다른 경우에 비해 협소하며, 어디에 형성되는지 파악하기가 곤란하다. 생존자가 발견될 것으로 예측되는 공간이 거의 생기지 않는 유형이지만 잔해 속에 생존자가 있다고 가정하고 구조활동에 임해야 한다.

[그림 5-1] 경사형 붕괴(좌), 팬케이크형 붕괴(우)

3) V자형 붕괴

V자형 붕괴(v-shaper collapes)는 가구나 장비, 기타 잔해 같은 무거운 물건들이 바닥 중심부에 집중되었을 때 일어날 수 있다. V자형 붕괴에서는 양 측면에 생존공간이 만들어질 수 있는 가능성이 높다. V형 공간이 형성된 경우 벽을 따라 진입할 수 있으며 잔해제거 및 구조작업을 하기 전에 대형 잭이나 버팀목으로 붕괴물을 안정시킬 필요가 있다.

4) 캔틸레버형 붕괴

켄틸레버형 붕괴(cantilever collapes)는 각 붕괴의 유형 중에서 가장 안전하지 못하고, 2차 붕괴에 가장 취약한 유형이다. 건물에 가해지는 충격에 의하여 한쪽 벽판이나 지붕 조립부분이 무너져 내리고 다른 한 쪽은 원형을 그대로 유지하고 있는 형태의 붕괴를 말한다. 이때 각 층들이 지탱되고 있는 끝 부분 아래에 구조대상자의 생존공간이 생길 가능성이 많다.

 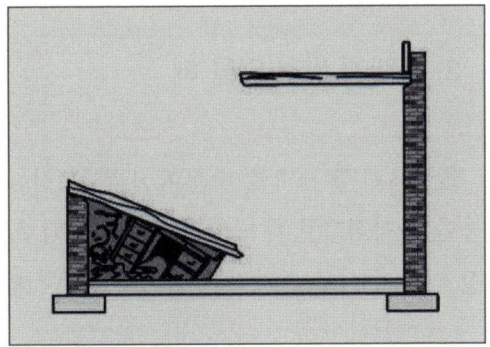

[그림 5-2] V자형 붕괴(좌), 켄틸레버형 붕괴(우)

5 붕괴 시 행동요령

1) 건물 내부에 있을 때

건물이 붕괴한 경우에는 당황하지 말고 주변을 살펴서 대피로를 찾는다. 엘리베이터 홀, 계단실 등과 같이 견디는 힘이 강한 벽체가 있는 안전한 곳으로 임시 대피한다. 부상자는 가능한 빨리 안전한 장소로 함께 탈출 후 응급처치를 실시한다. 평소에 완강기, 밧줄(로프), 손전등 등 탈출에 필요한 물품이 있는 곳을 확인해 둔다.

2) 건물 외부에 있을 때

건물 밖으로 나오면 추가붕괴와 가스폭발 등의 위험이 없는 안전한 지역으로 대피한다. 붕괴건물 밖에 있는 주민들은 추가붕괴, 가스폭발, 화재 등의 위험이 있으니 피해가 없도록 사고현장에 접근하지 않는다. 붕괴지역 주변을 보행할 때나 이동할 때에는 위험지역 또는 불안정한 물체에서 멀리 떨어지고, 유리파편 등에 다치지 않도록 가방, 방석, 책 등으로 머리를 보호한다.

3) 잔해에 깔려 있을 때

불필요하게 체력을 소모하지 말고 가급적 편안한 자세로 구조를 요청한다. 파이프 등을 규칙적으로 두드리거나 휴대전화로 119에 신고한다. 잔해에 끼이면 혈액순환이 잘 되게 수시로 손가락과 발가락을 움직인다.

제5절 폭발

1 폭발의 개념

폭발은 밀폐된 공간에서 연소의 세 가지 요소인 가연물질, 산소공급원(산화제), 점화원이 결합해 급격한 폭풍과 파괴가 일어나는 현상이다(오태근 외, 2019: 55). 폭발사고는 물질의 상태가 물리적 변화에 따라 변화하거나 화학반응에 따라 폭발적으로 연소하여 인적·물적 피해를 일으키는 현상을 의미한다.

2 폭발의 유형

1) 물리적 폭발

물질의 분자구조 변화 없이, 기체나 액체의 팽창으로 압력, 상태 등의 변화로 폭발하는 것이다. 물질의 상태 변화에 의해 에너지 방출이 짧은 시간에 이루어지는 폭발이다. 진공용기의 파손에 의한 폭발 현상, 과열 액체의 급격한 비등에 의한 증기 폭발, 고압용기에서 가스의 과압과 과충전 등에 의한 용기의 파열에 의한 급격한 압력 개방 등이 해당한다. 대표적인 예로 블레비(boiling liquid expanding vapor explosion: BLEVE)를 들 수 있다.

(1) 증기 폭발

액체 물질이 급속히 기화하면서 많은 양의 증기가 발생함과 동시에 증기압이 높아져 용기나 구조물의 체적팽창으로 파열되는 폭발현상이다.

(2) 수증기 폭발

고온 물질이 물속에 투입되었을 때 물은 순간적으로 급격하게 비등하여 상변화에 따른 폭발현상이다.

(3) 보일러 폭발

보일러는 밀폐용기에 물을 100℃ 이상으로 가열하여 수증기를 만드는 장치이다. 보일러의 과열에 의해 내부 수증기 압력이 상승하면서 용기가 파열되는 폭발현상이다.

2) 화학적 폭발

물질의 화학반응에 의한 분자구조의 변화로 온도가 상승, 과열되어 급격한 압력상승으로 폭발하는 현상이다.

(1) 산화폭발

가연성 기체, 액체, 고체가 공기 중 산소와 화합해 비정상연소에 의한 연소폭발이다. 산화폭발의 종류로는 가스폭발, 분무폭발, 분진폭발 등이 있다.

(2) 분해폭발

분해반응으로 분해 생성된 가스가 열팽창에 의해 산소와 관계없이 단독으로 반응하는 폭발이다. C_2H_2(아세틸렌) → $2C+H_2+54Kcal$ 연소에 의한 가스폭발에 비해 많은 열량이 발생한다. 아세틸렌, 산화에틸렌, 에틸렌, 다이너마이트, 제5류 위험물의 과산화물 등이다.

(3) 중합폭발

분자량이 작은 분자가 연속으로 결합을 하여 분자량이 큰 분자 하나를 만드는 것이 중합반응이다. 고분자 물질의 원료인 단량체에 촉매를 넣어 일정온도, 압력 하에서 반응시키면 분자량이 큰 고분자를 생성하는 반응이다. 이때에 단량체[3]의 중축합반응

---

3 단량체(모노머): 작고 많은 분자가 큰 분자량으로 중합을 이루는 단위물질이다.

의 발열에 의해 폭발한다.

(4) 촉매폭발

촉매[4]에 의해서 폭발하는 것으로, 수소+산소, 수소+연소에 빛을 쪼일 때 발생한다.

3) 응상폭발

응상이란 고상 및 액상의 것을 말하는 것으로 기상에 비하여 밀도가 102~103배 이므로 그 폭발의 양상이 다르다.

(1) 증기폭발

사고로 인해 물 위에 분출되었을 때에는 조건에 따라서 급격한 기화에 동반하는 비등현상을 나타내는 것으로 액상에서 기상으로의 급격한 상변화에 의한 폭발현상이다. 증기폭발은 단순한 상변화에 의한 폭발로 발생과정에서 착화를 필요로 하지 않으므로 화염의 발생은 없다.

(2) 전선폭발

금속선에 갑자기 많은 전류가 흘러 순식간에 가열, 용융, 기화가 진행되면서 발생되는 폭발현상이다.

(3) 고상간 전이 폭발

고체인 무정형안티몬이 동일한 고체인 안티몬으로 변할 때 발열로 인한 주위 공기 팽창으로 폭발하는 것이다.

---

4 촉매: 반응과정에서 소모되지 않으면서 반응속도를 빠르게 하거나 변화시키는 물질이다.

4) 기상폭발

　기상폭발은 가연성 기체와 공기와의 혼합기의 폭발인 가스폭발, 공기 중에 분출된 미세한 유류 등이 무상으로 되어 점화원을 만나면 폭발하는 분무폭발, 부유한 가연성 고체 미분의 분진폭발, 분해연소성 기체폭발인 분해폭발, 증기운 폭발(UVCE) 등이 있다.

(1) 가스폭발
　수소, 일산화탄소, 메탄, 프로판, 아세틸렌 등의 가연성 가스와 조연성 가스(공기, 산소)와의 혼합기체가 존재할 때에 항상 폭발이 발생하는 것은 아니고, 농도조건과 점화원의 두 가지 조건이 동시에 만족될 때에 발생한다.

(2) 분해폭발
　분해폭발은 물질이 분해할 때 생성된 가연성 가스에 점화되면 폭발하는 것으로 공기나 산소가 없어도 가연성 가스 자체의 분해 반응열에 의해 폭발하는 현상이다. 아세틸렌, 산화에틸렌, 에틸렌, 메틸아세틸렌, 히드라진, 시안화수소(HCN) 등이 있다.

(3) 분무폭발
　공기 중에 분출된 가연성 액체가 미세한 액적이 되어 무상으로 되고, 공기 중에 부유하고 있을 때 점화에너지가 주어지면 폭발하는 현상이다. 가연성 액체가 무상으로 되면 가연성 가스를 발생시켜 산화반응을 통해 폭발현상이 발생하기 때문에 기상폭발로 분류된다.

(4) 분진폭발
　가연성 고체의 미분이 공기 중에 부유하고 있을 때에 점화에너지가 주어지면 폭발하는 현상으로 가스폭발에 비해 발생에너지가 수배 이상 크다. 분진폭발은 열분해되어 기화된 가연성 증기가 연소, 폭발하므로 기상폭발에 해당된다.

(5) 증기운 폭발(unconfined vapor cloud explosion: UVCE)

공기 중의 다량의 가연성가스가 유출되어 공기와 혼합해서 가연성 혼합기체를 형성하고, 구름을 형성하여 떠다니다가 점화에너지가 주어지면 폭발하는 화학적 폭발이다. 파이어볼(fire ball)을 형성하기도 하고, 폭굉으로 전이되는 경우도 있다.

3 폭연과 폭굉

1) 폭연

폭연(deflagration)은 연소로 발생한 열이 인접 부분을 가열하여 충격파를 발생하지 않고 격렬한 연소가 전파되는 현상을 말한다(중앙소방학교, 2022)

2) 폭굉

폭굉(detonation)은 발열반응의 연소과정에서 압력파 또는 충격파의 전파속도가 음

〈표 5-2〉 폭연과 폭굉의 비교

구분	폭연(deflagration)	폭굉(detonation)
속도	• 음속보다 느리다(아음속). • 0.1 ~ 10m/sec 이하	• 음속보다 빠르다(초음속). • 1,000 ~ 3,500m/sec 이하
충격	• 충격파가 없다.	• 충격파가 있다.
압력	• 압력은 수기압(kgf/cm²)정도이며 폭굉으로 변화될 수 있다. • 정압이다.	• 압력은 약 1,000kgf/cm2 압력상승이 폭연의 경우보다 10배 이상이다. • 동압이다
에너지	• 에너지 방출속도가 물질(열)의 전달속도에 영향을 받는다(픽~!).	• 에너지 방출 속도가 물질전달속도에 기인하지 않고 아주 짧다(펑~!).
온도	• 열(전도, 대류, 복사)에 의한 전파에 기인한다	• 온도의 상승은 충격파의 압력에 기인한다.
파면	• 반응 또는 화염면의 전파가 분자량이나 공기 등의 난류확산에 영향을 받는다	• 파면(화염면)에서 온도, 압력, 밀도가 불연속적(꽈광꽝!)으로 나타난다.

속보다 빠르게 전파되는 현상을 말한다.

4 BLEVE

1) 개념

㉠ 액체가스가 기화해서 팽창하여 폭발하는 현상이다(중앙소방학교, 2022).
㉡ 화재에 노출되어 가열된 가스용기 또는 탱크가 열에 의한 가열로 압력이 증가하여 강도를 상실하면서 저장탱크의 벽면이 파열되는 폭발이다.
㉢ 화학적인 변화 없이 상변화에 의한 물리적 폭발이다.

2) BLEVE 과정

액온상승 → 압력증가 → 연성파괴 → 액격현상 → 취성파괴 → Fire Ball
① 액화가스 저장탱크 주변에서 화재발생
② 화재에 의해 탱크가 가열
③ 탱크의 내부 액체 가열, 안전밸브 작동
④ 안전밸브 용량을 초과하여 탱크 내부에 높은 증기압력 형성
⑤ 압력상승으로 탱크의 구조적 강도를 잃고 돌출
⑥ 부분 돌출부가 파열되면서 내부의 압력이 급격하게 저하
⑦ 과열된 액화가스가 증발하고, 탱크가 파열되어 파편이 멀리까지 비산(물리적 폭발, 증기폭발)
⑧ 가연성 증기가 주변 화염에 의하여 발화되어 Fire Ball 형성(화학적 폭발, 가스폭발)

3) 방지대책

① 탱크에 화염이 접하지 않게 한다(내부바닥 기초를 경사지게 해서 액체를 흘림).

② 감압밸브(감압시스템)의 압력을 낮춘다.
③ 입열 억제(용기 외부를 단열 시공하거나 탱크를 지하에 설치한다)
④ 고정식 살수설비를 설치한다.
⑤ 용기 내압강도 유지(부식을 고려해서 탱크벽의 두께를 두껍게 한다)
⑥ 외부파괴력 충돌을 방지한다.
⑦ 가스 감지기 설치, 가연물 누출 시 유도구 설치, 화재 시 탱크 내용물 긴급 이송 조치

제6절 교통사고

1 교통사고의 개념

일반적으로 교통사고는 도로상의 차의 교통으로 인하여 사람을 사상하거나 물건을 손괴한 사고를 말한다(「도로교통법」제54조 사고 발생 시의 조치). 「도로교통법」상 교통사고는 도로에서 발생한 사고를 말하며, 「교통사고처리 특례법」상 교통사고(제2조 제2항)는 차의 교통으로 인해 사람을 사상하거나 물건을 손괴하는 것을 말한다. 여기서 '차'라 함은 자동차, 건설기계, 원동기장치자전거, 자전거, 사람 또는 가축의 힘이나 그 밖의 동력에 의해 도로에서 운전하는 것을 말한다. 다만, 철길이나 가설된 선에 의해 운전하는 것, 유모차와 행정안전부령이 정하는 보행보조용 의자차를 제외한다(「도로교통법」제2조).

2 교통사고의 원인

교통사고 발생의 주요 원인은 운전자나 보행자에 의한 원인, 환경적인 원인, 차량

자체의 원인으로 나눌 수 있다. 그러나 교통사고는 단 하나의 요인에 의한 사고도 발생 가능하지만 주로 복합적인 요인에 의해 발생한다. 교통사고의 원인에 대해 철저한 분석이 있어야 그 원인을 제거해 교통사고를 예방할 수 있을 것이다.

3 교통사고 분류

1) 피해의 경중

피해의 경중에 따라 ① 사망(교통사고가 주원인이 되어 72시간 내에 사망한 경우)사고와 ② 중상(의사의 진단결과 3주 이상의 치료를 요하는 부상)사고, ③ 경상(5일 이상 3주 미만의 치료를 요하는 부상)사고, ④ 부상(5일 미만의 치료를 요하는 부상)사고 및 ⑤ 물적피해(물건의 피해와 기타 재산상의 손해)사고로 구분한다.

2) 사고장소

사고장소에 따라 ① 노외교통사고(도로 외의 장소에서 발생한 사고), ② 노상교통사고(차도 또는 도로상에서 주행 중인 차와 관계되어 발생한 사고)로 구분한다.

3) 사고종별

사고종별에 따라 ① 충돌사고(차 대 차, 차 대 사람, 차 대 물건, 차 대 기타 등 서로 부딪쳐서 발생한 사고), ② 전복 · 전도사고(차 단독으로 뒤집혀 엎어지거나, 넘어진 상태의 사고), ③ 추락사고(차 단독으로 떨어진 [추락한] 사고로 충돌사고가 원인이 되어 추락한 경우는 제외), ④ 추돌사고(차 대 차 사고의 일종으로 앞에서 진행하는 차의 뒷부분을 뒤차의 앞부분으로 충돌하는 상태의 사고), ⑤ 접촉사고(차 대 차의 앞지르기, 교행 등으로 서로 접촉하여 일어난 사고)로 분류된다(교통사고처리지침). 교통사고는 발생원인이 다양하며, 사람, 차마, 도로환경이 각각 원인인 경우도 있으나 거의 이들 요인이 상호작용한 복합적 요인이 많은 것으로 분석된다. 그러나 사람이 원인인 사고에 비하여 차마 또는 도로환경적 요인에 의한 사고 발생 시에는 인명 피해가 크고, 치명적인 경향이 많다(신현기 외, 2012).

4 교통사고 시 조치사항

① 교통사고 발생 시 피해 차량이라도 정차해야 한다(현장을 이탈하면 뺑소니 오해 우려 등). ② 비상등을 켜고 주간에는 후방 100m, 야간에는 후방 200m에 삼각대를 세운다. ③ 서로 명함을 교환한 뒤, 보험사에 연락해 현장접수 한다. ④ 인사사고는 현장에서 반드시 경찰에 신고한다. ⑤ 보험사나 경찰을 기다리는 동안 사고현장 사진을 찍어둔다(사고위치, 양 차량의 바퀴자국, 상대차량의 번호판 등). ⑥ 파손부위는 다각도, 근접 촬영으로 수차례 찍어 두는 등 증거자료를 확보한다.

제7절 화생방사고

1 화생방사고의 개념

화생방이란 화학(chemical), 생물학(biological), 방사능(radioactivity)의 머리글자를 따서 CBR 전쟁, CBR 무기 등으로 약칭되기도 한다. 모두가 대량·무차별 살상무기이기 때문에 통상의 무기와는 구별된다.

화학(chemical)은 화학적 성질을 이용하여 살상효과를 야기하는 소체, 액체, 기체 상태의 화학물질을 말한다. 또한 생물학(biological)은 대인, 대동·식물에 질병을 유발시키거나 물질을 변질시키기 위해 사용되는 미생물 및 독소 등을 말한다. 마지막으로 방사능(radioactivity)은 핵분열에 의하여 발생하는 폭풍, 열복사선, 핵방사선에 의해 인명을 살상하고, 시설 등을 파괴시키는 목적으로 사용되는 핵물질 등을 말한다. 2001년 9.11테러 이후 각국에서는 화생방이란 용어보다 'CBNRE'라는 개념을 주로 사용한다.

2 화생방 무기의 특징

화생방 무기의 위험은 치명적 살상력을 가지고 있으며, 시각, 후각 등에 의한 식별이 어려워 사용 범위와 피해상황을 제대로 파악하기 어렵다는 특징이 있다. 또한 오염대기를 흡입하기 전에 방독면을 사용하지 않으면 화생방 공격에 노출될 수밖에 없다는 문제가 있다.

3 화생방 작용제의 종류

1) 질식작용제

질식작용제는 폐 조직에 침투하면 일시적으로 점막이 붓고 액체가 차서 산소부족으로 사망하는 화학작용제이다. 대표적인 질식작용제는 포스겐(Phosgene), 디포스겐(Diphosgene) 등이다.

2) 혈액작용제

혈액작용제는 인체 내로 침투하여 혈액의 산소운반 기능을 마비시켜 단시간에 산소부족으로 사망하게 한다. 대표적인 혈액작용제는 청산(AC), 염화시안(CK), 아르신(SA) 등이다.

3) 신경작용제

신경작용제는 살충제 연구 중 발견된 파라치온 농약과 비슷한 유기인에스테르이다. 인체 내에 침투하여 부교감신경에 반응하여 콜린에스트라제 효소의 능력을 억제시켜 아세틸콜린이 축적, 자율신경계의 균형이 파괴되어 사람을 사망에 이르게 한다. 대표적인 신경작용제는 타분(Tabun), 소만(Soman), 브이엑스(VX) 등이다.

4) 수포작용제

수포작용제는 피부에 수포를 일으키며, 6~24시간 이내에 징후가 나타난다. 흡입하면 호흡기 계통에 손상을 주며, 소화기 계통에 오염되면 구토와 설사를 일으킨다. 대표적인 수포작용제는 겨자, 질소겨자, 루이사이트, 에틸디클로로아르신, 포스겐옥심 등이다.

5) 무능화작용제

중추신경계에 영향을 주거나 근육을 약화시키고 변태적인 행동을 하게 함으로써 임무수행을 방해하는 화학작용제이다. 무능화작용제는 중추신경억제제의 BZ, 중추신경자극제인 LSD 등이 있다.

6) 구토작용제

구토작용제는 눈에 대한 자극과 최루를 일으키면서 호흡기에 강한 자극을 유발시켜 구토를 일으킨다. 대표적인 구토작용제는 디페닐클로로아르신, 아담사이트, 디페닐시아노아르신 등이다.

7) 최루작용제

최루작용제는 국소자극제로 낮은 농도에서 일차적으로 눈에 작용하여 심한 통증과 최루를 유발하고, 높은 농도일 때는 호흡기와 피부를 자극하며 때로는 구토의 원인이 된다. 대표적인 구토작용제는 클로로벤질리덴말노니릴, 클로로아세토페논, 시안화브롬 벤질 등이다.

4 방사선의 방사능

방사능이란 방사선을 내는 능력 또는 방사선을 내는 물질로서 우라늄 등의 방사성 물질은 이 성질을 가진 물질이다.

방사선이란 방사선 물질에서 방출되는 α선, β선, γ선으로 특수한 장치 등으로 만들어지는 x선, 양자선, 전자선 또는 원자로에서 만들어지는 중성자선을 말하며 투과성, 전리작용, 형광작용의 성질이 있다.

1) α선

원자핵으로부터 방출된 고속의 헬륨원자핵, 우라늄과 같이 많은 수의 양성자와 중성자로 구성된 무거운 원자는 양성자 2개와 중성자 2개가 한덩어리로 된 입자인 헬륨의 원자핵을 고속으로 방출하며 발파선을 방출한다. 피폭부위는 인체내부, 피부, 눈의 수정체이고, 종이 한 장으로 막을 수 있다.

2) β선

원자핵으로부터 방출되는 고속의 전자, 원자핵 내의 중성자가 과잉인 핵은 1개의 중성자가 양성자와 전자로 분해되어 양성자는 남고, 고속의 전자를 방출하며 같이 방출 한다. 피폭부위는 피부, 눈의 수정체이며, 얇은 금속판으로 막을 수 있다.

3) γ선

원자핵으로부터 방출되는 전자파, 어떤 물질도 투과되고, 연속적으로 감소하기 때문에 일정한 도달거리도 없다. 피폭부위는 전신이며, 두꺼운 납판이나 콘크리트 벽으로 막을 수 있다.

5 방사선 피폭

1) 외부피폭

인체의 외측에서 피부에 조사(照射)되는 것으로 투과력이 큰 γ선 등이 위험하다. 외부피폭은 선원에서 멀어지던지 선원을 차폐(遮蔽)하면 오염이나 내부피폭과 같이 방사선(RI)이 인체에 남는 것이 없다.

2) 내부피폭

호흡기, 소화기 및 피부 등을 통해서 체내에 받아들인 방사선(RI) 등의 피폭을 말한다.

6 방사선 비상사태

방사선 비상이란 방사성 물질 또는 방사선이 누출되거나 누출될 우려가 있어 긴급한 대응 조치가 필요한 상황을 말한다.

〈표 5-3〉 방사선 비상사태

구분	기준
백색비상	방사성 물질의 밀봉상태의 손상 또는 원자력 시설의 안전상태 유지를 위한 전원공급기능에 손상이 발생하거나 발생할 우려가 있는 등의 사고로서 방사성 물질의 누출로 인한 방사선 영향이 원자력 시설의 건물 내에 국한될 것으로 예상되는 비상사태
청색비상	백색비상에서 안전상태로의 복구기능의 저하로 원자력 시설의 주요 안전기능에 손상이 발생하거나 발생할 우려가 있는 등의 사고로서 방사성 물질의 누출로 인한 방사선영향이 원자력 시설 부지 내에 국한될 것으로 예상되는 비상사태
적색비상	노심의 손상 또는 용융 등으로 원자력 시설의 최후방벽에 손상이 발생하거나 발생할 우려가 있는 사고로서 방사성 물질의 누출로 인한 방사선 영향이 원자력 시설 부지 밖으로 미칠 것으로 예상되는 비상사태

7 피폭시 응급조치

① 피폭선량은 원칙적으로 위험구역 내에 진입할 때에 착용한 피폭선량 측정용구에 의해 파악한다. 그리고 위험구역 내에서의 피폭선량은 각종 선원(線源)의 강도에 따라 다르지만 검출에 근거한 선량과 활동시간에 따라서 파악할 수 있다.
② 피폭자는 "방사선 오염피폭 상황기록표" 작성해 활동시간, 활동위치, 활동경로 및 활동개요를 기록한다.
③ 체내 피폭했을 때 또는 피폭 우려가 있는 방사선 오염구역에서 활동한 경우는 오염검출 후 양치질을 하고 피폭상황에 따라 구토시킨다.
④ 베인 상처에 오염이 있는 경우는 즉시 다량의 물에 의한 제염을 실시하고, 출혈은 체내로 방사성 물질의 침투를 막고 배설 촉진의 효과가 있기 때문에 생명에 위험이 없는 경우에는 지혈하지 않는다.

제8절 환경오염사고

1 환경오염사고의 개념

환경오염이란 인간의 활동으로 인해 환경의 고유 기능이 상실되는 것을 말한다. 우리나라의 「환경정책기본법」에서는 환경오염을 '사업활동, 기타 사람의 활동에 따라 발생되는 대기오염, 수질오염, 토양오염, 해양오염, 방사능오염, 소음·진동, 악취, 일조방해 등으로서 사람의 건강이나 환경에 피해를 주는 상태'라고 정의하고 있다.

환경오염은 복합적으로 작용하기 때문에 대기오염으로 인해 산성비가 유발되고, 산성비로 인해 토양오염이 유발되는 것처럼 오염이 또 다른 오염의 원인이 되기도 한다. 또한, 4대강 사업처럼 환경오염 문제가 정치, 경제 등 다른 분야와 밀접하게 관련을 맺고 있는 경우도 있으며, 황사나 지구 온난화, 원자력발전소 사고처럼 국경을 넘어 피해를 주는 경우도 있어 여러 국가들이 공동으로 대응하기도 한다.

2 환경오염의 특성

1) 상호관련성

환경문제는 각각의 문제들이 가지고 있는 요소들과 상호작용함으로써 새로운 요인과 문제를 발생시킨다.

2) 광역성

환경문제는 어느 한 지역, 한 국가만의 문제가 아니라 범지구적, 국제간의 문제이며, '개방체계'적인 환경의 특성에 따라 공간적으로 광범위한 영향권을 형성한다.

3) 시차성

환경문제는 문제의 발생시점과 영향이 현실적으로 나타나기까지 상당한 시차가 존재한다.

4) 엔트로피 증가

엔트로피 증가란 사용가능한 에너지가 사용 불가능한 에너지로 바뀌는 현상을 말한다. 엔트로피 증가는 사용가능한 에너지의 감소, 즉, 자원의 감소를 뜻하며, 대기오염, 수질오염, 쓰레기 발생 등은 엔트로피 증가를 뜻한다.

3 환경오염의 종류

1) 대기오염

대기 중에는 수많은 가스 또는 입자들이 존재하는데 이러한 대기가 열, 빛, 복사열, 오염물질 또는 공기의 파동 등과 같은 형태의 에너지 및 물질의 유입 또는 유출로 인해 물리화학적 구성 특성이 변화되어 대기환경의 질이 저하된 상태를 대기오염이라 한다(한국방재학회, 2021: 413).

1차 오염물질은 배출원에서 대기 중으로 직접 배출되는 대기오염 물질로 이산화황(SO_2), 일산화질소(NO), 일산화탄소(CO), 탄화수소, 먼지 등의 입자상 물질, 중금속 화합물 등이 있다. 2차 오염물질은 1차 오염물질이 대기 중의 대기의 조성물과 물리적, 화학적 반응을 일으켜 생성되는 2차 오염물질로 질산, 황산, 오존(O_3), 질산과산화아세틸(PAN), 황산염 등이 있다.

2) 수질오염

수질오염이란 물이 천연적으로 가지고 있는 물리적, 화학적, 생물학 또는 세균학적 특성이 상호연관된 지연적, 인위적 요인에 의하여 분화함으로써 물 이용상의 지장을 초래하거나 환경의 변화를 야기하여 수생물에 나쁜 영향을 주는 상태로 변화하는 것을 말한다.

좁게는 주로 사람이나 동물의 배설물에 의하여 병원성미생물 또는 기생충 등이 인체에 질병을 유발하고, 공중 보건상 위해를 일으키는 등 수질이 악화되는 것을 말한다. 넓게는 자연적 또는 인위적으로 수중에 부패성 물질, 유독성 물질 및 부유물질 등 물 이외의 이물질이 혼입됨으로써 생활, 농업, 공업, 수산업 등 용수 목적에 맞게 사용할 수 없는 상태를 말한다.

3) 토양오염

토양오염은 대량의 유해 폐기물이나 일반폐기물이 토양표면이나 지하에 버려지거나 대기 중의 오염물질이 지상에 떨어져 발생한다. 전 세계적으로 문제가 되고 있는 것은 산성비에 의한 토양의 산성화이다. 산성비는 식물에 직접적으로 피해를 주는데, 간접적으로도 피해를 초래 한다.

4) 해양오염

오염물질이 바다의 자정능력을 넘어서 해양 생태계에 해를 끼칠 때 해양오염이라고 한다. 구체적으로 정의하면 인간활동의 결과로 생긴 물질이 해양에 유입되어 해수의 질을 손상시켜 생물자원에 해를 입히고, 어업을 포함한 해양활동에 장애를 주며, 해양환경의 쾌적성을 저하시키는 것이다.

5) 오존층 파괴

성층권 가운데 오존의 농도가 가장 높은 층이 있는데 이를 오존층이라고 부르며, 약 20~30km 사이에서 오존의 농도는 최대가 된다. 오존층은 생명의 보호막으로 지구상의 생물체가 직접 쬐면 매우 해로운 자외선을 차단하고 있다.

최근 오존층이 산업발달과 더불어 염화불화탄소, 할론 등 오존과 결합하는 물질의 배출이 증가되면서 급격히 파괴되고 있다.

제9절 다중운집인파사고

1 다중운집인파사고의 개념

한정된 공간이나 좁은 통로 등에 불특정 다수가 동시에 밀집하여 발생하는 압사·질식·넘어짐 등의 인명 피해 사고를 말한다. 많은 사람이 한 공간에 동시에 몰려 발생하는 압사나 질식 등 대규모 인명 피해 사고를 말하며, 군중심리, 공간 구조, 안전관리 미비 등이 복합적으로 작용한다.

2 다중운집인파사고의 특징

첫째, 공간적 제약으로 출입구, 계단, 터널, 좁은 골목 등 이동이 제한된 구조에서 발생하고, 둘째, 예상 불가하거나 통제가 어려운 상황으로 축제, 공연, 행사, 시위 등 비계획적 또는 감정적으로 고조된 군중이 밀집하는 특징이다. 셋째, 도미노 효과로 누군가 넘어진 순간 주변 인원이 같이 넘어지며 대규모 압사가 발생한다.

3 다중운집인파사고의 유형

1) 사전예고된 축제 · 행사

주최자가 있어 안전관리계획을 수립하고, 참가인원, 개최시기 · 장소 등이 사전 등록 · 예고된 인파밀집이다.
  ※ 서울세계불꽃축제, 부산불꽃축제, 유명 연예인 공연, 강원 청소년동계올림픽 등

2) 주기적 밀집

특정시기의 연례적 집결, 평시 출 · 퇴근시간의 주기적 밀집과 같이, 주최자가 없지만 반복성이 있어 예측가능한 인파밀집이다.
  ※ 성탄절, 할로윈, 연말연시 해넘이 · 해맞이 등, 지하철 등

3) 예측곤란 밀집

대도시권 상권 발달 지역(클럽 · 카페 등), 시설고장(에스컬레이터 등) 등 돌발상황으로 예측이 곤란한 인파밀집이다.
  ※ 명동특구, 홍대거리, 성수카페거리, 대구 동성로, 광화문역(에스컬레이터 고장) 등

4 다중운집인파사고의 안전관리

다중운집인파사고의 안전관리를 위해 4단계의 안전관리체계를 구축하고 주관부처, 시 · 도 및 시 · 군 · 구, 재난관리책임기관 등이 주도적으로 안전관리를 실시한다.

현황조사(등록)	안전관리계획	사전점검	모니터링 · 대응
• 위험 현황 일체 조사 (15개 유형) • 집중관리지역 지정	• 전문가 사전검토 • 최대 수용인원 • 안전요원 배치	• 합동점검 강화 (시도 및 시군구) • 경찰, 소방, 전문가 참여	• CCTV 모니터링 • 긴급연락체계 구축

※ 예측곤란 밀집은 현황조사 및 계획수립이 어려우므로 신속 대응을 위한 사전인지에 주력.

제10절 감염병

1 감염병의 개념

감염병이란 제1급 감염병, 제2급 감염병, 제3급 감염병, 제4급 감염병, 기생충 감염병, 세계보건기구 감시대상 감염병, 생물테러 감염병, 성매개 감염병, 인수(人獸)공통 감염병 및 의료관련 감염병을 말한다.

2 감염병의 특징

감염병의 특징은 병원체(세균, 바이러스, 곰팡이, 기생충 등)가 사람의 몸에 침입해 증식하고, 이를 통해 질병이 발생하며, 전파 가능성이 있다는 점이다.
첫째, 감염병은 세균, 바이러스, 곰팡이, 기생충 등 병원체(pathogen)에 의해 발생한다.
둘째, 감염된 사람, 오염된 물건 또는 공기 등을 통해 다른 사람에게 옮길 수 있다.
셋째, 감염 후 증상이 나타나기까지 잠복기(incubation period)가 있다.

넷째, 증상은 감염병 종류에 따라 다르며, 무증상부터 중증, 심지어 사망에 이를 수 있다.

다섯째, 백신, 항생제, 항바이러스제 등을 통해 예방 또는 치료 가능하지만 일부 신종 감염병은 백신이나 치료제 미비로 대응이 어렵다.

여섯째, 한 지역에서 다수 발생하면 유행병(endemic/epidemic), 전 세계로 확산되면 팬데믹(pandemic)으로 발전할 가능성이 높다.

일곱째, 감염병은 단순한 건강 문제를 넘어, 학교, 직장, 경제, 사회 전반에 큰 영향을 미친다.

3 감염병의 유형

1) 제1급 감염병

제1급 감염병이란 생물테러 감염병 또는 치명률이 높거나 집단 발생의 우려가 커서 발생 또는 유행 즉시 신고해야 하고, 음압격리와 같은 높은 수준의 격리가 필요한 감염병으로서 다음의 감염병을 말한다. 다만, 갑작스러운 국내 유입 또는 유행이 예견되어 긴급한 예방·관리가 필요해 질병관리청장이 보건복지부 장관과 협의해 지정하는 감염병을 포함한다.

제1급 감염병은 에볼라바이러스병, 마버그열, 라싸열, 크리미안콩고출혈열, 남아메리카출혈열, 리프트밸리열, 두창, 페스트, 탄저, 보툴리눔독소증, 야토병, 신종감염병증후군, 중증급성호흡기증후군(SARS), 중동호흡기증후군(MERS), 동물인플루엔자 인체감염증, 신종인플루엔자, 디프테리아 등이다.

2) 제2급 감염병

제2급 감염병이란 전파가능성을 고려하여 발생 또는 유행 시 24시간 이내에 신고해야 하고, 격리가 필요한 다음의 감염병을 말한다. 다만, 갑작스러운 국내 유입 또는 유행이 예견되어 긴급한 예방·관리가 필요하여 질병관리청장이 보건복지부 장관과 협의해 지정하는 감염병을 포함한다.

제2급 감염병은 결핵(結核), 수두(水痘), 홍역(紅疫), 콜레라, 장티푸스, 파라티푸스, 세균성이질, 장출혈성대장균감염증, A형간염, 백일해(百日咳), 유행성이하선염(流行性耳下腺炎), 풍진(風疹), 폴리오, 수막구균 감염증, b형헤모필루스인플루엔자, 폐렴구균감염증, 한센병, 성홍열, 반코마이신내성황색포도알균(VRSA) 감염증, 카바페넴내성장내세균속균종(CRE) 감염증, E형간염 등이다.

3) 제3급 감염병

제3급 감염병이란 그 발생을 계속 감시할 필요가 있어 발생 또는 유행 시 24시간 이내에 신고하여야 하는 다음의 감염병을 말한다. 다만, 갑작스러운 국내 유입 또는 유행이 예견되어 긴급한 예방·관리가 필요하여 질병관리청장이 보건복지부 장관과 협의해 지정하는 감염병을 포함한다.

제3급 감염병은 파상풍(破傷風), B형간염, 일본뇌염, C형간염, 말라리아, 레지오넬라증, 비브리오패혈증, 발진티푸스, 발진열(發疹熱), 쯔쯔가무시증, 렙토스피라증, 브루셀라증, 공수병(恐水病), 신증후군출혈열(腎症侯群出血熱), 후천성면역결핍증(AIDS), 크로이츠펠트-야콥병(CJD) 및 변종크로이츠펠트-야콥병(vCJD), 황열, 뎅기열, 큐열(Q熱), 웨스트나일열, 라임병, 진드기매개뇌염, 유비저(類鼻疽), 치쿤구니야열, 중증열성혈소판감소증후군(SFTS), 지카바이러스 감염증 등이다.

4) 제4급 감염병

제4급 감염병이란 제1급 감염병부터 제3급 감염병까지의 감염병 외에 유행 여부를 조사하기 위해 표본감시 활동이 필요한 다음의 감염병을 말한다.

제4급 감염병은 인플루엔자, 매독(梅毒), 회충증, 편충증, 요충증, 간흡충증, 폐흡충증, 장흡충증, 수족구병, 임질, 클라미디아감염증, 연성하감, 성기단순포진, 첨규콘딜롬, 반코마이신내성장알균(VRE) 감염증, 메티실린내성황색포도알균(MRSA) 감염증, 다제내성녹농균(MRPA) 감염증, 다제내성아시네토박터바우마니균(MRAB) 감염증, 장관감염증, 급성호흡기감염증, 해외유입기생충감염증, 엔테로바이러스감염증, 사람유두종바이러스 감염증 등이다.

5) 기생충 감염병

기생충 감염병이란 기생충에 감염되어 발생하는 감염병 중 질병관리청장이 고시하는 감염병을 말한다.

6) 세계보건기구 감시대상 감염병

세계보건기구 감시대상 감염병이란 세계보건기구가 국제공중보건의 비상사태에 대비하기 위해 감시대상으로 정한 질환으로서 보건복지부 장관이 고시하는 감염병을 말한다.

7) 생물테러 감염병

생물테러 감염병이란 고의 또는 테러 등을 목적으로 이용된 병원체에 의하여 발생된 감염병 중 보건복지부 장관이 고시하는 감염병을 말한다.

8) 성매개 감염병

성매개 감염병이란 성 접촉을 통해 전파되는 감염병 중 보건복지부 장관이 고시하는 감염병을 말한다.

9) 인수공통 감염병

인수공통 감염병이란 동물과 사람 간에 서로 전파되는 병원체에 의해 발생되는 감염병 중 보건복지부 장관이 고시하는 감염병을 말한다.

10) 의료 관련 감염병

의료 관련 감염병 환자나 임산부 등이 의료행위를 적용받는 과정에서 발생한 감염병으로서 감시활동이 필요해 보건복지부 장관이 고시하는 감염병을 말한다.

제11절 가축 전염병

1 가축 전염병의 개념

가축이란 소, 말, 당나귀, 노새, 면양·염소(유산양을 포함한다), 사슴, 돼지, 닭, 오리, 칠면조, 거위, 개, 토끼, 꿀벌 및 그 밖에 대통령령으로 정하는 동물을 말한다.
가축에 있어서의 감염증으로 한 개체로부터 다른 개체로 전파하는 성격을 가진 것을 가축전염병이라고 한다. 각종의 세균, 진균(곰팡이), 리케챠류, 바이러스, 원충이 병원이 된다. 특정한 지역에서 유행하는 경우와 세계적으로 유행하는 경우가 있다. 유행에는 병원체의 독력, 병원체의 축적, 감수성이 있는 숙주의 집합, 폭로된 숙주의 수, 숙주 집단에 있어서의 면역의 상태, 절족동물 등 전파에 관여하는 다른 생물, 기상, 지리 등의 환경요인, 교통 등의 사회적 요인이 관계한다. 또한 발생이 시간적, 지역적으로 지극히 한정되고 있고, 발생 수도 소수인 경우도 있다.

2 가축 전염병의 특징

가축 전염병은 일반적으로 전염성이 강할 뿐만 아니라 국경을 넘나드는 사람과 물류의 이동 등으로 인해 국경을 넘어서 국가 간에 전염되는 경우가 빈번하다. 이러한 특성은 인간의 감염병에도 공통적으로 적용되는데, 가축 전염병은 야생동물을 통한 전파라는 제어하기 어려운 변수가 추가적으로 있다.

고병원성 조류인플루엔자의 경우에는 겨울철마다 이동하는 철새를 통해 국가 간에 전파되며, 아프리카돼지열병은 휴전선까지도 넘나드는 야생멧돼지가 주요한 매개체가 된다. 또한 이들의 죽은 사체를 먹이로 하는 오소리, 까마귀 등으로 인해 전파가 가속화된다.

현실적으로 이러한 야생동물의 이동을 통제하는 것은 불가능에 가깝기 때문에 가축전염병이 일단 어느 한 국가에서 발생하면 전세계적으로 전파되어 동시다발적으로 발생하게 되고, 축산물 가격급등 등 사회경제적으로 파급효과도 크다.

가축전염병은 야생동물 이외에도 발생농장에서 오염된 분변, 도축된 고기 등이 가축, 사람, 차량, 물품 등에 묻어서 전파된다. 따라서 야생동물과 접촉을 차단하는 방법과 함께 가축전염병이 우려되면 소독시설의 운영, 이동제한 및 통제, 신속한 살처분 실시 등을 통해 추가적인 전파를 차단해야 한다(임현우·유지선, 2024; 222-223).

3 가축 전염병의 유형

가축 전염병은 질병의 전염속도, 예방관리의 특성, 국내 발생 여부, 사회경제적 파급효과 등에 따라 크게 제1종·제2종·제3종의 가축전염병으로 나뉜다.

1) 제1종 가축 전염병

우역, 우폐역, 구제역, 가성우역, 블루텅병, 리프트계곡열, 럼프스킨병, 양두, 수포성 구내염, 아프리카마역, 아프리카 돼지콜레라, 돼지콜레라, 돼지수포병, 뉴캣슬병, 가금인플루엔자, 기타 이에 준하는 질병으로서 농림부령이 정하는 가축의 전염성 질병이다.

2) 제2종 가축 전염병

탄저, 기종저, 부루세라병, 결핵병, 소해면상뇌증, 요네병, 비저, 말전염성빈혈, 말전염성동맥염, 돼지텟센병, 부저병, 구역, 돼지오제스키병, 광견병, 추백리, 기타 이에 준하는 질병으로서 농림부령이 정하는 가축의 전염성질병이다.

3) 제3종 가축 전염병

소유행열, 소아카바네병, 닭마이코플라스마병, 저병원성 조류인플루엔자, 부저병(부저병) 및 그 밖에 이에 준하는 질병으로서 농림축산식품부령으로 정하는 가축의 전염성 질병이다.

4 가축 전염병 발생 시 조치사항

① 가축전염병 발생이 확인되면 신속하게 발생농장을 격리하고 소독한다.
② 발생농장에 대해 이동제한 조치를 내리고 사람과 차량 등에 대해서도 출입을 통제한다.
③ 발생농장과 최근 왕래가 있었던 역학적 연관성이 높은 농장과 인근농장 등에 대해서도 이동을 제한하고 출입을 통제한다.
④ 광범위하게 시·도 등 해당 권역 등에 대해서는 일시 이동중지 명령을 내린다.
⑤ 역학조사를 위해 현지에 역학조사반을 파견하여 발생원인 등에 대한 면밀한 조사를 한다.
⑥ 발생농장, 특정범위의 인근농장, 역학적 연관성이 높은 농장에 대해서는 즉시 살처분한다.
⑦ 해당 농장과 주변 도로 등에 대한 소독을 실시한다.

제12절 미세먼지

1 미세먼지의 개념

미세먼지(fine dust)는 우리 눈에 보이지 않을 정도로 작은 먼지 입자로 입자 크기에 따라 직경 10㎛ 이하(10㎛: 0.001cm)인 것을 미세먼지(PM10)라고 하며, 직경 2.5㎛ 이하인 것을 초미세먼지(PM2.5)라고 한다. 이들 먼지는 매우 작아 숨을 쉴 때 폐포 끝까지 들어와 바로 혈관으로 들어갈 수 있다(대한의학회·질병관리청, 2021b).

2 미세먼지의 발생원인

미세먼지 농도는 배출과 기상, 대기 중 오염물질에 의한 2차 생성에 의해 결정되는데, 우리나라 미세먼지에 영향을 주는 주요 원인은 국내 배출과 국외 영향으로 구분된다. 국내 배출에 기여하는 요인은 사업장, 건설기계, 발전소, 자동차(경유차, 휘발유차 등), 냉난방, 건설현장에서 발생하는 비산먼지, 생활폐기물의 노천 소각과 같은 생물성 연소, 유기용제 사용 등이다. 전국적으로는 사업장 배출이 수도권의 경우는 자동차 배출이 가장 크게 영향을 미친다. 국외 영향은 약 40~70% 정도 기여하며, 월별(계절별) 기상 조건에 따라 달라진다(대한의학회·질병관리청, 2021a).

수도권 초미세먼지는 계절에 따라 중국 등 국외 유입 기여도가 30~80%의 범위로 추정되고, 상대적으로 11~4월에 높게 나타난다. 최근 5년간 초미세먼지의 농도 구간별 중국 영향분석 연구 결과 20㎍/㎥ 이하에서는 약 30%, 50㎍/㎥ 이상에서는 약 50%의 영향이 있는 것으로 판단하고 있다.

3 미세먼지가 인체에 미치는 영향

미세먼지는 먼지 핵에 여러 종류의 오염물질이 붙어 구성된 것으로 호흡기를 통해 인체내에 유입될 수 있다. 장기간 흡입 시, 입자가 미세할수록 코점막을 통하여 걸러지지 않고 흡입 시 허파꽈리까지 직접 침투하므로 천식이나 폐 질환의 유병률, 조기 사망률의 증가에 영향을 줄 수 있다. 연구를 따르면 장기적·지속적 노출 시 건강 영향이 나타나며, 단시간 흡입으로 갑자기 신체 변화가 나타나지는 않는다고 알려졌다. 그러나 어린이·노인·호흡기 질환자 등 민감 군은 일반인보다 건강 영향이 클 수 있어 더 각별한 주의가 필요하다.

미세먼지 노출은 만성 폐쇄성 폐질환 증상을 악화시켜 응급실 방문이나 입원을 증가시키고, 사망률을 높인다. 미세먼지는 호흡기로 흡입된 다음 혈관 내로 흡수되어 혈관 내 염증반응을 증가시켜 허혈성 심질환, 고혈압, 죽상경화증 같은 혈관성 질환을 악화시키거나 사망률을 증가시킬 수 있고, 심부전이나 부정맥에도 악영향을 줄 수 있다(대한의학회·질병관리청, 2021b).

4 미세먼지 발생 시 대응요령

가벼운 눈물, 콧물 등의 증상은 대증치료(對症治療)한다. 호흡기 및 심혈관 질환, 아토피 피부염, 알레르기비염 등 기저질환이 있는 경우 즉시 치료하여야 한다. 미세먼지가 자주 발생하는 봄, 가을에는 비상약을 구비하여 증상 악화 시 응급처치할 수 있도록 준비한다.

미세먼지가 나쁠 때는 ① 임산부·영유아, 어린이, 노인, 심뇌혈관 질환, 호흡기 질환이 있는 사람 등 미세먼지 민감군은 무리한 실외활동을 자제한다. ② 일반인은 장시간 또는 무리한 실외활동을 줄인다. ③ 자동차 운행을 자제하고 대중교통을 이용한다.

미세먼지가 매우 나쁠 때는 ① 임산부·영유아, 어린이, 노인, 심뇌혈관 질환, 호흡기 질환이 있는 사람 등 미세먼지 민감군은 실외활동을 삼간다. ② 일반인은 장시간 또는 무리한 실외활동을 자제한다. ③ 자동차 운행을 제한한다(대한의학회·질병관리청, 2021b).

제13절 국가기반체계 마비

1 국가기반체계 마비의 개념

국가기반체계 마비는 에너지·통신·교통·금융·의료·수도 등 국가기반시설의 마비로 인한 상황을 말한다.

2 국가기반체계 마비의 유형

1) 에너지

전력망 유지 및 석유·가스공급에 필요한 생산부터 공급까지 계통상의 시설을 말하며 전기부문에는 발전소, 송·변전시설, 배전시설로 한국전력공사, 발전회사로 전력관리처에서 관리하고 있으며, 석유부문으로는 석유생산시설, 석유공사의 비축시설, 민간업체 저유시설로 한국석유공사에서 관리하고 있다. 가스부문에는 가스 생산기지, 가스공급사업소, 지역별 도시가스 사업자로 한국 가스공사에서 관리하고 있다.

시간이 지나갈수록 산업의 발달과 더불어 에너지 소비량이 크게 증가하고 있다. 이러한 증가가 계속 이어짐은 결국 에너지는 우리의 삶에 없어서는 안 되는 것들 중 하나라는 것이다. 이러한 에너지 분야에 대해 물리적 파괴나 기술적 장애, 종사자의 운영중단·점거·방해, 수급 차질 등으로 에너지공급 및 유통이 중단되거나 차질을 가져오는 상황이 발생 할 시에는 국가기반체계 재난으로 보고 있다.

2) 통신

주요 통신장비가 집중된 시설 및 정보통신서비스의 전국상황 감시시설로 통신망 및 통신시설로는 통신사별 망 관리센터로 KT를 포함한 통신사업자가 관리하고 국가기간망 및 주요 전산시스템은 국가기간망, 국가행정관련 주요 전산시스템으로 시스템의 소유 및 운영기관에서 관리하고 있다.

UN 정보통신분야 전문기구인 국제전기통신연합은 전 세계 181개국을 대상으로 디지털기회지수(Digital Opportunity Index: DOI)를 측정한 결과 한국이 1위를 차지했다. 현재 우리나라에서 정보 통신분야에 대한 파괴나 기술적 장애, 종사자의 운영중단·점거·방해 등으로 기능이 마비되거나 공공서비스 제공이 중단되는 상황이 발생할 경우 국가기반체계 재난으로 보고 있다.

3) 교통

인력수송과 물류기능을 담당하는 체계와 실제 운용하는데 필요한 교통·운송시설 및 이를 통제하는 시설로 도로부문에는 각 지역별 고속국도 관리본부는 한국도로공사에서 관리하고 화물부문에는 복합화물기지로 지방자치단체 및 건설교통부에서 관리하며, 항공부문으로는 공항, 항로무선표지소, 항공교통관제소, 대한항공, 아시아나항공, 서울지방항공청, 부산지방항공청, 한국공항공사, 인천국제공항공사에서 관리한다.

항만부문은 무역항으로 해양수산부, 지방해양수산청, 부산항만공사, 한국컨테이너부두공단에서 관리하고, 철도부문에는 철도 운행에 필요한 주요 시설물을 건설교통부, 한국철도공사에서 관리하며 지하철 부문에는 지하철 운행에 필요한 주요 시설물을 관리주체별로 구분하여 지하철공사에서 관리하고 있다. 이러한 교통·수송분야에 대한 재난이 발생할 시에는 수출 및 수입에 막대한 영향을 미치게 될 뿐만 아니라 산업시설과 관련하여 국가적으로 치명적인 타격을 입게 된다.

4) 금융

은행 및 증권사를 운영하는데 필요한 시설이나 체계로 은행, 증권사, 증권예탁원, 증권거래소, 금융결제원, 증권전산원으로 금융감독위원회, 금융감독원에서 관리하게 되어 있다.

5) 의료

응급의료서비스를 제공하는 시설과 이를 지원하는 혈액관리 업무를 담당하는 시설로 전염병 예방 및 관리를 위한 시설 및 체계로 의료서비스 및 혈액부문에는 종합병원, 혈액원에서 가축전염병은 하나의 관리체계로 인식해 직접적인 대상시설은 없으며, 예방 및 치료를 위한 백신과 관련하여 백신제조업체를 선정, 백신제조업체 관리기관은 질병관리본부, 국립수의과학검역원, 지방자치단체에서 관리하고 있다.

6) 수도

식수로는 광역상수도 정수장, 지역정수장으로 한국수자원공사 및 지방자치단체에서 관리하며 용수는 다목적댐으로 건설교통부, 한국수자원공사에서 관리하고 있다.

◆영상 자료◆

기준 없는 사회재난…"제도 개선 필요" / KBS 2023.05.02
https://www.youtube.com/watch?v=mPYobsYmnOE

출처: KBS강원

참고 문헌

김동준(2022). 「소방학개론」. 서울고시각.
대한의학회·질병관리청(2021a). 미세먼지와 건강 이럴때는 어떻게 하죠?
대한의학회·질병관리청(2021b). 미세먼지 건강수칙 가이드: 근거 기반의 실천 방법과 자주하는 질문.
신현기 외(2012), 「경찰학사전」. 법문사.
심승아(2022). 「소방학개론」. 메가소방.
양기근 외 (2023). 「재난관리론」. 대영문화사.
오태근 외(2019). 「안전 및 재난관리의 주요이론」. 윤성사.
이문주(2018). 「소방학개론」. 박문각.
임현우·유지선(2024). 「재난관리론 Ⅰ Ⅱ」. 박영사.
조동훈(2020). 「소방학개론」. 화수목.
중앙소방학교(2022). 「소방전술 1」. 중앙소방학교.
채진(2022). 「소방학개론」. 윤성사.
채진(2024). 「안전관리론」. 동화기술.
채진(2024). 「재난관리론」. 동화기술.
채진(2024). 「화재진압론」. 동화기술.
채진·임동균(2021). 「재난관리론」. 동화기술.
한국방재학회(2021). 「방재학개론」. 구미서관.
행정안전부(2024). 다중운집인파사고 안전관리 가이드라인.
행정안전부. 우리의 안전은 우리 손으로! 화재 발생 시 사회재난 행동요령(https://www.youtube.com/watch?v=3eK54e_lls8).
행정안전부. 우리의 안전은 우리 손으로! 감염병 발생 시 사회재난 행동요령(https://www.youtube.com/watch?v=aMILt3ksQBI).
KBS강원. [여기는 강릉] 기준 없는 사회재난…"제도 개선 필요"(https://www.youtube.com/watch?v=mPYobsYmnOE).

제6장

재난심리

◆영상 자료◆

'살아남은 게 죄…' 재난 그 후, 생존자들의 무너진 일상
https://www.youtube.com/watch?v=erR4FF-6Hgs

출처: KBS 다큐

제1절 재난심리의 개념과 특성

1 재난심리의 일반적 개념

　재난심리(disaster psychology)는 자연재해, 산업재해, 대형사고, 감염병, 테러와 같은 예기치 못한 위기 상황에서 인간이 경험하는 심리적 반응과 그 회복 과정을 과학적으로 탐구하고 실천적으로 개입하는 응용심리학의 전문 분야이다. 단순히 재난 이

후의 트라우마 반응을 다루는 것이 아니라, 재난 이전의 심리적 준비와 예방, 재난 발생 시의 즉각적 대응, 사후 장기적인 회복과 성장을 포괄하는 시간적 연속성과 다층적 접근을 핵심으로 한다.

얼사노(Fullerton R. J. Ursano) 외는 재난심리를 "대규모 사건이나 위기 상황이 개인의 기능, 사회적 역할, 자아 인식에 미치는 복합적 영향을 다루는 학문 영역"으로 정의하고 있으며(Ursano et al., 2007), 이는 재난심리가 단지 개인 심리 수준에서의 개입에 그치는 것이 아니라 사회적 복원력과 정책적 지원까지 고려해야 함을 시사한다. 실제로 재난 상황에서의 심리적 대응은 단일 전문가의 영역을 넘어 행정, 교육, 보건, 공공안전 등 다양한 분야와의 협력이 요구되며, 이는 재난심리의 다학제적 성격을 강조하는 배경이 된다.

2 재난심리의 중요성 및 목표

현대 사회에서 재난심리는 기후 위기, 사회갈등, 고위험 도시화 구조 등 복합 재난이 증가하는 현실에서 점점 더 중요한 분야로 부각되고 있다. 특히 물리적 피해 못지않게 정신적·심리적 피해가 개인과 사회에 장기적 영향을 미친다는 인식이 확산하면서, 심리적 회복과 지원 체계는 국가의 재난관리 전략에서 핵심 요소로 자리 잡고 있다.

국민재난안전포털에 따르면 재난심리지원은 "각종 재난으로 심리적 충격을 받은 재난 경험자에게 정신적·심리적 충격을 완화하고 후유증을 예방하며, 정상적인 일상생활로의 복귀를 촉진하기 위한 전문 심리상담 실시와 필요시 의료기관 연계를 통해 사회 병리 현상의 악화를 방지하는 활동"으로 정의된다(국민재난안전포털, 2016).

재난심리의 목표는 단기적으로는 심리적 충격의 즉각적인 완화와 심리 안정 확보이며, 중기적으로는 외상 후 스트레스 장애(PTSD), 우울, 불안 장애 등 만성화 가능성이 있는 정신건강 문제를 예방하고, 장기적으로는 회복탄력성(resilience)과 외상 후 성장(post-traumatic growth)을 촉진하는 데 있다. 또한 공동체 차원에서는 사회적 신뢰 회복, 공동체 응집력 강화를 통해 집단적 회복력(community resilience)을 구축하는 것이 중요한 목표가 된다.

이수연 외(2021)의 국민 인식도 조사에 따르면, 국민 다수는 재난심리 지원이 정부 차원에서 체계적으로 제공되어야 한다고 인식하고 있으며(이수연 외, 2021), 이는 재난 대응의 공공성 강화를 위한 법적·제도적 정비의 필요성을 뒷받침한다.

3 일반심리와 재난심리의 차이점

일반심리와 재난심리는 모두 인간의 심리적 현상을 다루지만, 그 접근 방식, 연구대상, 개입의 시점과 목적, 사회적 맥락에서 중요한 차이를 지닌다.

일반심리는 주로 일상적이고 비교적 안정된 상황에서 나타나는 인간의 보편적 심리와 행동을 탐구한다. 성격, 인지, 발달, 정서, 사회적 상호작용 등 다양한 주제를 대상으로 하며, 이론 중심의 분석과 개인 수준의 개입이 이루어진다. 일반심리의 개입 목표는 자기이해, 자아성장, 관계 향상, 문제 해결과 같은 전반적인 삶의 질 향상이다.

반면, 재난심리는 자연재해, 대형사고, 전염병, 테러 등 위기 상황에서 인간이 경험하는 급성 반응, 스트레스, 외상 경험, 회복과정에 중점을 둔다. 개입은 위기 대응과 심리적 안정화, PTSD 예방, 공동체 회복력 증진 등 실천적 목표에 집중되며, 집단개입과 현장 중심의 활동이 특징이다. 재난심리는 또한 개인을 넘어서 가족과 지역사회, 더 나아가 사회 전반에 미치는 심리적 영향을 고려해 다층적이고 생태학적인 접근을 중시한다.

시간 프레임에서도 구별된다. 일반심리는 생애 전반의 장기적 발달 과정에 초점을 맞추지만, 재난심리는 재난 직후의 급성기, 만성기라는 위기 대응의 시간 구간에 따라 개입이 설계된다.

또한 재난심리는 이론적 분석보다는 실제 상황에서의 적용성과 다학제 간 협력이 중요한 특징이며, 사회복지, 보건의료, 위기관리, 행정 등 다양한 분야와의 융합이 필수적이다.

다음 〈표 6-1〉은 일반심리와 재난심리의 주요 차이점을 항목별로 비교한 표다.

〈표 6-1〉 일반심리와 재난심리의 비교: 적용 맥락과 접근 방식의 차이

구분	일반심리	재난심리
적용 맥락	일상적, 안정된 상황	비일상적 위기, 재난 상황
연구 대상	보편적 심리 현상(성격, 인지, 발달 등)	위기 상황에서의 급성 반응, 외상, 회복 과정
시간 프레임	생애 주기 전체	급성기, 만성기중심의 위기 대응 구간
개입 목적	자기이해, 자아성장, 문제해결	심리안정, PTSD예방, 기능회복, 공동체 복원력
개입 방법	개인상담	위기개입, 집단중재, 지역사회 기반 실천
사회적 관점	개인 중심	가족, 공동체, 사회 전체 고려
학문적 접근	이론 중심, 설명적 접근	실천 중심, 다학제 융합, 적용 중심

이처럼 일반심리와 재난심리는 목적, 방법, 적용 영역 등에서 뚜렷이 구분되며, 특히 재난심리는 단기적 개입 효과뿐만 아니라 장기적 회복과 공동체 차원의 복원력 확보라는 사회적 책무까지 함께 지닌다는 점에서 중요한 차별성을 갖는다.

4 재난심리의 고유한 특성

재난심리는 다음과 같은 여섯 가지 주요 특성을 통해 타 심리학 분야와 구별된다.

첫째, 긴급성과 시간 민감성이다. 재난 발생 직후인 골든타임 내에 심리적 개입이 이루어져야만 PTSD와 같은 장기적 심리 손상을 줄일 수 있다.

둘째, 집단적·생태학적 관점이다. 재난은 개인만의 경험이 아니라 지역사회 전체에 영향을 주며, 개입 역시 개인·가족·공동체 등 다층적으로 이루어져야 한다.

셋째, 재난 전(preparedness), 중(response), 후(recovery) 단계별로 심리적 요구와 개입 전략이 달라지는 단계적 접근이 필요하다.

넷째, 다학제적 통합 접근이 필수적이다. 심리학만으로는 대응에 한계가 있으며 정신의학, 사회복지, 위기관리, 공중보건 등과의 협업이 요구된다.

다섯째, 문화적 민감성과 맥락적 특성을 고려한 개입이 중요하다. 문화적 배경에 따라 재난에 대한 반응이 다르며, 맞춤형 심리지원이 필요하다.

여섯째, 예방과 회복을 통합하는 접근이다. 재난 이전의 심리 교육과 회복력 증진이 이후의 트라우마를 완화할 수 있으며, 재난 이후에도 지속적인 지원을 통해 외상 후 성장을 촉진하는 것이 바람직하다.

이와 같이 재난심리는 심리학 내의 특수한 분야를 넘어, 국가적 재난관리 체계와 통합되어야 할 학문적·실천적 과제이며, 사회 전체의 회복탄력성을 높이는 핵심 수단으로 기능할 수 있다.

제2절 재난의 심리행동적 영향

재난은 인간에게 감정적, 인지적, 신체적 차원에서 복합적이며 상호작용적인 영향을 미친다. 이러한 심리행동적 반응은 재난의 유형과 규모, 지속 기간, 개인의 심리적 취약성, 사회적 지지망의 유무 등에 따라 다양한 양상으로 나타난다. 따라서 재난의 심리행동적 영향을 체계적으로 이해하는 것은 효과적인 심리 개입과 회복 지원의 기초를 마련하는데 매우 중요하다.

1 감정적 영향

재난 상황은 갑작스럽고 통제 불가능한 사건으로 개인의 안전과 생존을 위협하기 때문에, 즉각적인 감정적 반응을 유발한다. 대표적으로 불안, 공포, 분노, 슬픔, 죄책감, 무기력감 등이 보고되며, 이는 시간에 따라 변화하거나 상호 복합적으로 나타날 수 있다.

- **불안과 공포:** 재난 상황은 개인의 생존과 안전에 직접적인 위협으로 작용하며, 이는 기본 정서계의 과잉 활성화를 초래한다. 불안과 공포는 재난 상황에서 가장

즉각적으로 나타나는 감정 반응으로, 생존을 위한 본능적 방어기제로서 위험 신호에 대한 뇌의 자동 반응이다. 이때 편도체가 활성화되며, 신체는 코르티솔과 아드레날린 등의 스트레스 호르몬을 분비해 '투쟁-도피 반응'을 촉진한다. 재난의 불확실성과 통제 불가능성은 이러한 감정 반응을 더욱 증폭시키는 요인으로 작용한다. 특히 반복되는 여진, 감염병의 확산과 같이 위험이 장기화되는 상황에서는 만성 불안으로 이어질 가능성이 높다.

- **재난 유형별 감정 반응 차이**: 재난의 유형에 따라 뚜렷한 양상 차이를 보인다. 자연재해는 무력감과 공포를, 인적 재난은 분노, 배신감, 억울함을 유발하기 쉽다. 이는 통제 가능성과 책임 소재 인식과 관련이 깊다. 재난 상황에서의 분노는 귀인 과정을 통해 더욱 강화되며, 이는 사회 시스템, 구조 실패, 또는 특정 인물에 대한 책임 추궁으로 표출된다.

- **슬픔과 상실감**: 생명의 죽음뿐 아니라, 재산, 공동체, 미래에 대한 희망 등 다양한 형태의 상실에서 비롯되며, 특히 생존자 죄책감(survivor guilt)은 트라우마적 상황에서 살아남은 개인이 겪는 심리적 고통 중 하나로, 자기 비난과 우울로 연결될 수 있다.

- **시간적 경과에 따른 정서 변화**: 이러한 감정 반응은 초기 급성 스트레스 반응에서 시작해, 시간이 경과함에 따라 다양한 형태의 정서적 증상으로 변화되며, 복합 애도, 우울 장애, 외상 후 스트레스 장애(PTSD) 등으로 발전할 수 있다.

> **사례:** 세월호 참사 당시 유가족들은 구조 지연과 부정확한 정보 제공에 대해 극심한 분노와 배신감을 경험했다. 인터뷰에 따르면 일부 유가족은 "우리는 하루하루가 지옥 같았다. 누가 책임졌는지도 모른 채 울분만 쌓였다"고 진술했다. 한편 생존 학생들은 자신이 구조된 사실에 대한 죄책감으로 장기적인 정서 불안과 불면을 호소했다. 특히 생존 학생 B양은 당시 심리상담에서 "왜 나만 살아남았는지 모르겠다. 친구 생각만 하면 잠이 안 온다"고 이야기하며 생존자 죄책감을 지속적으로 표현했다(국가트라우마센터, 2022; 김석규 외, 2023).

2 인지적 영향

- **집중력 및 판단력 저하:** 재난은 단순한 감정 반응을 넘어 인간의 고차원적 인지 기능에도 깊은 영향을 미친다. 특히 극도의 스트레스 상황에서는 뇌의 전전두엽 기능이 억제되며, 이로 인해 판단력, 집중력, 사고의 유연성 등 인지 기능이 저하된다. 이는 진화적 관점에서 생존에 필요한 기능을 우선시키기 위한 반응이지만, 복잡한 정보 처리와 합리적 판단이 요구되는 현대 사회에서는 적응의 어려움을 초래한다.
- **기억의 변화 및 해리 현상:** 재난 경험자는 종종 사고의 인과관계를 파악하지 못하고, 현실감을 상실하거나, 단기 기억 기능이 약화되는 현상을 보인다. 스트레스 호르몬인 코르티솔의 과도한 분비는 기억을 관장하는 해마의 기능을 저하시켜 기억력 장애를 유발한다. 이에 따라 사건 자체는 생생하게 기억되는 반면, 그 전후 맥락은 단절되거나 왜곡되는 '기억의 해리' 현상이 나타날 수 있다.
- **의사결정의 어려움과 인지적 경직성:** 또한 재난 이후에는 의사결정 능력 저하, 정보에 대한 혼란, 인지적 경직성과 같은 반응이 나타난다. 기존의 익숙한 사고방식에만 의존하려는 경향은 변화된 상황에 유연하게 대응하는 능력을 제한하며, 이는 대처 행동의 소극성으로 이어질 수 있다. 더욱이 "세상은 안전하고 공정하다"는. 기본적 신념이 흔들리면서, 개인의 세계관 전반에 대한 혼란이 발생하기도 한다.
- **인지적 왜곡과 신념 체계의 변화:** 재난 경험은 개인의 근본적인 신념 체계를 흔드는 사건이다. 예를 들어, "세상은 안전하다," "노력하면 보상 받는다"와 같은 기본 가정이 붕괴될 수 있다. 이러한 신념의 변화는 무기력감, 불신, 허무감 등으로 이어지며, 세계관 자체에 대한 회의로 확장될 수 있다. 또한 인지적 왜곡은 모든 상황을 위험하게 해석하거나, 통제 불가능한 것을 지나치게 통제하려는 비합리적 사고로 나타난다. 이는 외상 후 스트레스 장애의 인지 재구성 치료에서 주요한 치료 대상이 된다.
- **미디어 및 정보 영향:** 재난 상황에서의 정보 노출은 인지 반응에 결정적인 영향을 미친다. 반복적인 재난 영상 시청은 재난 당시의 고통스러운 장면이 머릿속에 지워지지 않고 반복적으로 떠오르게 하며, 당시의 두려움이나 충격을 다시 체험

하게 만들 수 있고, 과도한 공포와 불안 반응을 유발한다. 특히 확인되지 않은 정보, 왜곡된 책임 보도, 선정적인 뉴스는 혼란을 가중시키며 회복을 저해할 수 있다. 정보의 투명성과 신뢰성은 인지적 안정성을 확보하는데 핵심적이다.

> **사례:** 2017년 포항 지진 발생 직후, 피해자 A씨는 "집이 무너질 것 같은데 아무 생각이 안 났어요. 어디로 가야 할지도 몰랐고, 발만 떨고 있었어요"라고 진술했다. 이는 전형적인 위기 상황에서의 인지 마비 및 판단력 저하 반응으로, 구조 요청이나 대피 판단이 지연된 사례였다. 포항시 정신건강복지센터의 사후 상담 사례집에서도 동일한 내용이 반복적으로 보고되었으며, 긴급 스트레스 상황에서의 전전두엽 억제가 인지기능을 급격히 저하시키는 것을 보여준다(국가트라우마센터, 2022; 재난의 이해와 개입, 2020).

3 신체적 영향

- **급성 스트레스 반응:** 재난은 신체적 건강에도 즉각적이며 장기적인 영향을 미친다. 급성기에는 자율신경계가 활성화되면서 심박수 증가, 과호흡, 근육 긴장, 손발 떨림, 발한, 메스꺼움 등의 생리적 반응이 나타난다. 이는 '투쟁-도피 반응'의 일환으로, 생존을 위한 신체의 자연스러운 반응이다.
- **만성 신체 증상으로의 이행:** 이와 같은 생리적 반응은 단기적으로는 위협 회피에 유리하게 작용하지만, 장기적으로 지속되면 다양한 만성 신체 증상을 초래할 수 있다. 재난 상황이 장기화되거나 심리적 충격이 해결되지 않을 경우, 수면 장애, 만성 피로, 소화 장애, 두통, 근육통, 면역력 저하 등이 흔하게 보고된다. 특히 불면증은 재난 경험자에게서 가장 많이 나타나는 증상 중 하나로, 이는 기억 재생과 정서 회복을 방해하여 심리적 악순환을 가속화시킨다.
- **호르몬의 영향과 생리적 변화:** 스트레스 호르몬인 코르티솔은 소화계와 순환계, 면역계 기능을 억제하여 감염 질환의 발생 가능성을 높이며, 여성의 경우 생리주기 변화, 청소년의 경우 성장 장애로 이어질 수도 있다. 이러한 신체 증상은 외상

후에도 지속될 수 있으며, 심리적 회복이 지연될 경우 만성 질환으로 고착화될 수 있다.

> **사례:** 2019년 강원도 고성 산불로 긴급 대피한 주민들 중, 고령의 피해자 다수는 두통, 불면, 위장 장애 등 지속적인 신체 증상을 호소했다. 한국정신건강복지학회 조사에 따르면, 대피소 생활 이후에도 수면 장애와 소화기 질환으로 지역 병의원 방문 건수가 급증했으며, 이는 심리적 충격이 자율신경계와 면역계에 영향을 미쳤다는 임상적 근거를 보여준다(재난 대응 인력 의사소통 교육, 2024; 국가트라우마센터, 2022).

제3절 재난 후 심리적 변화

재난 경험 후 개인의 심리적 반응은 일정한 패턴을 따라 변화하는 경향이 있다. 이러한 변화는 개인차가 있으며 선형적이기보다는 순환적으로 나타날 수 있으나, 일반적으로 다음과 같은 단계적 특성을 보인다(Hobfoll, 2007).

1 충격 단계: 현실 부정과 심리적 마비

재난 발생 직후 나타나는 충격 단계는 일반적으로 수분에서 수시간, 때로는 며칠까지 지속된다. 이 시기에는 사건의 심각성을 제대로 인식하지 못하거나 거부하는 현실 부정 반응이 지배적이다. "이게 정말 나에게 일어난 일인가?," "꿈일지도 몰라"와 같은 인식은 부정적 현실로부터 자아를 보호하려는 심리적 방어기제로 이해된다.

정신분석학적 관점에서 '부인(denial)'은 원시적 방어기제 중 하나로, 감당하기 어려운 현실을 일시적으로 차단해 심리적 붕괴를 막는 기능을 수행한다.

[특징적 반응]
- 감정적 무감각 상태
- 사건의 규모나 심각성을 제대로 인지하지 못함
- 해리 증상(현실감 상실)
- 상황 판단의 혼란

2 반응 단계: 불안, 혼란, 감정의 폭발

반응 단계는 일반적으로 재난 발생 후 수일에서 수주간 지속되며, 현실을 점차 인식하게 되면서 강한 감정적 반응이 분출된다. 이 단계는 보통 수일에서 수주간 지속되며, 공포, 분노, 무력감, 죄책감 등 다양한 정서가 출현한다. 동시에 사건을 자꾸 떠올리는 침습적 사고와 반복 꿈, 수면 장애 등의 증상이 빈번히 발생한다.

정보에 대한 갈망이 커지는 반면, 유언비어나 선정적 보도에 노출될 위험도 높은 시기이다. 이때 적절한 심리지원이 이루어지지 않으면 PTSD나 만성 정신건강 문제로 이행될 가능성이 크다.

[특징적 반응]
- 강한 감정 표출: 불안, 분노, 죄책감 등
- 재난 상황에 대한 이해 부족과 심리적 혼란
- 정보탐색 및 유언비어 노출
- 악몽, 불면, 재경험 등 침습 증상

3 적응 단계: 현실 인식과 대처 시도

적응 단계는 수주에서 수개월간 지속되며, 혼란에서 벗어나 점차 현실을 체계적으로 인식하고 대응을 시도하는 시기이다. 이 단계에서는 사고와 감정이 안정되며, 정보탐색과 실질적 행동이 나타난다.

이 시기에 개인의 회복탄력성(resilience), 사회적 지지, 정부 및 지역사회의 대응 수준이 적응의 속도와 질에 큰 영향을 미친다. 버나노(G. A. Bonanno)는 재난 직후 회복 패턴의 50~60% 이상이 '회복 경로'를 보이며, 이는 자원 활용 능력과 밀접한 관련이 있다고 설명했다(Bonanno, 2004).

[특징적 반응]
- 재난 관련 정보에 대한 체계적 탐색
- 실질적인 문제 해결 행동
- 사회적 지지 활용
- 일상 회복을 위한 노력

4 회복 단계: 의미 재구성과 외상 후 성장

회복 단계는 수개월에서 수년에 걸쳐 진행되며, 단순한 생활 복귀를 넘어서 재난의 의미를 재해석하고 삶의 서사로 통합하는 단계이다. 이때는 새로운 자아 정체성 확립, 가치관 변화, 사회적 관계의 재형성 등이 나타날 수 있다.

터데스키(Richard G. Tedeschi)와 캘훈(Lawrence G. Calhoun)은 이를 '외상 후 성장(post-traumatic growth)'이라 정의하고, 재난 경험이 오히려 심리적 성숙과 공동체적 연대 강화를 이끄는 기반이 될 수 있음을 강조했다(Tedeschi & Calhoun, 1996).

[특징적 반응]
- 삶의 의미에 대한 재평가
- 재난 이전과는 다른 새로운 일상의 수립
- 공감 능력과 연대의식 향상
- 트라우마의 통합과 성장 경험

> **사례:** 세월호 생존자인 A씨는 초기에는 극심한 죄책감과 불면, 사회적 위축을 겪었지만, 3년간의 상담과 지지그룹 활동을 통해 점차 회복됐다. 이후 그는 생존자 지원단체 활동가로 활동하며 "그 경험이 이제는 나의 일부"라 말하며, 재난의 고통을 삶의 의미로 재구성해 나가고 있다(국가트라우마센터, 2022; 김석규 외, 2023).

제4절 재난심리의 기반 이론: 주요 심리학 관점의 통합

재난심리는 인간이 극단적 상황에서 경험하는 심리적 반응과 회복 과정을 설명하기 위해 다양한 심리학 이론에 기반을 둔다. 특히 스트레스 이론, 회복탄력성 이론, 외상 후 성장 이론은 재난심리를 이론적으로 뒷받침하는 핵심 틀로 작용하며, 심리적 개입과 회복 지원 전략의 근거로 활용된다.

1 스트레스 대응 이론

라자루스(Richard S. Lazarus)와 폴크먼(Susan Folkman)이 제시한 스트레스 대응 이론은 재난 상황에서 개인이 보이는 심리적 반응을 이해하는데 중요한 틀을 제공한다(Lazarus & Folkman, 1984). 이 이론은 스트레스를 단순한 외부 자극이 아닌, 개인이 그 상황을 어떻게 인식하고 해석하느냐에 따라 형성되는 주관적인 심리 반응으로 본다. 예를 들어, 동일한 지진 상황에서도 어떤 사람은 "이건 끝장날 위기야"라고 느끼며 극심한 불안을 경험하는 반면, 또 다른 사람은 "일시적인 상황일 뿐, 조심하면 괜찮다"고 받아들일 수 있다.

> [핵심 개념]
> - 일차적 평가: 재난 상황이 자신에게 어떤 의미를 가지는지 처음으로 판단하는 과정으로, 예컨대 "이 상황이 나의 생명을 위협하는가?"와 같은 위험성 인식이다. 해당하는 상황이 위협, 손실, 도전으로 인식되는지 판단
> - 이차적 평가: 자신의 대처 자원이나 능력을 바탕으로 "나는 이 상황을 감당할 수 있을까?"라고 평가하는 단계이다. 자원에는 체력, 심리적 안정성, 주변 지지체계 등이 포함된다. 개인이 갖고 있는 자원과 능력으로 그 상황에 대응할 수 있는지 평가
> - 대처 전략: 스트레스 상황에서 문제를 해결하거나 감정 반응을 조절하기 위해 사용하는 방법으로 문제 중심 대처와 정서 중심 대처로 구분한다. 문제 중심 대처는 스트레스 원인이 직접적으로 개입해 해결을 시도하는 방식(예: 도움 요청 하기, 위험회피)이며, 정서 중심 대처는 감정을 완화(예: 심호흡, 위로 받기)하는데 초점을 둔다.

재난 초기에는 정서 중심 대처가 긴장 완화에 기여할 수 있으며, 시간이 흐르며 문제 중심 대처로 전환하는 것이 심리적 회복에 효과적이다. 이 모델은 재난심리 지원에서 스트레스 평가 방식과 적절한 대처 자원의 제공이 필수적임을 시사한다.

2 회복탄력성 이론

회복탄력성(resilience)은 극심한 역경 상황에서도 개인이 비교적 안정된 기능을 유지하거나 신속하게 회복할 수 있는 심리적 역량을 말한다. 버나노(G. A. Bonanno)는 외상 사건 이후에도 대부분의 사람들이 빠르게 회복하는 '탄력적 회복 경로'가 일반적임을 밝혀냈다(Bonanno, 2004).

예를 들어, 한 화재 생존자가 가족을 잃는 큰 상실을 경험했음에도 불구하고, 주변 가족과 친구들의 정서적 지지, 개인의 낙관적 성격을 바탕으로 다시 일상생활을 영위

> [주요 구성 요소]
> - 개인적 특성: 낙관주의, 자기효능감, 감정조절 능력
> - 사회적 자원: 정서적 지지, 사회적 연대, 접근 가능한 지원체계
> - 과거 경험: 이전 역경에 대한 성공적 대처 경험

하며 재건의 의지를 보이는 것은 회복탄력성이 높음을 나타낸다.

투게이드(Michele M. Tugade)와 프레드릭슨(Barbara L. Fredrickson)은 긍정정서의 유지와 사회적 지지가 회복탄력성을 높이는 주요 요인임을 실증했다(Tugade & Fredrickson, 2004). 이는 심리적 응급처치(PFA)나 커뮤니티 기반 회복프로그램의 설계에 중요한 이론적 기반을 제공한다.

재난심리 분야에서는 회복탄력성을 단순한 개인적 특성이 아닌, 개인-환경 상호작용의 역동적 과정으로 이해하고, 이를 강화하기 위한 다양한 개입 전략을 개발한다.

3 외상 후 성장 이론

외상 후 성장(post-traumatic growth: PTG)은 외상적 사건을 겪은 후 나타나는 긍정적인 심리적 변화로, 단순한 회복을 넘어 새로운 의미 체계의 형성과 자아 통합을 지향한다. 테데스키(Richard G. Tedeschi)와 캘훈(Lawrence G. Calhoun)은 이러한 성장이 다섯 가지 영역에서 나타날 수 있다고 제시했다(Tedeschi & Calhoun, 1996).

예컨대, 교통사고로 중상을 입은 한 피해자가 장기 입원 치료를 겪은 후, 자신의 삶의 가치와 인간관계를 다시 돌아보게 되고, 이후에는 응급구조사로 진로를 바꾸어 타인의 생명을 돕는 일을 하게 되는 사례는 외상 후 성장의 전형적인 예다.

> [외상 후 성장의 주요 영역]
> - 자기 인식의 변화: 개인적 강점과 약점에 대한 깊은 이해
> - 대인관계의 향상: 친밀감, 공감 능력, 사회적 유대 강화
> - 새로운 가능성의 인식: 삶의 새로운 방향과 목표 탐색
> - 영적·존재적 성장: 삶의 의미와 목적에 대한 재정립
> - 삶에 대한 감사: 일상과 생존에 대한 가치 재발견

외상 후 성장은 단순한 회복을 넘어선, 외상 경험을 통한 긍정적 변화와 심리적 성숙을 지향하는 '성장 중심 회복'의 개념으로 자리매김하고 있다. 이는 재난 생존자들

이 겪는 내적 전환과 의미 재구성의 과정을 통해, 삶의 질적 도약을 실현하는 하나의 심리적 경로로 이해된다. 따라서 재난심리 개입은 트라우마의 부정적 영향을 완화하는 것을 넘어, 개인의 성장 잠재력을 활성화하는 방향으로 설계되어야 한다.

제5절 외상 후 스트레스 장애

외상 후 스트레스 장애(post-traumatic stress disorder: PTSD)는 재난심리학에서 가장 핵심적인 정신건강 이슈 중 하나이다. 재난 경험자의 상당수가 PTSD의 위험에 노출되며, 이는 개인의 삶의 질 저하뿐만 아니라 직업적·사회적·경제적 기능의 저해로 이어질 수 있다. PTSD에 대한 정확한 이해는 재난 이후의 효과적인 심리 지원 및 회복 개입 전략 수립의 기초가 된다.

1 외상 후 스트레스 장애의 기본 정의

외상 후 스트레스 장애(PTSD)는 생명을 위협하거나 심각한 신체적 손상을 초래할 수 있는 외상 사건을 경험하거나 목격한 후, 일정 시간이 지나도 지속적으로 심리적 고통과 기능 손상을 겪는 정신건강 장애이다. 이 장애는 일시적인 스트레스 반응을 넘어선 병리적 상태로, 외상 사건의 충격이 심리 내에 깊이 각인되어 지속적으로 영향을 미치는 것이 특징이다.

PTSD는 다음과 같은 세 가지 임상적 특징을 통해 일반적인 스트레스 반응과 구분된다.

첫째, 증상의 지속성이다. 적어도 1개월 이상 증상이 지속되어야 하며, 치료 없이 수년간 계속될 수 있다.

둘째, 주요 생활 영역에서의 기능 저하이다. 직업, 학업, 가족 및 대인관계 등에서

현저한 손상이 발생할 수 있다.

셋째, 외상 기억과 감정이 의지와 무관하게 반복적으로 떠오르는 침습적 증상이다. 이는 일상생활에 심각한 영향을 미친다.

최근 연구에서는 외상 후 스트레스 장애가 단기간에 회복되지 않고 장기간 지속될 수 있다는 사실이 밝혀지고 있다. 특히 PTSD는 회복탄력성이나 사회적응과 밀접한 관련이 있으며, 이들 요소와 서로 영향을 주고받는 관계에 있다는 점이 강조된다. 예를 들어, PTSD 수준이 높을수록 사회적응이 어려워지고, 회복탄력성이 낮아질 가능성도 높아진다. 이러한 경향은 특히 여성에게서 더 뚜렷하게 나타나는 경우가 많아, 성별에 따라 PTSD가 개인의 심리적 회복 과정에 미치는 영향이 다를 수 있음을 시사한다. 따라서 PTSD를 이해하고 개입할 때는 개인의 성별과 심리적 특성까지 함께 고려하는 것이 중요하다.

2 DSM-5에 따른 외상 사건의 범위

미국정신의학회(APA)는 『정신질환 진단 및 통계편람 제5판(DSM-5)』(2013)에서 PTSD를 유발할 수 있는 외상 사건의 유형을 다음과 같이 네 가지로 구분하고 있다.

- **직접적 외상 경험:** 생명 위협, 중상해, 성폭력 등과 같은 심각한 외상을 직접 겪는 경우. 자연재해, 교통사고, 화재, 폭발, 범죄 등이 해당한다.
- **목격에 의한 외상 경험:** 타인의 외상 사건(사망, 중상해 등)을 직접 목격한 경우. 특히 예기치 못한 급작스러운 장면은 심리적 충격을 증폭시킨다.
- **간접적 외상 경험:** 가족이나 가까운 지인의 외상 사건에 대한 소식을 듣고 충격을 받는 경우. 단, 일반적인 질병이나 노환으로 인한 사망은 해당하지 않는다.
- **반복적 직업 노출:** 응급구조대원, 경찰, 소방관, 의료인 등 재난 대응 직군이 반복적으로 외상 장면에 노출되는 경우. 이는 누적적 외상화(cumulative traumatization)를 유발할 수 있다.

이러한 외상 사건 이후 개인은 강렬한 공포와 무력감을 경험하며, 재경험(회상), 회피, 인지 및 기분의 부정적 변화, 과도한 각성 등의 증상이 복합적으로 나타난다. 특히 최서경과 노충래의 연구에서는 PTSD가 개인의 사회적응 능력과 상호 영향을 주고받는 것으로 확인되었으며, 이들 간의 관계는 시간의 흐름에 따라 고정되지 않고 역동적으로 변화함이 밝혀졌다(최서경·노충래, 2024).

3 외상 후 스트레스 장애의 임상적 증상 및 진단기준

외상 후 스트레스 장애는 단순한 불안이나 우울과는 다르며, DSM-5(정신질환 진단 및 통계편람 제5판)에서는 외상 후 스트레스 장애의 진단을 위해 총 8개의 기준 항목(A~H)을 제시하고 있으며, 이 중 침습 증상, 회피 행동, 인지 및 감정의 부정적 변화, 과각성 반응은 주요 증상군으로 간주한다. 일반적으로 이 네 가지 증상군은 PTSD 진단에서 중심적으로 평가되는 핵심 영역이다.

〈표 6-2〉 외상 후 스트레스 장애(PTSD) DSM-5 진단 기준 요약표

분류	증상군	주요 내용(DSM-5 요약 기준)	대표 증상 예시
A	외상사건 경험	생명 위협, 중상해, 성폭력 등의 사건을 직접 경험, 목격, 타인에게 반복적으로 노출	"제가 직접 그 사고 현장에 있었어요" "그날 구조 작업에 계속 투입됐어요"
B	침습증상 (intrusion)	반복적 외상 기억, 악몽, 플래시백, 심리·생리 반응	"자꾸 사고 장면이 떠올라서 잠을 잘 수 없어요"
C	회피 행동 (avoidance)	외상 관련 기억·생각·감정을 피하거나, 관련 장소·사람·상황을 회피	"사고가 난 길을 절대 지나가지 않아요"
D	인지 및 감정의 부정적 변화	자기비난, 죄책감, 우울감, 기억 상실, 무감동, 사회적 고립	"내가 그 상황을 막지 못해서 아직도 죄책감이 들어요" "모든 게 내 잘못 같아요"(인지변화)
E	과각성과 반응성의 증가	과민반응, 수면 장애, 집중력 저하, 경계심 증가, 충동적 행동	"작은 소리에도 깜짝 놀라고 항상 긴장돼 있어요"
F	지속 기간	증상이 1개월 이상 지속	"사건은 두 달 전인데, 아직도 밤에 못 자요" "한 달이 넘었는데도 계속 반복돼요"

G	기능 손상	사회적, 직업적, 일상 기능에 현저한 장애	"출근이 무서워서 회사를 그만뒀어요" "사람들 많은 곳을 못 가요"
H	다른 원인 배제	약물, 뇌손상, 다른 정신질환 등에 의한 증상이 아님	알코올 사용, 조현병 등으로 인한 유사 증상은 PTSD 진단에서 제외

PTSD는 모든 외상 경험자에게서 나타나는 것은 아니다. 외상 사건의 성격과 재난의 유형에 따라 PTSD의 발생률에는 차이가 있다. 일반적으로 자연재해보다는 테러, 폭력과 같은 사회재난 이후에 PTSD가 더 많이 발생하는 경향이 있으며, 특히 직접적인 피해를 경험한 사람들 가운데 약 25~35%가 PTSD를 겪는 것으로 알려져 있다(국가트라우마센터, 2022).

참고! 트라우마에 대한 오해들과 과학적 사실

PTSD에 대한 사회적 인식에는 여러 오해가 존재한다. 이러한 오해는 적절한 도움 추구를 방해하고 낙인을 강화할 수 있다.

- 오해1: "시간이 지나면 저절로 낫는다"
  과학적 사실: 일부는 자연 회복되지만, 상당수는 적절한 개입 없이는 만성화될 수 있다.
- 오해2: "정신력이 약한 사람만 걸린다"
  과학적 사실: PTSD는 개인의 취약성보다 외상의 심각성, 지속 기간, 사회적 지지 등 다양한 요인에 영향을 받으며, 누구에게나 발생할 수 있다.
- 오해3: "증상이 즉시 나타난다"
  과학적 사실: 일부 사례에서는 '지연성 PTSD'처럼 사건 발생 후 수개월 또는 수년 후에 증상이 발현되기도 한다.
- 오해 4: "모든 외상 경험자가 PTSD에 걸린다"
  과학적 사실: 외상을 경험한 모든 사람이 PTSD를 발생시키는 것은 아니다. 대부분의 사람들은 회복탄력성을 보이며, 적절한 지지와 시간이 지나면서 회복된다.

4 연령별 · 집단별 외상 후 스트레스 장애 반응 양상

재난 상황에서 외상 후 스트레스 장애(PTSD)는 개인의 연령, 직업, 사회적 역할에 따라 다양한 방식으로 나타난다. 예를 들어, 학령기 아동은 불안을 "배가 아파요," "학교 가기 싫어요" 같은 말로 표현할 수 있으며, 고령층은 기존의 신체 질환이 악화되거나 일상 기능 저하로 반응할 수 있다. 또한 재난 대응 인력처럼 반복적으로 외상에 노출되는 직군은 일반인보다 심리적 탈진과 감정 무감각 증상이 강하게 나타나기도 한다.

따라서 PTSD에 대한 심리지원은 집단의 특성과 필요에 따라 맞춤형으로 제공되어야 하며, 단순한 위로를 넘어서 연령별 발달 수준, 직업 환경, 사회적 역할을 고려한 실질적 개입 전략이 요구된다.

〈표 6-3〉 연령별 · 직군별 PTSD 반응 양상과 권장 심리지원 전략

구분	주요 반응 양상	권장 심리지원 전략
학령전기 아동 (6세 이하)	• 말로 표현하기 어려워 행동(퇴행, 울음 등)으로 나타남 • 반복 놀이로 외상 재현 • 분리불안, 수면 문제	• "괜찮아, 지금은 안전해"처럼 짧고 반복적인 안심 표현 사용 • 놀이나 미술 등을 통해 감정 표현 유도 • 규칙적인 식사와 수면, 놀이를 빠르게 회복시켜 안정감 제공
학령기 아동 (6~12세)	• 그림, 놀이 등을 통한 외상 표현 • 학교 적응 문제와 학습 능력 저하 • 또래 관계에서의 위축과 공격성 • 두통, 복통 등 신체화 증상	• "너 때문이 아니야"와 같은 명확한 설명 반복 • 놀이나 미술 등을 통해 감정 표현 유도 • 또래 지지 그룹 형성 및 사회적 기능 회복 지원 • 교사와 협력한 학교 적응 프로그램
청소년	• 자해 위험 증가 • 학업 성취도 저하와 • 진로에 대한 불안 • 대인관계 단절	• 또래 상담 및 지지 그룹 활용 • 진로 상담 연계 및 정서조절 기술 지도 • 가족치료와 개별치료 병행
성인	• 직무 스트레스, 이직 충동 • 가족 · 사회 관계 회피, • 자기비난 증가 • 만성 피로감, 수면 장애 등	• 고용주와 협의한 심리상담 제공 • 가족 대상 회복 프로그램 연계 • "당신 잘못이 아닙니다" 등 책임감 완화 표현 활용 • 사회적 지지망 재구축 지원
고령층	• 기존 질병 악화, 회복 속도 지연 • 사별 · 상실에 대한 슬픔, 의욕 저하 • 사회적 고립	• 경로당, 복지관 등 지역 자원을 통한 방문 프로그램 활용 • 쉬운 문장, 반복적 설명으로 안정감 제공 • 회상치료(예: 옛 사진 보기)를 통한 자존감 회복

재난 대응 인력 (소방, 경찰, 응급 등)	• 직접 및 간접 외상 노출 • 죄책감, 소진 증후군, 알코올 사용 증가 • 감정 둔화, 무감각	• 정기 심리검사 및 1:1 비공개 상담 • "같은 일을 겪은 동료와 이야기해보는 것도 도움이 돼요" 등 Peer Support 프로그램 운영 • 교대근무 조정 및 회복 시간 확보 제도화 필요

제6절 심리적 응급처치

재난은 개인과 지역사회에 심각한 신체적·정신적 충격을 유발하며, 그 영향은 단기적 불안부터 장기적 정신건강 손상에 이르기까지 다양하게 나타난다. 특히 소방공무원, 응급구조대원 등 초기 재난 대응자는 반복적으로 외상 사건에 노출되며 외상 후 스트레스 장애, 우울, 불안, 수면 장애 등 다양한 정신건강 문제의 고위험군에 해당한다. 국내 조사에 따르면 소방공무원의 PTSD 유병률은 일반인에 비해 약 20배 높게 나타나 심리적 지원의 시급성이 강조되고 있다(국가트라우마센터, 2022).

이러한 현실에서 심리적 응급처치는 단순한 사후 치료를 넘어, 재난 직후 초기 대응 단계에서 피해자의 심리적 안정을 돕고 장기적 회복을 촉진하는 근거 기반 개입이다. 특히 심리적 응급처치(psychological first aid: PFA)는 급성기(수시간~수일)에 적용되어 정신적 후유증을 예방하고, 일상 기능 회복을 위한 기반을 마련하는데 목적이 있다.

1 심리적 응급처치의 개념과 필요성

심리적 응급처치(PFA)는 재난, 사고, 폭력 등 외상적 사건 직후 심리적 충격을 받은 사람에게 제공하는 초기 심리사회적 개입이다. 심폐소생술(CPR)이 생명을 살리는 응급처치라면, PFA는 심리적 위기를 완화하고 기능적 회복을 촉진하기 위한 심리적 응급처치이다(Hobfoll et al., 2007). 일정한 교육을 이수하면 누구나 수행할 수 있도록 설계되어 있으며, 현장 중심의 인도적이고 실용적인 접근법이다.

PFA는 과거 경험의 분석이나 심층 상담이 아니라, 피해자의 현재 고통을 완화하고 일상으로의 복귀를 돕는 것을 목표로 한다. 정서적 안정, 기본 욕구 충족, 안전 확보, 정보 제공, 지지 체계 연결 등이 핵심 내용이다.

2 심리적 응급처치의 역사적 배경과 국내 도입

PFA는 2006년 미국의 국가아동외상스트레스네트워크(NCTSN)와 국가PTSD센터에 의해 개발되었으며, 기존 심리적 디브리핑이 부작용을 유발할 수 있다는 비판 속에서 대안으로 제시됐다. 이후 WHO(2009)는 이를 공식 권고하며, 국제적으로 재난 대응의 표준 개입으로 확산됐다.

우리나라에서는 국가트라우마센터와 광역정신건강복지센터를 중심으로 K-PFA(Korean-PFA)가 개발되어 도입됐으며, 각종 재난 현장에서 피해자 및 대응 요원을 대상으로 교육과 실무가 병행되고 있다(박해인 외, 2020).

3 심리적 응급처치의 기본철학과 실행 원칙

PFA는 모든 재난 경험자가 반드시 심각한 정신질환으로 발전하지는 않는다는 전제에 기반해 설계된 개입 방식이다. 많은 사람들은 시간이 지나면서 자연스럽게 회복하지만, 초기의 극심한 불안, 혼란, 해리(비현실감), 감정 마비 상태가 지속될 때 PTSD로 이어질 수 있다. 따라서 PFA는 급성기(수시간에서 수일 이내)의 정서적 고통을 완화하고, 장기적인 심리적 회복 경로를 지원하는 것을 목표로 한다.

PFA는 전통적인 심리상담과 달리 외상 사건의 세부 내용을 분석하거나 감정 표현을 강요하지 않는다. 대신 실질적인 지지와 안정감 제공에 집중하며, 다음과 같은 실행 원칙에 따라 수행된다.

- 피해자의 감정과 반응을 비판 없이 수용하고 공감적으로 경청한다.

- 피해자의 생리적·심리적 기본 욕구(예: 수면, 식사, 보호 등)를 확인하고 우선 충족시킨다.
- 명확하고 일관된 정보를 제공하여 혼란과 불안을 감소시키고 통제감을 회복할 수 있도록 돕는다.
- 피해자가 가족, 친구, 지역 공동체와의 연결을 회복할 수 있도록 중재한다.
- 과장된 위로나 조언 대신 현실적인 지지와 존중을 제공하며, 자율성을 최대한 보장한다.

이러한 실행 원칙은 응급 구조요원, 교사, 종교인, 자원봉사자 등 일정한 교육을 받은 비전문가도 수행할 수 있도록 구성되어 있으며, 현장에서 피해자의 심리적 안정을 돕고 실질적 회복의 출발점을 마련하는 데 초점을 둔다.

〈표 6-4〉는 심리적 응급처치와 일반 심리상담의 주요 차이점을 정리한 것으로, 두 접근 방식의 목적과 역할을 구분하는데 도움을 준다.

〈표 6-4〉 심리적 응급처치와 일반적 심리상담의 차이점

구분	심리적 응급처치(PFA)	일반적 심리상담
얼마 동안	몇 분에서 몇 시간	몇 주 내지 몇 달
누구에 의해	제일선에 있는 조력자 (전문구호요원, 경찰, 의사, 간호사, 목사, 교사 등)	상담자, 심리치료사
어디서	재난현장에서 멀지 않은 곳	상담소나 병원, 클리닉
목표	즉각적인 대처를 돕는 개입 (지원, 정서 안정화, 정보제공)	위기를 극복하는 개입 (사건 해결, 삶의 재통합)
절차	심리적 응급처치기법	상담 및 심리치료기법

※ 출처: 권정혜 외(2014) 재인용.

4 심리적 응급처치의 5대 핵심 원칙과 3L 행동 전략

심리적 응급처치(PFA)는 그 실행 원칙을 좀 더 구체적으로 안내하기 위해 세계보건

기구(WHO, 2011)에서 제시한 '5대 핵심 원칙'과 '3L 행동 전략(look, listen, link)'이라는 두 가지 실천 지침을 중심으로 구조화되어 있다. 이들은 PFA가 재난 현장에서 실제로 어떻게 적용되어야 하는지를 명확히 안내하며, 특히 비전문가도 실천할 수 있는 개입 기준을 제공한다.

① WHO의 5대 핵심 원칙

- 안전감 조성(safety): 피해자가 물리적, 심리적으로 안전하다고 느낄 수 있도록 돕는다.
  (예: 소음 차단, 따뜻한 담요 제공, "이제 안전한 곳에 계십니다"라는 말로 확인)
- 진정화(calming): 불안, 공황, 혼란 상태를 완화한다.
- 자기효능감 강화(self-efficacy): 피해자가 상황을 통제할 수 있다는 자신감을 회복하도록 지원한다.
- 연결감 형성(connectedness): 가족, 친구, 지역사회 등 지지 체계와의 연결을 회복한다.
- 희망감(hope): 회복 가능성에 대한 기대를 제시한다.

〈표 6-5〉 심리적 응급처치의 5대 핵심 원칙과 실천 예시

원칙	간단한 적용 예시
안전감 (safety)	- 주변 환경의 위험 요인을 차단하고, 보호감을 느낄 수 있는 물리적 조치 제공 - "지금은 안전한 곳에 계세요. 곁에 제가 함께 있습니다" - "지금 현장은 소방관이 완전히 통제했습니다"(언어적 안전 확보)
진정 (calming)	- 긴장된 신체 상태를 이완시키기 위한 심호흡 유도 - "지금 제 숨을 따라 해보세요. 천천히 들이마시고, 내쉬고…" - "배에 손을 얹고 4초 들이마시고 6초 내쉬세요"(복식호흡 유도)
자기효능감 (self-efficacy)	- 피해자의 작은 선택과 행동을 존중하며 통제감 회복 유도 - "지금처럼 침착하게 대처하고 계세요" - "물이나 담요가 필요하신가요? 아니면 쉴 수 있는 자리를 안내해 드릴까요?"
연결감 (connectedness)	- 지지체계와의 연결을 돕는 말과 행동 제공 - "가족이나 친구에게 연락하고 싶으신가요? 함께 도와드릴게요" - "이 상황에서 혼자 계시지 않도록 끝까지 함께 하겠습니다"
희망감 (hope)	- 회복 가능성에 대한 신뢰와 긍정적 미래 제시 - "지금은 힘드시겠지만, 많은 분들이 시간이 지나면서 일상을 회복하고 계세요" - "1주일 후엔 지금보다 훨씬 나아질 거예요"

◆영상 자료◆

심리적 응급처치(PFA) - 8가지 핵심활동 제대로 이해하기
https://www.youtube.com/watch?v=smpZFJmbFxU

출처: 보건복지부 국립정신건강센터

② 3L 행동 전략: 보고(look), 듣고(listen), 연결하기(link)

WHO는 누구나 쉽게 실천할 수 있도록 "보고(Look), 듣고(Listen), 연결하기(Link)"라는 세 단계 행동 전략을 제안한다. 이 전략은 실제 재난 현장에서 신속하고 효과적인 심리적 개입을 가능하게 하며, 특히 구조대원, 공무원, 교사, 자원봉사자 등 비전문가에게도 실용적으로 적용될 수 있다..

• 보고(look): 상황 파악과 위험 요소 확인

피해자의 신체 상태와 주변 환경을 관찰해 위험 요소와 심리적 고통의 징후를 조기에 파악하는 단계이다. 관찰해야 할 주요 요소에는 붕괴나 폭발 등 물리적 위험, 출혈이나 의식 저하와 같은 신체 상태, 떨림이나 멍한 상태 같은 심리적 충격 반응이 포함된다. 관찰 결과에 따라 "지금 이분은 즉각적인 도움이 필요한 상황인지," "추가적인 위협 요인은 없는지" 등을 판단하게 된다.

• 듣고(listen): 경청과 공감적 수용

피해자의 감정과 반응을 비판 없이 경청하고 공감적으로 수용하는 단계이다. 말로 표현되지 않는 감정이나 침묵도 존중하며, 피해자의 말이 없더라도 조용히 함께 있어 주는 것 자체가 지지가 될 수 있다. 예를 들어 "많이 놀라셨죠?," "말씀하시기 어려우시면 그냥 옆에 있어드릴게요" 같은 표현은 피해자에게 심리적 안정감을 제공한다.

• 연결하기(link): 자원 연계와 지지 체계 구축

피해자가 필요로 하는 실질적인 자원(예: 물, 음식, 의료 지원 등)이나 사람(가족, 친구

등), 또는 심리지원 기관과 연결되도록 돕는 단계이다. 예컨대 "지금 물이 필요하시거나 쉬고 싶으시면 안내해드릴 수 있어요." "가족이나 친구 중 연락하고 싶은 분이 있으신가요?" 등의 표현은 신뢰를 형성하고 지지 체계를 회복하는데 도움이 된다.

행동 전략을 적용할 때는 다음과 같은 윤리적 원칙에 유의해야 한다. 첫째, 피해자가 자신의 경험을 강요받지 않도록 하며, 말하기를 원하지 않을 경우 침묵을 존중해야 한다. 둘째, 지킬 수 없는 약속이나 사실과 다른 정보를 말하지 않으며, 피해자가 스스로 대처할 수 있도록 격려한다. 셋째, 구조·의료팀과 협력하면서 자신의 역할과 한계를 분명히 인식하고, 자신의 신체적·정서적 상태도 함께 관리해야 한다. 이러한 유의사항은 피해자의 존엄성과 심리적 회복을 보장하기 위한 필수 조건이다.

5 한국형 심리적 응급처치의 5단계 절차

한국형 심리적 응급처치(K-PFA)는 세계보건기구(WHO)의 PFA 지침을 기반으로, 국내 재난 대응 환경과 문화적 맥락에 적합하도록 개발된 표준화된 심리지원 절차이다. K-PFA는 재난 피해자에게 심리적 안정을 제공하고 일상 회복을 촉진하기 위해 과학적이고 조직적으로 구성된 다음의 5단계로 이루어진다.

- 1단계: 접촉 및 관계 형성(contact and engagement)

지원자는 피해자와의 첫 만남에서 신뢰를 형성하고, 자신이 누구이며 어떤 도움을 줄 수 있는지를 명확하게 설명한다. 이를 통해 피해자가 조력자에게 마음을 열고 심리적 지지를 받을 수 있는 기초를 마련한다. 예를 들어 "안녕하세요, 저는 119 구급대원 김ㅇㅇ입니다. 편안하고 안전하게 지내실 수 있도록 도와드리겠습니다. 불편한 점이나 필요한 것이 있으시면 말씀해주세요"라는 말은 심리적 거리감을 줄이고 관계 형성에 도움이 된다.

- 2단계: 안전 및 안정 확보(safety and comfort)

피해자의 물리적·심리적 안전이 우선되어야 하며, 이를 위해 위험 요소 제거와 안심할 수 있는 환경 조성이 필요하다. 예를 들어 "이제 더 이상 위험하지 않습니다. 여기는 안전한 공간이며, 제가 곁에 있겠습니다. 필요하시면 담요나 물도 준비해 드릴 수 있어요"와 같은 언어적 지지와 물리적 배려가 중요하다.

- 3단계: 안정화(stabilization)

피해자가 과도한 긴장, 공포, 혼란 상태에 있을 경우 간단한 호흡법이나 이완 기법을 통해 심리적 안정을 유도한다. 예컨대 "지금 저와 함께 천천히 숨을 들이마시고 내쉬어 보실 수 있겠어요? 제 목소리에 맞춰 해보세요. 들이마시고… 내쉬고…"라는 식의 안내는 생리적 안정과 감정 조절에 효과적이다.

- 4단계: 정보 제공 및 현재의 요구 파악(information gathering: current needs and concerns)

피해자가 당면한 문제와 가장 시급하게 필요로 하는 것을 파악하고, 적절한 정보를 제공한다. 이 과정에서는 피해자의 경험을 강요하지 않으며, 스스로 말할 수 있도록 격려한다. "가족의 안부가 걱정되시나요? 확인을 도와드릴 수 있어요. 지금 가장 필요한 것이 무엇인지 말씀해 주시면 최대한 도와드리겠습니다"와 같은 표현이 효과적이다.

- 5단계: 사회적 지지 및 연계(practical assistance and connection with social supports)

피해자가 가족, 친구, 지역사회 등 기존의 지지망과 다시 연결될 수 있도록 돕고, 필요한 경우 전문기관이나 상담 서비스로 연계한다. "연락하고 싶은 가족이나 지인이 있으신가요? 제가 도와드릴 수 있어요. 또한 추가적인 도움이 필요하시면 이 기관들에 연락하실 수 있습니다. 여기 연락처를 드릴게요" 등의 안내가 해당된다.

제7절 재난심리회복지원센터

1 재난심리지원의 사회적 필요성

　재난은 물리적 피해에 국한되지 않고 심리적 충격과 사회적 불안정성을 야기해 피해자의 일상 복귀를 어렵게 만들며, 나아가 국가 재난관리 체계 전반에 대한 신뢰 저하로 이어질 수 있다. 이러한 심리사회적 파장은 장기적으로 정신질환의 유병률 증가와 사회적 비용 부담으로 연결되므로, 공공 차원의 체계적인 심리지원체계 구축이 필수적이다.

　재난심리지원은 단순한 위로를 넘어, 재난 경험자가 재난 이전의 기능적 삶을 회복할 수 있도록 지원하는 전문적이고 지속가능한 심리사회적 개입이다. 이는 심리적 안정 회복, 사회적응 촉진, 후유증 예방, 일상 복귀 촉진이라는 목적 아래 공공 정신건강 서비스로서 확립되어야 한다.

2 법적 근거와 제도적 기반

재난심리지원은 다음과 같은 법령에 따라 제도적 기반을 확보하고 있다:

- 「재난 및 안전관리 기본법」 제66조 제5항: 피해자에 대한 상담활동 지원 및 국고 지원 근거 명시
- 「재난 및 안전관리 기본법 시행령」 제73조의2: 피해자 심리회복을 위한 상담활동 계획 수립과 실행 의무화
- 「재해구호법」 제3조, 제4조, 제8조의2: 심리회복을 재해구호 범위로 포함하고, 중앙 및 시·도 재난심리회복지원단 설치근거 제시
- 「재해구호법 시행령」 제1조의4, 제4조, 제4조의3, 제4조의4, 제8조: 심리회복지

원의 대상, 계획 수립, 기금 사용, 조직 구성 및 운영 기준 등 명시

이러한 법령에 기반해 대한민국 정부는 전국 17개 시·도에 재난심리회복지원센터(Disaster Psychological Recovery Support Center)를 설치·운영하고 있으며, 긴급심리지원에서부터 중장기 상담, 고위험군 사례관리까지 단계별로 심리지원 서비스를 제공하고 있다.

③ 재난심리회복센터의 운영 체계

재난심리회복지원센터는 풍수해, 화재, 감염병 등 다양한 재난 상황에서 심리적 충격을 받은 국민들에게 전문 심리지원을 제공하는 기관이다. 이 센터는 행정안전부가 총괄하는 중앙재난심리회복지원단을 중심으로, 시·도재난심리회복지원단과 기초

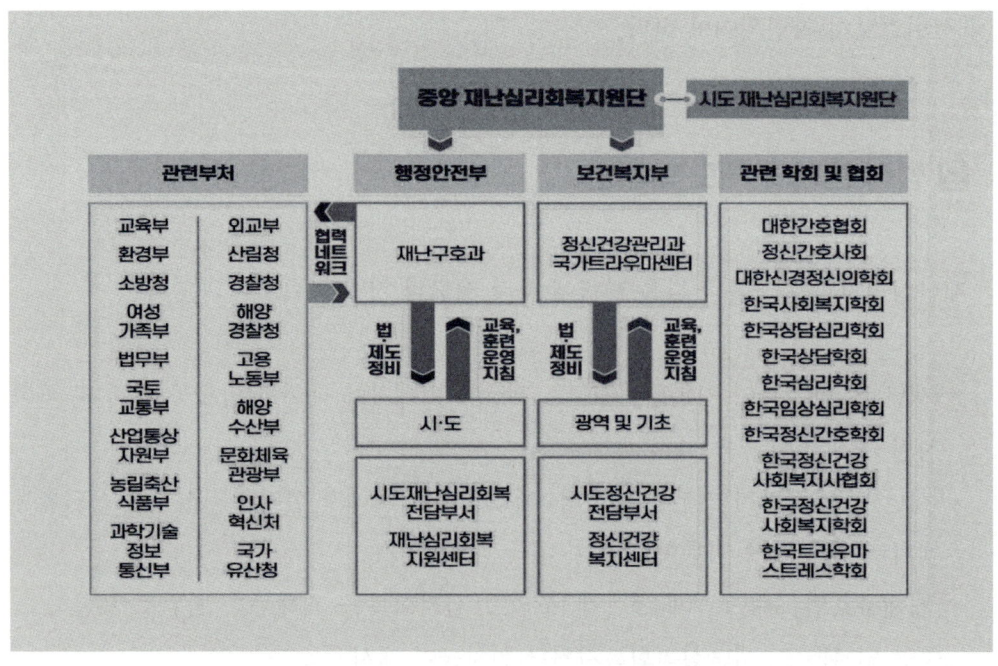

출처: 2025년 재난심리회복지원 업무 메뉴얼 p29.

[그림 6-1] 민관 협업을 통한 재난심리회복 지원체계

재난심리회복지원센터로 이어지는 3단계 운영 체계를 갖추고 있다. 민간 전문가 및 정신건강 관련 학회와의 협업을 통해 전국적이고 통합적인 심리지원이 가능하도록 하고 있다.

현재 광역정신건강복지센터, 정신건강의학과 전문병원, 대학 부설 연구기관 등이 재난심리회복지원센터의 역할을 수행하며, 각 지역의 특성과 재난 유형에 따라 맞춤형 심리지원을 제공한다. 지원 대상은 재난 경험자, 재난 대응 인력, 일반 주민 등으로, 심리적 응급처치, 개별·집단 상담, 고위험군 사례관리, 정신건강 교육 등 다양한 서비스를 제공하고 있다.

4 심리회복지원 활동 단계

- 1단계: 정보수집 단계(information collection phase)

재난 발생 직후, 시·도 재난부서 및 유관기관(소방서, 경찰서, 지역자치단체 등)과 협력해 현장 상황, 피해 규모, 재난 유형, 피해자 특성 등을 신속히 파악한다. 이 정보를 토대로 심리지원 필요성과 개입 전략을 설정한다.

- 2단계: 기초조사 및 계획수립 단계(assessment and planning phase)

수집된 정보를 바탕으로 개입 우선순위를 설정하고, 임상심리사, 정신건강전문요원, 사회복지사 등으로 구성된 다학제 심리지원팀을 조직한다. 활동 일정과 장소, 물자 준비, 심리평가 도구 및 교육 자료 등을 갖추어 계획을 수립한다.

- 3단계: 현장 지원 단계(on-site support phase)

피해지역 및 임시대피소에 상담 부스를 설치하거나 찾아가는 상담을 제공하며, 초기에는 심리적 응급처치를 통해 정서 안정과 신뢰를 형성한다. 또한 집단 심리교육 및 고위험군 선별검사를 병행해 즉시 대응이 필요한 사례는 의료진과 연계한다.

- 4단계: 지속지원 단계(continuous support phase)

고위험군으로 판별된 대상자에게 장기적인 집중 상담을 제공하며 1개월, 3개월, 9개월, 1년 단위로 정기 모니터링을 시행한다. 증상이 악화되거나 PTSD 등 정신질환이 의심될 경우 전문 의료기관과 연계해 치료를 진행한다.

- 5단계: 평가 및 발전 모델 개발(evaluation and model development phase)

모든 활동을 다면적으로 평가해 개입의 효과성과 문제점을 분석한다. 과정·결과·영향 평가를 바탕으로 근거 기반의 심리지원 모델을 정립하고, 이를 표준 운영매뉴얼(SOP)로 발전시켜 향후 재난 대응에 활용할 수 있도록 체계화한다.

5 지원프로그램과 서비스

재난심리회복지원센터에서 제공하는 프로그램과 서비스는 단계별 개입 체계, 상담 유형, 전문의료 연계, 예방 교육 등으로 체계화되어 있으며, 피해자의 회복 수준과 특성에 맞춰 통합적으로 제공된다.

〈표 6-6〉 재난심리회복지원센터의 주요 지원 프로그램 및 서비스 체계

구분	주요 내용
단계별 서비스 제공 체계	• 1단계 – 심리적 응급처치: 재난 발생 즉시 현장에서 1차 심리지원 실시 • 2단계 – 심리상태 진단: 적도지를 활용한 체계적 심리상태 평가 및 위험도 분류 • 3단계 – 상담 서비스: 진단 결과에 따른 맞춤형 상담 서비스 제공(대면·유선) • 4단계 – 전문치료 연계: 고위험군에 대한 전문의료기관 치료 연계 및 지속적 사례관리
심리상담 서비스	• 개별상담: 재난경험자 개인의 심리적 어려움에 대한 전문상담 • 집단상담: 유사한 경험을 지닌 대상자 그룹 상담 프로그램 • 가족상담: 재난으로 인한 가족 문제 및 기능 회복 지원 • 아동·청소년 특화상담: 발달 단계를 고려한 특수 상담 프로그램 제공
전문치료 연계 서비스	• 정신건강의학과 진료 연계: PTSD, 우울증, 불안 장애 등 전문치료 • 약물치료 지원: 필요시 정신과 전문의와의 약물 처방 연계 • 입원치료 연계: 중증 정신질환 시 입원치료 병원과 연계
예방 및 교육 프로그램	• 재난 대응 인력 교육: 소방관, 경찰, 의료진 대상 심리지원 교육 • 지역사회 정신건강 교육: 재난 대비 심리교육 및 홍보활동 • 회복탄력성 증진 프로그램: 재난경험자의 심리적 회복력 향상 지원

◆영상 자료◆

재난으로 다친 마음, 우리가 함께하겠습니다 | 재난심리회복지원
https://www.youtube.com/watch?v=l1svk9wnGGg

출처: 안전한TV

이러한 서비스 체계는 국가트라우마센터의 지침과 시·도 재난심리회복지원단의 실무 운영 기준에 근거하며, 지역 여건에 따라 상담차량을 활용한 이동형 서비스, 디지털 상담 플랫폼(예: 카카오 채널, 웹 기반 자가진단 등)도 병행 운영되고 있다. 전반적인 조정은 중앙재난심리회복지원단이 수행하며, 시·도 재난심리회복지원단과 지역재난심리회복지원센터가 유기적으로 협력해 운영된다. 하에 시·도 재난심리회복지원단과 지역센터가 유기적으로 협력해 운영되며, 향후에는 지역별·재난유형별 맞춤형 심리지원 모델로 발전할 필요가 있다.

재난심리회복지원센터
https://vod.bloodinfo.net/recovery/recovery_support.do

마음 회복은 "재난심리회복지원센터"를 찾아주세요
https://www.youtube.com/watch?v=8QbUoVQZtMo
출처: 행정안전부

제8절 국가트라우마센터

1 개요 및 설치목적

국가트라우마센터(National Center for Disaster Trauma)는 대규모 재난, 사고, 감염병 등으로 인해 국민의 정신건강이 심각하게 위협받는 상황에서, 국가 차원의 통합적 심리지원을 총괄하는 중앙 컨트롤타워로서의 기능을 수행하기 위해 2018년 4월에 보건복지부 산하 국립정신건강센터 내에 설치됐다.

2014년 세월호 참사, 2015년 메르스 사태, 2020~2022년 코로나19 팬데믹, 2022년 이태원 압사사고 등 반복되는 사회적 트라우마 사건들은 국민의 심리적 회복을 위한 공공 정신건강 체계의 필요성을 증명해왔다. 그동안 재난 심리지원은 각 기관 간 역할이 중첩되거나 분절되어 있었으며, 서비스의 일관성과 지속성 측면에서 한계를 드러냈다. 국가트라우마센터는 이러한 문제를 극복하고자 설립된 전문기관으로, 재난 정신건강 대응을 체계화하고 전문화하며, 지속 가능한 국가적 트라우마 대응 시스템을 구축하는 것을 목적으로 한다.

이 센터는 「정신건강증진 및 정신질환자 복지서비스 지원에 관한 법률」 제15조의2(국가트라우마센터의 설치·운영)에 법적 근거를 두고 있으며, 법령상 다음과 같은 핵심 기능을 명시하고 있다.

- 심리적 응급개입 지침의 개발 및 보급
- 트라우마 환자 및 고위험군 대상 심리상담 및 치료
- 트라우마 관련 조사·연구 및 정책 개발
- 지역사회 및 권역 단위 협력 체계 구축
- 재난대응인력 및 지원인력 양성

2 조직 구성 및 기능 체계

국가트라우마센터는 다음과 같은 5개 전담 팀을 중심으로 구성되어 있다.

〈표 6-7〉 국가트라우마센터 조직 및 기능

팀명	주요 기능
기획관리팀	재난심리지원 정책 기획, 예산 관리, 대외 협력
트라우마연구팀	재난 트라우마 관련 실태조사, 연구, 통계 분석
위기대응팀	재난 발생 시 현장 파견, 통합심리지원단 구성, 응급 개입
회복지원팀	고위험군 사례관리, 회복 프로그램 운영 및 사후관리
재난 정신건강 인력개발팀	심리지원 인력 교육훈련, 전문가 수퍼비전, 교육 콘텐츠 개발

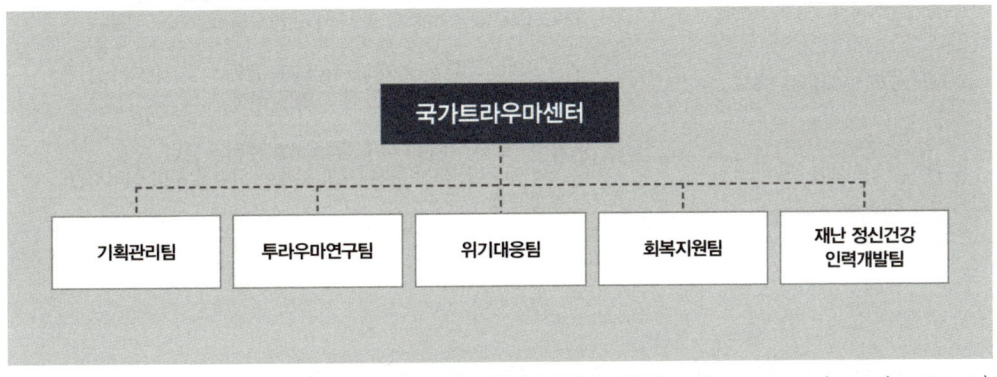

출처: 국가트라우마센터 홈페이지 조직도(https://www.nct.go.kr/ntcIntro/orgchtList.do).

[그림 6-2] 국가트라우마센터 조직도

3 주요 사업 및 서비스

국가트라우마센터는 법률적 근거와 정책 방향에 따라 재난 정신건강 대응을 총괄하며, 중앙정부 차원의 통합적 심리지원 체계를 실현하고 있다. 〈표 6-8〉은 이러한 주요 사업의 범주와 수행 내용, 연계 체계를 구조화해 제시한 것이다.

<표 6-8> 국가트라우마센터의 8대 핵심 사업

구분	주요 내용
1. 재난 정신건강 위기대응	• 통합심리지원단 구성 및 현장 심리지원본부 운영 • '마음안심버스,' 이동상담소 등 현장 맞춤형 개입 수행 • D-MHIS 시스템을 통한 피해자 심리 상태 모니터링
2. 트라우마 치료 프로그램 개발 · 보급	• 과학적 회복 프로그램(마음, 마음플러스, 허그) 3종 운영 • 1:1 상담, 집단교육, 모바일 콘텐츠 등 다양한 형식 제공 • 전국 보건소 및 광역정신건강복지센터에 표준화 보급
3. 고위험군 선별 및 사례관리	• 표준 선별도구(K-DSM, GHQ 등)를 활용한 조기 선별 • 1~12개월 주기 정기 모니터링 시스템 운영 • 정신건강의학과 전문기관으로 단계적 치료 연계
4. 재난 대응인력 소진관리	• 정서적 탈진, 공감피로 예방을 위한 교육 제공 • 개인 · 조직 · 관리자 대상 맞춤형 스트레스 대응 프로그램 운영 • 디브리핑은 지양하며, PFA 중심 회복 개입 원칙 유지
5. 정신건강 전문인력 양성	• PFA, CPT, TF-CBT 등 이론과 실무 기반 전문교육 운영 • 현장대응자, 고위험군 상담자, 정책 관리자 등 역할별 과정 편성
6. 트라우마 연구 및 정책 개발	• 회복 과정 기반 실증연구 수행 및 서비스 효과성 검증 • SOP(표준 운영 매뉴얼), 평가 척도, 만족도 조사도구 개발
7. 대국민 인식 개선 및 홍보	• '트라우마 치유주간' 개최, 심리교육 콘텐츠 및 앱 서비스 개발 • 대중 대상 온 · 오프라인 홍보 활동 전개
8. 권역별 협력체계 운영	• 공주 · 부곡 · 춘천 · 나주 등 권역별 센터와 협업 • 광역 및 기초 정신건강기관과 연계한 지역 맞춤형 심리지원 체계 구축

4 재난현장 개입 사례: 1229 여객기 참사를 중심으로

국가트라우마센터는 대규모 재난 발생 시 통합심리지원단의 중심 기관으로서 신속하게 현장에 개입하며, 피해자와 관련 인력의 심리적 회복을 지원하는 핵심적 역할을 수행한다.

2025년 발생한 '1229 여객기 참사'는 이러한 개입 체계가 실제로 작동한 대표 사례로, 다음과 같은 단계별 심리지원 활동이 이루어졌다.

• 통합심리지원단 운영: 사고 직후 무안국제공항 인근에 보건복지부, 지방자치단

체, 대한적십자사 등과 협력해 통합심리지원단과 현장 심리지원본부를 설치하고, 즉시 심리지원체계를 가동했다.

- 현장 맞춤형 상담 개입: 유족 및 사고 수습 관계자(소방, 경찰, 행정 공무원 등)를 대상으로 정신건강의학과 전문의와 심리상담 전문가가 직접 개입해, 초기 안정화와 감정 조절을 중심으로 상담을 시행했다. 특히 재난 초기에는 감정 둔마 및 인지 회피 등으로 증상이 외현화되지 않을 수 있어, 정서 안정 유도를 우선했다.
- 고위험군 선별 및 치료 연계: 상담 중 외상 후 스트레스 장애(PTSD), 자살사고 위험 등이 감지된 고위험군에 대해서는 표준화된 선별도구를 활용해 조기 평가했으며, 필요 시 지역 정신건강복지센터 및 협력병원으로 연계해 지속적 치료가 가능하도록 했다.
- 사후 모니터링과 지속지원: 현장 상담 이후에도 전화 및 온라인 플랫폼을 통한 후속 모니터링을 실시했으며, 개별 회복 수준과 재적응 상태를 평가해 장기적 개입이 필요한 사례에는 추가 심리지원을 제공했다.

이처럼 국가트라우마센터는 단기 개입을 넘어, 심리적 응급처치에서 고위험군의 중장기 회복에 이르는 전 과정을 구조화해 대응함으로써, 국가 재난관리체계 내 심리지원 컨트롤타워로서의 기능을 실질적으로 수행하고 있다.

◆ 영상 자료 ◆

[K터뷰] '고통은 당신 탓이 아닙니다' | 국가트라우마센터 심민영 센터장
https://www.youtube.com/watch?v=JoBwQNqeqYc

출처: 정책주간지 K-공감

국가트라우마센터

https://www.nct.go.kr/

참고 문헌

권정혜·안현의·최윤경·주혜선(2014). 『재난과 외상의 심리적 응급처치』(2판). 학지사.
사이먼스캐시(2023). 『재난심리학 입문: 인간의 회복력과 트라우마 극복』(제2판). 학지사.
양기근·박동균·류상일·이주호(2016). 『재난관리론: 이론과 실제』. 대영문화사.
이동훈·강현숙·이혜림·이은지(2025). 『현대사회와 재난심리』. 학지사.
육성필·이윤호(2019). 『재난의 이해와 개입: 현장에서의 위기개입 매뉴얼』. 박영스토리.
김주현(2023). 소방공무원의 심리적 응급처치 필요성에 관한 연구: 외상 후 스트레스를 경험한 소방공무원을 중심으로. 우석대학교 석사학위논문.
박해인·최선우·최윤경 외(2020). 한국형 심리적 응급처치 교육프로그램을 이용한 재난 정신건강 지원 인력 양성 교육의 효과. 「신경정신의학회지」, 59(2): 123-135.
양기근(2008). 재난관리에서 심리지원정책의 필요□성. 「한국위기관리논집」, 4(2): 48-61.
이수연·이나라·유지영·박다현·전경수·황태윤·이주현(2021). 재난심리지원에 대한 국민 인식도 조사. 「신경정신의학」, 60(1): 53-60.
최서경·노충래(2024). 재난피해자의 PTSD, 회복탄력성, 사회적응 간의 종단적 안정성과 상호 영향관계. 「신경정신의학」, 63(2): 101-112.

국가트라우마센터(2022). 재난 정신건강 지원 가이드라인. 서울: 국가트라우마센터.
국가트라우마센터(2022). 재난심리회복 가이드북. 서울: 국가트라우마센터.
국가트라우마센터(2022). 심리적 응급처치(PFA) 포켓 매뉴얼. 서울: 국가트라우마센터.
국가트라우마센터(2022). 심리적 응급처치 실무 가이드. 서울: 국가트라우마센터.
국가트라우마센터(https://www.nct.go.kr/).
국립정신건강센터(2025). 2025년 재난 정신건강 위기대응 표준 매뉴얼(1쇄). 보건복지부.
행정안전부(2025). 2025년 재난심리회복지원 업무 매뉴얼.
국민재난안전포털(https://www.safekorea.go.kr/idsiSFK/neo/main/main.html).
재난심리회복정보 플랫폼(2024). https://vod.bloodinfo.net/recovery/recovery_support.do

Bonanno, G. A. (2004). Loss, trauma, and human resilience: Have we underestimated the human capacity to thrive after extremely aversive events? *American Psychologist*, 59(1): 20–28.
Hobfoll, S. E., Watson, P., Bell, C. C., et al. (2007). Five essential elements of immediate and mid-term mass trauma intervention. *Psychiatry: Interpersonal and Biological Processes*.
Lazarus, R. S., & Folkman, S. (1984). *Stress, appraisal and coping*. Springer.
Tugade, M. M., & Fredrickson, B. L. (2004). Resilient individuals use positive emotions to bounce back from negative emotional experiences. *Journal of Personality and Social Psychology*, 86(2): 320–333.
Ursano, R. J., Fullerton, C. S., Weisaeth, L., & Raphael, B. (2007). *Textbook of disaster psychiatry*. Cambridge University Press.

KBS 다큐. '살아남은 게 죄…' 재난 그 후, 생존자들의 무너진 일상(https://www.youtube.com/watch?v=erR4FF-6Hgs).
보건복지부 국립정신건강센터. 심리적 응급처치(PFA) – 8가지 핵심활동 제대로 이해하기 (https://www.youtube.com/watch?v=smpZFJmbFxU).
안전한TV. 재난으로 다친 마음, 우리가 함께하겠습니다 | 재난심리회복지원(https://www.youtube.com/watch?v=l1svk9wnGGg).
정책주간지 K-공감. [K터뷰] '고통은 당신 탓이 아닙니다' | 국가트라우마센터 심민영 센터장(https://www.youtube.com/watch?v=JoBwQNqeqYc).
행정안전부. 마음 회복은 "재난심리회복지원센터"를 찾아주세요(https://www.youtube.com/watch?v=8QbUoVQZtMo).

제7장

국가안전관리기본계획 및 관련 사례

◆관련 자료◆

재난 및 안전관리 기본법(약칭: 재난안전법)
https://www.law.go.kr/lsSc.do?menuId=1&subMenuId=15&query=%EC%9E%AC%EB%82%9C%20%EB%B0%8F%20%EC%95%88%EC%A0%84%EA%B4%80%EB%A6%AC%20%EA%B8%B0%EB%B3%B8%EB%B2%95&dt=20201211#undefined

출처: 법제처

제1절 국가안전관리기본계획의 법적 기반

    국가안전관리기본계획은 「재난 및 안전관리 기본법」 제22조 및 제22조의2에 따라 수립되는 중장기 종합계획으로서, 국가 차원의 재난 및 안전관리 업무의 방향성과 우선순위를 제시한다. 이에 이 장에서는 국가안전관리기본계획의 법적 근거 및 계획 수립 절차 그리고 구성 내용과 관련한 분야별 안전관리 대책에 관해 그 사례를 근거로 살펴보고자 한다.

1 법적 근거

국가안전관리기본계획은 「재난 및 안전관리 기본법」 제22조에 따라 수립되는 법정계획으로, 재난으로부터 국민의 생명과 재산을 보호하고 국가의 재난 및 안전관리 체계를 종합적이고 체계적으로 운영하기 위한 국가 차원의 중장기 전략이다. 이 법 조항은 국가안전관리기본계획의 수립 주체, 절차, 변경 요건 등을 구체적으로 규정함으로써 계획 수립의 법적 정당성과 책임성을 확보하고 있다.

구체적으로, 국무총리는 5년마다 국가안전관리기본계획을 수립해야 하며, 이를 위해 행정안전부 장관이 수립지침을 마련하고, 관계 중앙행정기관에 통보한다. 각 중앙행정기관의 장은 소관 업무에 대한 기본계획을 작성해 행정안전부 장관에게 제출하며, 이를 종합한 계획안은 국무총리를 통해 중앙위원회의 심의를 거쳐 최종 확정된다. 확정된 계획은 관계 기관에 통보되어 집행에 반영된다.

또한, 같은 법 제22조의2는 국가안전관리기본계획에 반드시 포함되어야 할 항목을 명시하고 있다.

첫째, 국가의 재난 및 안전관리정책에 대한 중장기 목표와 기본방향이 명시되어야 한다. 이는 재난관리체계의 전반적인 비전과 정책적 우선순위를 설정함으로써, 각 부처 및 지방정부의 정책 이행에 통일성을 부여한다.

둘째, 재난 및 안전관리 현황 및 여건 변화, 전망에 관한 사항으로 계획은 국내외 재난 발생 추이, 안전사고 통계, 기후위기 등으로 인한 여건 변화, 사회구조 및 기술 발전의 흐름 등을 종합적으로 분석함으로써, 재난 및 안전관리의 현재와 미래에 대한 예측 가능한 방향을 설정해야 한다. 또한 복합재난 및 신종 재난 유형의 등장을 고려한 종합적 위험요소 평가가 포함되어야 한다. 이는 「재난 및 안전관리 기본법 시행령」 제26조 제1항에 따라 관계 기관의 통계 및 실태조사를 근거로 수립된다.

셋째, 법령 및 제도 개선 사항, 특히 재난관리체계의 정비 및 협업 기반 구축에 관한 계획이 포함되어야 한다. 「재난 및 안전관리 기본법 시행규칙」 제18조는 이러한 제도 개선 사항이 계획에 구체적으로 반영될 수 있도록 관계 부처 간 조정 절차를 규정하고 있다.

넷째, 예방, 대비, 대응 및 복구에 필요한 기반 조성이 계획되어야 하며, 인프라 구축, 인력 양성, 장비 확충 등의 실천 항목이 포함되어야 한다. 이는 「민방위기본법」상의 민방위 교육·훈련 계획, 「소방기본법」에 따른 소방시설 확충 계획과도 연계된다. 특히 복구단계에서는 회복탄력성(resilience)의 개념을 적용하여 지역공동체의 자율적 복구역량을 제고하여야 한다.

다섯째, 그 밖에 대통령령으로 정하는 사항으로서, 국가위기관리체계 고도화, 디지털 기반 정보공유체계 마련, 국제협력 확대 방안 등이 포함될 수 있다. 이러한 내용은 「재난 및 안전관리 기본법 시행령」 제27조에 따라 구체적으로 규정된다.

이처럼 국가안전관리기본계획의 구성 요소는 단순히 선언적 수준에 그치지 않고, 각 조항이 관련 시행령 및 타 법령과의 유기적 연계를 통해 구체성과 실천성을 갖출 수 있도록 설계되어 있다.

이러한 법령의 구조는 국가 차원에서 중앙행정기관 간 협업과 조정, 재난 대응체계의 통일성을 보장하는 역할을 하며, 실효성 있는 재난안전정책의 실행 기반을 제공한다.

2 계획 수립 절차 요약

국가안전관리기본계획의 수립 절차는 「재난 및 안전관리 기본법」 제22조 및 같은 법 시행령 제25조에 따라 엄정하게 규율되고 있으며, 다음과 같은 단계로 구체화한다.

첫째, 국무총리는 국가안전관리기본계획의 수립을 위해 행정안전부 장관에게 수립 지침을 마련하도록 지시한다. 행정안전부 장관은 관계 중앙행정기관이 자체 소관 계획을 수립할 수 있도록 구체적인 작성 지침을 포함한 수립지침을 통보한다.

둘째, 수립지침을 받은 각 중앙행정기관의 장은 해당 기관의 소관 재난 및 안전관리 업무에 대한 기본계획을 5년 단위로 작성하여 행정안전부 장관에게 제출한다.

셋째, 행정안전부 장관은 관계 기관들로부터 제출받은 기본계획을 종합해 국가안전관리기본계획안을 작성하고, 이를 국무총리에게 제출한다. 국무총리는 중앙위원회의 심의를 거쳐 해당 계획을 확정한다.

넷째, 국무총리의 재가를 받아 중앙위원회의 심의를 거쳐 확정된 국가안전관리기본계획은, 행정안전부 장관이 지체 없이 관계 중앙행정기관의 장에게 통보하게 된다. 이러한 통보에 따라 각 중앙행정기관은 해당 계획 중 소관 사항을 구체화한 집행계획을 수립하고, 시·도 및 시·군·구 단위의 지역 안전관리계획에 이를 반영하게 된다. 특히, 제22조 제9항은 국가안전관리기본계획과 그에 따른 집행계획 및 지역계획이 「민방위기본법」상 재난관리 분야 계획으로 간주되어 통합적인 재난 대응체계를 구성함을 명확히 하고 있다. 이로써 국가-지방 간 계획의 연계성과 일관성이 제도적으로 보장된다.

이러한 수립 절차는 계획의 정합성과 실행력을 높이는 동시에, 중앙정부와 지방자치단체, 관계 부처 간의 유기적 협업을 제도적으로 보장함으로써, 재난관리체계의 일관성과 실효성을 강화하는 데 기여하고 있다.

제2절 국가안전관리기본계획의 구성 요소 분석

국가안전관리기본계획은 단순한 행정지침이 아니라, 「재난 및 안전관리 기본법」 제22조 및 제22조의2에 근거해 수립되는 국가재난안전정책의 최상위 계획이다. 해당 법 조항은 계획에 포함되어야 할 5개 항목을 법적으로 명시함으로써, 각 항목이 실효성 있고 체계적인 재난관리 로드맵이 마련될 수 있도록 구성하고 있다.

1 재난 및 안전관리의 중장기 목표 및 기본방향

재난관리의 방향성은 일회성이 아닌 중장기적 관점에서 지속가능하게 수립되어야 한다.

이에 따라 국가안전관리기본계획은 향후 5년을 내다보는 정책 비전과 실현 가능한 목표를 포함해야 한다.

예를 들어, 「제4차 국가안전관리기본계획(2020~2024)」에서는 ▲ 재난안전 정보의 통합관리, ▲ 예방 중심의 재난관리 전환, ▲ 국민 참여형 안전문화 확산 등을 중장기 전략으로 제시했다. 이는 단기적 조치가 아닌, 재난관리체계를 선진화하기 위한 로드맵이자, 정부 각 부처 및 지자체의 정책 이행 기준으로 활용된다.

따라서 국가안전관리 기본계획의 첫 번째 구성요소는 중장기적 관점에서 설정된 목표와 기본방향으로 핵심 방향은 다음과 같다.

- '국민 중심'의 재난관리 패러다임 전환
- 과학적 위험 기반 관리체계 구축
- 정보통신기술과 인공지능 기반의 안전관리 인프라 확충
- 복합재난과 신종재난에 대응하는 회복탄력성(resilience) 확보

이를 통해 단편적 대응에서 벗어나, 선제적·지속 가능한 안전 사회를 구축하는 것을 지향한다.

2 재난 및 안전관리 현황 및 여건 변화, 전망

재난에 효과적으로 대응하려면 먼저 현재의 위험 환경을 정확하게 인식해야 한다. 국가안전관리기본계획은 국내외 재난 발생 현황과 사회·기술·환경 변화에 따른 위험요소 진화를 분석함으로써, 중장기 전략의 기초자료를 마련한다.

주요 분석 항목은 다음과 같다.

- 재난 유형별 연도별 발생 빈도와 피해 규모 분석(예: 태풍, 지진, 감염병, 화학사고 등)
- 인구 구조 및 도시화 지표와의 상관관계를 통한 위험노출도 평가
- 사회적 약자 및 안전취약계층에 대한 피해 민감도 지표 산정
- 주요 기반시설의 노후화 지수 및 자연재해 노출 격차 분석

이러한 분석을 바탕으로 국가적 차원의 위험지도(Risk Map)가 작성된다.

이 위험지도는 국민재난안전포털(www.safekorea.go.kr)을 통해 공개되며, 전국 각 지역별 자연재해, 산업재해, 사회재난 등의 발생빈도와 피해규모, 인구밀도, 기반시설 밀집도 등을 계량적으로 분석해 시각화한 자료이다. 이를 통해 지역별로 어떤 재난 유형에 취약한지를 한눈에 파악할 수 있으며, 고위험지역은 적색(Red Zone), 저위험지역은 청색 등으로 구분되어 행정기관과 주민 모두가 직관적으로 인식할 수 있도록 설계되어 있다.

위험지도를 기반으로 한 지역 맞춤형 대책 수립은 다음과 같은 방식으로 이루어진다.

1) 위험지도의 주요 분석 항목 및 사례

① 재난 발생빈도 및 피해 규모
- 최근 10년간의 지역별 재난 유형(홍수, 산사태, 대설, 태풍, 감염병 등)에 대한 발생빈도와 그에 따른 인명·재산 피해 규모를 분석한다.
- 사례: 강원도 평창군은 산사태 발생빈도가 전국 평균 대비 3.1배 높게 나타나 고위험 지역으로 분류되었고, 이에 따라 사방댐 추가 설치 및 산림청과 연계한 조기경보 시스템이 강화되었다.

② 사회인구학적 취약성
- 고령자 비율, 장애인 등록 인구, 저소득 가구 비율, 외국인 주민 비율 등을 종합해 지역별 인구의 '대피 취약성'을 분석한다.
- 사례: 전북 정읍시는 고령자 인구 비율이 37%로 전국 평균보다 높아, 폭염 및 단전 사고 발생 시 맞춤형 응급대응체계가 강화되었다(예: 경로당에 이동형 냉방기 및 스마트벨 설치).

③ 기초 인프라 접근성(예: 세종시 농촌 대피소 신규 지정)
- 소방서, 보건소, 방재창고, 대피소의 밀집도와 접근성(도보 또는 차량 기준 10분 이내 도달 여부)을 기반으로, 재난 대응자원의 공간적 불균형 여부를 진단한다.

- 사례: 세종시 일부 읍면 지역은 자연재해 대비 대피소 접근성이 낮아, 신규 지정 및 구조물 보강을 병행해 대응 인프라를 재조정했다.

④ 노후 건축물 밀집도 분석
- 고밀도 주거지역, 학교, 병원, 다중이용시설의 분포와 해당 지역의 노후 건축물 비율을 분석하여 구조적 재난(붕괴, 화재 등) 위험을 진단한다.
- 사례: 대구시 중구는 노후 상가 건물 밀집 지역으로, 화재 발생 시 대규모 인명 피해 우려가 확인되어 긴급 내진 보강사업 및 야간 자율점검 프로그램이 도입되었다.

⑤ 기후 위기 영향 요소
- 기후변화에 따른 집중호우, 폭염, 한파 등 특이기상 발생빈도 및 누적 영향(열섬 현상, 건조도 등)을 통계화해 지역별 기후 취약성을 분석한다.
- 사례: 서울 관악구는 폭염 시 기온상승률이 서울 평균보다 1.3℃ 높아, 2024년부터 초등학교 운동장에 그늘막 쉼터 설치 및 보행자 동선에 분사형 냉방장치가 확대되었다.

⑥ 사회적 인식 및 훈련 참여율
- 재난 대응 훈련 참여율, 안전교육 이수율, 경보시스템 반응도(경보 수신 후 행동율) 등의 사회적 요소를 가중치로 분석한다.
- 사례: 제주 서귀포시는 주민의 재난 훈련 참여율이 타 지역 대비 낮은 것으로 분석되어, 마을 단위 맞춤형 시뮬레이션 훈련과 보상형 참여 인센티브 프로그램을 도입하였다.

2) 위험지도 활용에 따른 지역 맞춤형 대책 수립 절차

① 다기관 통합 데이터 수집
- 각종 행정 DB(행안부, 기상청, 소방청, 통계청 등)와 위성·드론 기반 공간정보

(GIS)를 통합해 시·군·구 단위의 정량적 위험지도(행안부 생활안전지도)를 작성한다.

② 고위험 지역 등급화 및 대책 우선순위 설정
- 종합위험지수(Exposure × Vulnerability / Capacity)를 기준으로 지역을 5등급(상/중상/중/중하/하)으로 구분하고 고위험 지역은 '재난 대응 중점 관리구역'으로 지정해 예산 및 행정력을 집중한다. 동시에 예방 중심의 사업(예: 방재시설 확충, 취약 시설 보강)을 우선 추진한다.

③ 정책적 우선순위 설정
- 고위험 지역은 '재난 대응 중점 관리구역'으로 지정해 예산 및 행정력을 집중한다. 동시에 예방 중심의 사업(예: 방재시설 확충, 취약 시설 보강)을 우선 추진한다.

④ 유형별 대응 전략 수립
- 각 지역의 위험 유형에 따라 주민의 수용가능성을 반영해 수립되어야 하며, 정기적인 재평가를 통해 전략의 적정성과 실행력을 지속해서 보완하는 체계를 갖추는 것이 바람직하다.
- 산사태 위험지역 → 조기경보, 절개지 보강공사
- 해일 위험지역 → 대피로 개선, 방조제 증설, 연안 방재림 조성
- 지진 취약지역 → 내진설계 의무화 확대, 공공건축물 내진 성능 보강사업, 지진 대피소 확보
- 폭염 위험지역 → 쿨링 센터(cooling center) 및 쉼터 확보, 온열질환 대응 시스템 운영
- 감염병 위험지역 → 의료자원 비축, 지역 기반 감염병 조기 감시 체계 강화, 다국어 예방 교육 확대
- 대형화재 위험지역(전통시장 등) → 자동화재탐지설비 설치, 화재 대응훈련, 노후 전기설비 개선 지원
- 교통사고 다발 지역 → 감응형 신호 시스템 도입, 스마트 횡단보도 설치, 제한속

도 하향 조정

⑤ 주민참여 및 정보공개
- 위험지도를 주민이 직접 확인할 수 있도록 지방정부 웹사이트 또는 '생활안전지도(www.safemap.go.kr)'를 통해 공개하고, 대피소 위치, 경보 수신 여부, 자율점검 항목 등을 주민과 공유한다.
- 사례 1: 서울특별시 – 주민참여형 안전한 마을 만들기(2012)
  서울시는 주민들이 지역의 안전 문제를 직접 발굴하고 해결하는 '주민참여형 안전한 마을 만들기' 사업을 추진했습니다. 이 사업은 주민들이 지역의 안전 취약 요소를 조사하고, 이를 바탕으로 안전 지도를 작성하며, 지자체와 협력해 개선 방안을 마련하는 방식으로 진행되었습니다.
- 사례 2: 광주광역시 광산구 – 주민 참여형 '마을 안전지도' 제작(2014)
  광주광역시 광산구는 주민들이 직접 참여해 지역 내 안전 취약지역을 식별하고 이를 '마을안전지도'에 반영하는 프로젝트를 추진했습니다. 주민들은 스마트폰 애플리케이션을 통해 위험지역을 등록했으며, 이를 기반으로 지자체는 CCTV 설치, 순찰 강화 등 맞춤형 안전 대책을 수립하였습니다.
- 사례 3: 경상북도 고령군 – 우리 마을 공모사업(2017)
  경북 고령군은 주민들이 직접 마을의 발전 방향을 제안하고 참여하는 '우리 마을 공모사업'을 운영했습니다. 이 사업을 통해 주민들은 마을의 안전 문제를 포함한 다양한 지역 현안을 발굴하고, 이를 해결하려는 방안을 제시했습니다.
- 사례 4: 세종특별자치시 – 어린이 안전 스마트 보행로 구축(2019)
  세종시는 지역주민과 협력하여 '어린이 안전 스마트 보행로'를 구축했습니다. 이 프로젝트는 주민들의 의견을 반영해 어린이 보호구역 내에 스마트 횡단보도, 감응형 신호 시스템 등을 설치해 보행자 안전을 강화하는 데 중점을 두었습니다.

이러한 사례들은 주민들이 지역의 안전 문제를 직접 인식하고 해결하는 데 참여함으로써, 더욱 효과적인 재난 대응과 안전한 지역사회 구축에 기여하고 있다. 또한, 이러한 참여는 주민들의 안전의식을 높이고, 지자체와의 협력을 강화하는 데도 긍정적인 영향을 미치고 있다.

❸ 재난 및 안전관리를 위한 법령·제도의 마련 및 체계 확립

재난관리는 제도적 기반 없이는 실효성 있는 실행이 어렵다. 따라서 국가안전관리기본계획은 법률·제도의 정비 방향을 포함하고 있어야 한다. 그러나 현재 국내 재난 및 안전관리 관련 법령은 다수의 부처에 분산되어 있으며, 이로 인해 법령 간 상호 연계성이 부족하고, 실제 집행 과정에서 중복 또는 사각지대가 발생하는 구조적 한계를 안고 있다. 이러한 문제를 해소하기 위해 다음과 같은 법·제도 개선이 요구된다.

첫째, 「재난 및 안전관리 기본법」, 「민방위기본법」, 「소방기본법」 등 재난 관련 주요 법령 간의 통합성과 연계성을 제고해, 법 체계의 일관성과 중복 방지를 도모해야 한다. 각 법령의 적용범위와 주체 간 역할이 충돌하지 않도록 통합적인 해석 지침 마련과 법령 간 통합 개정이 병행되어야 한다.

둘째, 중앙정부와 지방정부 간의 역할과 권한을 명확히 구분해, 재난 발생 시 지휘체계의 혼선을 방지하고 신속한 대응이 가능하도록 한다. 이를 위해 국가 차원의 재난관리 표준모델을 마련하고, 각 지자체의 실정에 맞춘 권한 이양이 제도적으로 뒷받침되어야 한다.

셋째, 민간 부문(기업, 시민단체, 전문가 등)의 참여를 제도적으로 보장할 수 있는 기반을 구축해야 한다. 민간 주도의 예방활동, 자율점검, 재난 교육훈련 등을 활성화하기 위해서는 법령 내 민간참여 의무화 조항과 인센티브 체계를 도입하는 것이 필요하다.

넷째, 재난 분야 전문기관의 권한과 책임을 명확히 하고, 성과에 대한 평가체계를 도입함으로써 책임성과 전문성을 동시에 강화할 수 있다. 예컨대 한국재난안전연구원, 한국방재학회 등 전문기관이 지역계획 수립 및 평가에 직접 참여하도록 하고, 그 성과를 국가계획과 연계해 반영하는 체계가 마련되어야 한다.

이와 같은 법·제도적 기반의 정비는 국가안전관리기본계획의 실효성을 담보하고, 전 국민을 대상으로 한 일관되고 신뢰할 수 있는 재난 대응체계를 확립하는 초석이

될 것이다.

4 재난의 예방 · 대비 · 대응 및 복구에 필요한 기반 조성

재난은 발생 그 자체로도 위협이지만, 준비되지 않은 사회에 더욱 치명적인 결과를 가져온다. 그러므로 재난에 대한 종합적 대응력은 개별 사건에 대한 조치보다는, 그 기반을 얼마나 정밀하게 준비하고 조성해 왔는가에 의해 좌우된다. 이러한 기반은 「재난 및 안전관리 기본법」뿐만 아니라 다수의 관련 법령에 의해 뒷받침되고 있다.

각 단계에서 필요한 기반 조성 항목은 다음과 같다.

1) 예방 기반: 구조적 재난위험 저감 방안

「건축법」 제49조는 건축물의 피난 및 방화 구조에 대한 기준을 명시하고 있으며, 이에 근거한 「건축물의 피난·방화구조 등의 기준에 관한 규칙」에서는 초고층 및 대규모 건축물의 경우 화재확산 방지를 위한 방화구획, 피난안전구역의 설치, 연돌현상 차단을 위한 설계 등을 의무화하고 있다. 이는 다수의 인명 피해가 발생할 수 있는 건축물에서 화재의 급속한 확산을 구조적으로 방지하고, 안전한 대피를 가능하게 하기 위한 최소한의 방재 설계기준으로, 국가 차원의 강제적 예방장치로 기능한다.

한편, 자연재난에 대해서도 「산지관리법」 제14조에 따라 산사태 위험지역으로 지정된 구역에는 개발행위 제한 및 보호시설 설치가 의무화되며, 「하천법」 제30조에서는 하천 범람을 방지하기 위한 제방, 저류지, 배수펌프장 등 구조물 설치 기준을 명시하고 있다. 이처럼 해당 법령들은 위험 발생 이전에 위험 요소를 물리적으로 제거하거나 완화하여 재난의 발생 가능성을 선제적으로 차단하고자 하는 공간적·환경적 대응 전략이라 할 수 있다.

결론적으로, 예방 단계에서는 지역별 위험도 분석을 바탕으로 구조적 위험요인을 사전에 차단하고, 노후 인프라를 선제적으로 정비하는 것이 재난에 강한 도시 기반을 형성하는 데 필수적이다. 이는 재난관리에 있어 가장 선도적이며 비용 효율적인 접근 방식으로, 정책의 우선순위로 설정될 필요가 있다.

2) 대비 기반: 지역주도형 자원계획과 교육훈련 체계 구축

재난에 대비하기 위해서는 지역 사회 자원의 정확한 파악과 실질적인 훈련 및 교육을 통해 유기적 대응 체계를 구축하는 것이 필수적이다. 대비 기반은 문서나 계획의 작성에만 그치지 않고, 주민과 기관이 공동으로 참여하는 훈련과 제도적 연계 속에서 실제로 작동해야 한다.

①「민방위기본법」기반 훈련 의무화
「민방위기본법」제14조에 따라 모든 지역 단위에서는 연 1회 이상 민방위 훈련을 시행해야 하며, 이는 단순한 공무원이나 군경 중심 훈련이 아니라 행정기관·소방·경찰·교육기관·의료기관·주민 등이 참여하는 복합형 훈련 체계를 전제로 한다.
- 훈련 유형: 방공훈련, 지진대피훈련, 화생방 대응훈련 등
- 방식: 상황별 대응 매뉴얼을 기반으로 실전 중심 모의훈련 실시

②「지방자치법」기반의 지역 맞춤형 훈련 사례
「지방자치법」제9조 제2항은 지자체가 자체 조례와 예산에 따라 재난 대비 계획과 훈련을 시행할 수 있는 권한을 규정하고 있다. 이에 따라 각 지방자치단체는 자율적인 지역 맞춤형 재난 대응 매뉴얼을 수립하고, 해당 지역의 특성과 인구구성에 따라 차별화된 훈련을 시행하고 있다.

예를 들어, 서울특별시 노원구는 "피난약자 재난 대응 행동매뉴얼"을 제작해, 장애인복지관, 요양시설, 보육시설 등을 대상으로 맞춤형 훈련을 시행하고 있으며, 경기도 화성시는 휠체어 사용자와 시각장애인을 위한 별도 대피동선 실험과 시뮬레이션 훈련을 정례화 했다(2023년 시행 기준). 이러한 사례는「장애인복지법」제32조에 따른 사회복지시설 안전관리 규정과 연계되며, 동행자 배치, 시청각 안내 지원, 대피체계 시범훈련 운영 등이 실제로 시행되고 있다.

③ 관련 법령에 따른 교육·보건 분야 대비 체계

「학교보건법」 제5조는 각급 학교에서 연간 1회 이상 재난안전교육 및 대피훈련을 있으며, 이는 학생과 교직원 모두가 참여하는 교육 기반 대응체계를 보장한다. 또한 「응급의료에 관한 법률」 제14조는 응급의료기관이 지역 재난의료대응 거점기관으로서 재난대응계획을 수립하고, 지역보건소와의 협업체계를 유지하도록 규정하고 있다.

④ 「지역보건법」 기반 대비 체계와 실질적 지원 제도

「지역보건법」 제6조는 시·군·구 단위에서 지역보건의료계획을 수립하도록 하며, 이 계획에는 감염병, 온열질환, 대기오염 등 건강위해요소에 대한 사전대비 및 위기대응 내용이 포함되어야 한다. 실질적 제도적 지원은 다음과 같은 방식으로 제공된다.

- 취약계층을 위한 방문 건강관리 서비스: 보건소에서는 독거노인, 장애인, 만성질환자 등에게 직접 방문해 온열질환 대응법, 감염병 예방 수칙 등을 교육하고, 필요시 기본 건강용품(쿨팩, 마스크, 생수 등)을 무상 지급한다(예: 부산광역시 '찾아가는 건강돌봄 서비스').
- 미세먼지 경보 연계 자동문자 서비스: 전국 243개 지자체에서는 「대기환경보전법」과 연계해 미세먼지 농도 급등 시, 지역주민에게 자동으로 건강수칙 안내 문자를 송신하고 있다.
- 감염병 위기단계별 예방행동 매뉴얼 배포: 지역보건소는 「감염병의 예방 및 관리에 관한 법률」 제10조에 따라 위기 단계별 행동 지침을 다국어로 제작해 배포하고 있으며, 외국인을 위한 그림형 소책자도 별도로 제공된다.
- 열지도 기반 쉼터 운영계획 수립: 「기후위기 대응을 위한 탄소중립·녹색성장 기본법」 제61조와 연계해, 폭염 취약지역을 중심으로 무더위 쉼터를 확대 운영하고 있으며, 위치 정보는 행정안전부 '안전디딤돌' 앱에 연동되어 실시간 확인이 가능하다.

결론적으로 재난 대비는 단순히 중앙정부 차원의 계획 수립에 그치는 것이 아니라, 지역 실정과 인구구성, 시설 특성에 따라 자율적으로 설계되고 반복적으로 훈련되어야 하는 실천적 행위이다. 특히, 피난약자와 건강 취약계층에 대한 대비는 법률에 근거한 형식적 규정만으로는 충분하지 않으며, 실제로 지속가능한 훈련, 정보 접근성, 실시간 경보체계, 복합적 건강지원 인프라 구축이 병행될 때 그 실효성이 발휘된다.

이러한 대비 기반은, 궁극적으로 모든 재난관리의 최전선에서 국민의 생명과 안전을 보호하는 행동 중심의 안전 인프라가 되어야 한다.

3) 대응 기반: 골든타임 확보를 위한 통합 지휘체계와 훈련 시스템

재난 상황에서 초기 대응의 성패는 흔히 말하는 '골든타임(golden time)', 즉 결정적인 시간 내에 구조·구호 자원이 얼마나 신속하고 조직적으로 투입되며, 현장 지휘체계가 혼선 없이 작동하는가에 달려 있다. 그러나 실제 재난 현장에서는 지휘권의 명확한 분장과 기관 간 역할 조정이 제대로 이행되지 않아, 대응 체계가 일관되게 작동하지 않는 경우가 여전히 발생하고 있다. 특히, 현장에서의 지휘·통제 체계는 법과 매뉴얼상으로는 통합되어 있으나, 실제로는 기관별 이해관계, 관할권 중복, 지휘권 충돌 등의 이유로 지연되거나 혼선이 생기는 사례가 빈번하다.

2023년 7월 충청북도 오송 궁평2지하차도 침수 사고는 그 대표적인 사례로 평가된다. 사고 당시 도로 침수 우려에 대한 사전 통보는 있었으나, 해당 구간의 통제를 담당하는 기관 간 역할 조정이 지연되었고, 실제 도로 폐쇄 시점과 행정적 대응 사이의 시간 격차로 인해 14명의 소중한 인명이 희생되었다. 특히 지하차도 관리 주체(지자체)와 재난 총괄부서(행정안전부), 소방·경찰 간에 통합적 지휘체계가 현장에 작동하지 못했다는 점에서 제도적 미비점이 명확히 드러났다. 이후 감사원과 국무조정실은 "위기경보단계 격상 시 지휘 일원화 절차의 미흡"을 지적하며, 「재난안전법」과 「도로법」 상의 협업체계 정비를 권고한 바 있다.

또한 2021년 울산 야산 산불 대응 사례는 통합지휘체계의 중요성을 반증하는 반면교사로 제시된다. 당시 산불은 도심 인근으로 빠르게 확산되었으나, 울산시재난안전대책본부가 상황 초기부터 산림청, 소방청, 군부대와 함께 공동 상황실을 즉시 가동하고, 항공기 투입·주민 대피·도로 통제 등의 조치를 현장지휘부의 일괄지휘 하에 통합적으로 시행한 결과, 단 한 명의 인명 피해도 없이 대규모 화재를 조기에 진화할 수 있었다. 이 사례는 평소 지휘체계 표준훈련과 기관 간 연락 체계가 체계적으로 구축되어 있을 때 골든타임 확보가 어떻게 실현될 수 있는지를 보여주는 대표적 모범사례라 할 수 있다.

이러한 문제의식을 바탕으로, 정부는 최근 「재난 및 안전관리 기본법 시행령」 제33조에 따라 재난 유형별 표준매뉴얼(SOP)과 행동매뉴얼을 정비하고 있으며, 각 지자체는 「지방자치단체 재난 대응 매뉴얼 통합지침」에 근거해 지역 특성에 맞춘 세부 실행계획 및 기관 협업 매뉴얼을 수립하고 있다. 특히, 2024년부터는 소방청·경찰청·보건복지부·지자체 등이 참여하는 통합 재난지휘 모의훈련 체계가 시범사업을 넘어 전국 확산되고 있으며, 국가재난안전연구원은 실제 재난을 가상으로 설정한 상황대응 시나리오 기반 훈련 프로그램을 배포하고 있다.

이에 소방·의료·교통·정보통신·훈련체계에 이르기까지 복수의 법률과 제도에 기반해 지휘체계의 일원화, 정보의 실시간 공유, 다기관 협업훈련이 가능하도록 관련 체계를 다음과 같이 살펴보겠다.

① 법령에 따른 현장 지휘체계의 법적 기반

「소방기본법」 제12조는 화재·폭발·붕괴·산악사고·수난사고 등 재난 발생 시, 현장에 출동한 소방본부장 또는 소방서장이 지휘권을 갖고 구조·구급활동을 총괄하도록 명시하고 있다. 이는 긴급상황에서 지휘권이 분산되지 않고 통일된 지휘라인에서 명령이 이루어지도록 하기 위한 것이다.

또한, 「재난 및 안전관리 기본법」 제16조는 중앙재난안전대책본부 및 지방대책본부 설치 근거를 규정하고 있으며, 긴급상황 발생 시 관계 기관장 간 지휘·통제를 위한 표준운영절차(Standard Operating Procedure: SOP)를 따르도록 정하고 있다.

② 재난 응급의료체계 및 정보 연계

「응급의료에 관한 법률」 제21조는 재난응급의료지원센터의 설치·운영을 규정하고 있으며, 권역별 재난거점병원과 응급의료기관 간 신속한 환자 분산 이송체계를 확립하도록 하고 있다. 이에 따라 각 시·도에는 권역응급의료센터, 권역외상센터, 지역응급의료센터 등이 지정되어 있으며, 보건복지부와 질병관리청은 '응급의료정보망

(EMIS)'을 통하여 병상 가용 현황, 의료진 상황, 의약품 재고 등을 실시간으로 공유한다.

③ 긴급차량 통행 및 출동 우선권 확보

「도로교통법」 제34조에 따르면, 소방차 · 구급차 · 경찰차 등 긴급자동차는 일반도로 상의 통행 우선권을 가지며, 다른 차량은 이에 협조할 법적 의무를 가진다. 또한, 교차로 통과 시 신호를 무시하고 통과할 수 있으며, 긴급출동 중 위반에 대해서는 일정 부분 법적 면책이 적용된다. 이는 현장 도달시간을 단축시키기 위한 법적 기반으로 작용한다.

④ 통합 재난정보 시스템과 실시간 상황전파체계

「정보통신망 이용촉진 및 정보보호 등에 관한 법률」 및 「전자정부법」에 따라 행정안전부는 통합 재난안전정보시스템(National Disaster Management System: NDMS)을 운영하고 있다. 이 시스템은 ▲ 현장대응기관(소방서, 경찰서, 보건소) ▲ 지자체 재난상황실 ▲ 중앙부처 재난안전본부 간의 실시간 정보 공유 및 전파체계를 가능케 한다.

또한, 재난문자(CBS), 안전디딤돌 앱, 민방위 경보시스템 등을 통해 일반 시민에게도 신속히 상황이 전파될 수 있도록 함으로써, 대응뿐만 아니라 예방과 대비의 역할도 병행되고 있다.

⑤ 상황별 표준매뉴얼 및 훈련 체계

「재난 및 안전관리 기본법 시행령」 제33조 및 「재난대응 표준매뉴얼 운영지침(행정안전부 고시)」에 따라, 모든 중앙행정기관 및 지자체는 재난유형별 표준매뉴얼, 실행매뉴얼, 행동매뉴얼을 구분해 수립하고 정기적으로 점검 · 훈련하도록 되어 있다.

- 자연재난 대응매뉴얼: 지진, 태풍, 폭염, 산불 등 유형별 현장대응 절차를 포함
- 사회재난 대응매뉴얼: 화재, 붕괴, 감염병, 테러 등 기관 협업 중심
- 피난약자 대응행동요령: 장애인 · 고령자 · 영유아 등 위한 별도 행동매뉴얼 제작
  (예: 경기도 화성시 2023 훈련 사례)

또한, 국가재난안전연구원은 다양한 시나리오 기반 모의훈련 프로그램과 현장평가 모형을 개발해 지자체 및 공공기관에 보급하고 있으며, 이를 통한 현장성 강화 및 지휘 역량의 표준화가 추진되고 있다.

4) 복구 기반: 회복력 있는 사회 복원을 위한 제도·재정적 수단 마련

재난 복구는 단순한 원상회복을 넘어, 향후 재난에 더 잘 견디는 사회를 만드는 과정이어야 한다. 이를 위해서는 재정적 지원뿐만 아니라, 실질적인 주거 지원, 도시계획적 접근, 그리고 지역경제 회복을 위한 제도적 수단이 마련되어야 한다.

① 재정적 지원과 임시주거시설 제공의 필요성

「재해구호법」 제4조는 구호 및 복구 대상자에 대한 생활안정 지원을 규정하며 주택복구비, 생계비, 의료비 등을 포함한 재정적 지원이 가능하도록 한다. 그러나 이러한 재정적 지원은 피해 주민의 심리적 안정과 일상 회복을 위한 충분한 조건이 되지 못한다. 예를 들어, 일본 도쿄도는 재난 발생 시 피해 주민에게 임시주거시설을 제공함으로써, 단순한 금전적 지원을 넘어 실질적인 생활 안정과 심리적 안정을 도모하고 있다. 이러한 방식은 재난 이후 주민의 삶의 질을 유지하고, 지역사회 복원의 기반을 마련하는 데 기여한다.

② 도시계획을 통한 회복탄력성 강화

「국토의 계획 및 이용에 관한 법률」 제51조는 재난피해지역을 도시계획적으로 정비할 수 있는 근거를 제공한다. 이를 통해 복구 과정에서 좀 더 안전한 공간 재배치가 가능해지며, 이는 단순한 물리적 재건을 넘어 회복탄력성(resilience)을 고려한 사회적 재조정의 의미를 지닌다. 최근 사례로, 2020년 부산시 해운대구는 태풍 피해 이후 도시계획을 재정비하여, 침수 위험 지역을 공원으로 전환하고, 주거지역을 고지대로 이전하는 등의 조치를 취하였다. 이러한 접근은 향후 유사 재난에 대한 대응력을 강화하는 데 기여한다.

③ 재난 피해 중소기업 지원과 지역사회 기여에 따른 혜택

「중소기업진흥에 관한 법률」 제24조의2는 재난 피해 중소기업에 대한 특별융자 및 세제 감면을 포함하고 있으며, 이는 지역경제의 지속성과 고용 안정성을 확보하는 데 기여한다. 특히, 재난 복구 과정에서 지역사회에 기여한 기업에 대해서는 추가적인 혜택이 제공된다. 예를 들어, 지역 주민을 우선 채용하거나, 지역 복구 사업에 적극 참여한 기업은 정부로부터 추가적인 세제 혜택이나 공공사업 참여 기회를 부여받을 수 있다. 이러한 제도는 기업의 지역사회 기여를 장려하고, 재난 이후 지역경제의 빠른 회복을 도모하는 데 중요한 역할을 한다.

5 그 밖에 대통령령으로 정하는 사항

국가안전관리기본계획의 마지막 구성 요소는 변화하는 재난 환경에 유연하게 대응하기 위한 대통령령 지정 항목들로 구성된다. 이 항목은 기존 계획의 틀을 보완하며, 기술적·국제적·사회적 대응력을 강화하는 역할을 한다.

① 디지털 기반 재난정보 통합관리 시스템 구축

재난 대응의 효율성을 높이기 위해, 정부는 디지털 기반의 재난정보 통합관리 시스템을 구축하고 있다. 이 시스템은 재난 발생 시 신속한 정보 수집, 분석, 공유를 가능하게 하여, 각 기관 간의 협업을 강화하고 대응 속도를 향상시킨다. 「재난 및 안전관리 기본법 시행령」 제84조의5에 따라, 이러한 시스템의 구축 및 운영에 필요한 사항은 대통령령으로 정해져 있다.

② 지능형 도시방재 체계(스마트시티 연계)

스마트시티 구축과 연계해, 지능형 도시방재 체계가 도입되고 있다. 이는 도시 내 다양한 센서와 IoT 기술을 활용해 실시간으로 재난 정보를 수집하고, 이를 기반으로 신속한 대응을 가능하게 한다. 「스마트도시 조성 및 산업진흥 등에 관한 법률 시행령」 제2조에서는 이러한 스마트시티 서비스의 범위와 내용을 대통령령으로 정하고 있다.

③ UN 등 국제협력체계 강화와 해외재난 지원 전략

국제사회와의 협력을 강화하고, 해외 재난에 대한 지원 전략을 수립하기 위해, 정부는 다양한 국제기구와의 협력체계를 구축하고 있다. 「국제개발협력기본법」은 이러한 국제협력의 기본적인 사항을 규정하고 있으며, 대통령령을 통해 구체적인 실행 방안이 마련되고 있다.

④ 국민 체감형 재난안전교육 강화 및 참여 확대

재난안전에 대한 국민의 인식을 높이고, 적극적인 참여를 유도하기 위해, 정부는 체험 중심의 재난안전교육을 강화하고 있다. 「국민 안전교육 진흥 기본법 시행령」은 이러한 교육의 내용과 방법을 대통령령으로 정하고 있으며, VR 훈련·시뮬레이션 프로그램·학교 재난안전교육 등 다양한 방식이 포함되어 재난 대응을 개인의 학습과 실천으로 연결시키는 교육 기반 전략이다.

⑤ 재난안전 취약계층 보호 대책

고령자·장애인·이주민 등 사회적 약자는 재난 시 피해 가능성이 높기 때문에, 맞춤형 대응 체계와 자원 배치 전략이 별도로 필요하다. 「재난 및 안전관리 기본법 시행령」은 이러한 취약계층의 안전 확보를 위한 구체적인 조치를 대통령령으로 정하고 있으며, 이를 통해 사회적 약자의 생명과 안전을 보호한다. 이는 포용적 재난관리 실현을 위한 구조적 장치이다.

결론적으로 이러한 대통령령으로 정하는 사항들은 변화하는 재난 환경에 유연하게 대응하고, 국민의 생명과 재산을 보호하기 위한 제도적 기반을 마련하는 데 중요한 역할을 한다. 각 항목은 법령에 명시된 내용을 바탕으로 구체화되어 있으며, 실제 정책 실행에 있어 실효성을 높이는 데 기여하고 있다.

제3절 분야별 안전관리 대책

국가안전관리기본계획의 실효성을 높이기 위해서는 분야별 특성과 위험 요인을 반영한 세부적인 안전관리 전략이 요구된다. 본 장에서는 생활안전, 교통안전, 산업안전, 시설 안전, 범죄 안전, 식품 안전, 안전 취약계층 보호의 7개 분야를 중심으로 실제 사례와 함께 안전관리 대책을 서술하고자 한다.

1 생활안전

생활안전 분야는 시민의 일상생활 속에서 발생할 수 있는 다양한 유형의 사고와 위협요소를 사전에 식별하고 예방하는 것을 목적으로 한다. 특히 지역 단위에서의 안전취약지 분석은 생활안전 확보의 기초 작업으로 기능한다.

- 주요 전략: 지역 안전지도는 지방자치단체가 주관하고, 지역 소방서, 경찰서, 주민자치회, 통·반장 조직 등이 협력해 작성한다. 이를 위해 주로 GIS(지리정보시스템) 기반의 공간 데이터를 활용하며, 최근 3~5년간의 사고 발생 건수, 구조출동 내역, 신고 빈도, 건물 노후도, 야간조명 상태 등을 종합적으로 분석한다. 수집된 데이터는 행정안전부의 '생활안전지도 플랫폼' 또는 해당 지자체의 '안전통합포털'을 통해 시민과 공유되며, 위험도가 높은 구간은 '고위험구역'으로 지정되어 우선적으로 개선사업이 추진된다.
- 사례 1: 서울특별시 동작구는 '생활안전마을 만들기 사업'을 시행하면서 지역 소방서 및 주민자치회와 협업해 주택 밀집지에 대한 집중 안전점검을 실시했다. 안전지도 분석을 통해 화재 다발 골목, 가스누출 가능성이 높은 노후 주택지역을 식별했고, 이를 기반으로 주민에게 소화기 및 화재감지기 설치를 지원했다. 또한 정기적인 화재예방 교육과 자율방범 순찰을 병행하여 1년간 주택화재 발생률이 20% 감소하는 성과를 거두었다.

- 사례 2: 광주광역시 북구는 야간 여성 1인 귀가자 대상 범죄를 예방하기 위해 생활안전지도를 작성하였고, 이를 기반으로 가로등 미설치 구간을 파악하여 92개소에 스마트 보안등을 설치하였다. 동시에 방범 CCTV 사각지대를 제거하고, 시민 제보 기반의 '생활위험 신고 지도'를 병행 운영함으로써 지역민의 체감안전도를 제고하였다.

이러한 지역 중심의 생활안전 대책은 상향식 안전관리 모델로서, 주민참여와 데이터 기반 행정이 결합되어야 실효성 있는 정책으로 완성될 수 있다.

2 교통안전

보행자 안전사고 예방은 도시 안전관리의 핵심 과제 중 하나이다. 특히 어린이, 고령자 등 교통약자 보호는 지속 가능한 도시 조성을 위한 핵심 요소다. 최근에는 이를 위해 스마트 기술 기반의 안전 인프라가 적극 도입되고 있으며, 다양한 지역에서 실증 사례가 나타나고 있다.

- 주요 전략
  - 스마트 횡단보도는 보행자의 존재를 자동으로 인식하여 운전자에게 시각 및 청각 경고를 제공하는 지능형 교통안전 인프라다. 주로 열감지센서, 레이더, CCTV 영상분석 기술 등을 이용해 횡단보도 대기 보행자를 감지하고, LED 경광등, 바닥조명, 경고음 등을 통해 차량에 접근경고를 주는 방식이다. 일부 지역은 기상정보, 조도센서, 교통량에 따라 신호 주기를 자동 조정하는 기능까지 탑재하였다.
  - 감응형 신호시스템은 실시간 교통 상황에 따라 신호 주기를 조절해 교통 흐름을 최적화하는 시스템으로 차량 센서나 CCTV를 통해 교차로의 교통량을 실시간으로 감지하고 감지된 교통량에 따라 신호 주기를 자동으로 조절해 교통 체증을 완화한다. 또한, 보행자가 감지되면 보행자 신호를 우선적으로 제공해 보행자의 안전을 확보한다.

- 사례 1: 대전광역시는 어린이보호구역 내 사고를 줄이기 위해 횡단보도 주변에 열감지센서와 경광등이 결합된 스마트 횡단보도를 도입했다. 차량 접근 시 보행자 유무를 자동 인식해 LED 조명과 경고음을 통해 운전자에게 즉시 경고를 주는 방식이다. 이 기술을 통해 보행자와 차량 간의 충돌 가능성이 줄어들며, 실제 해당 지역의 정지선 위반율은 시행 전보다 50% 이상 감소했다.
- 사례 2: 성남시 분당구는 유동 인구가 많은 교차로 및 스쿨존을 중심으로 '바닥형 스마트 횡단보도'를 설치했다. 이 시스템은 도로 바닥에 LED 라인을 삽입해 보행자에게 현재 신호 상태를 명확하게 전달하며, 스마트폰을 주시하느라 신호를 보지 못하는 '스몸비(스마트폰+좀비)' 보행자 사고를 줄이기 위해 기획되었다. 해당 시스템 도입 이후 스쿨존 내 보행자 교통사고 발생률이 1년 만에 35% 감소했다.
- 사례 3: 서울시 강북구는 인공지능 영상분석 기술이 적용된 스마트 횡단보도를 통해 보행자가 도로에 진입할 경우 실시간으로 차량 속도 저감을 유도하는 경광 표지판과 연동 시스템을 도입하였다. 교통사고가 잦았던 일부 이면도로에서 실제 차량 정지선 준수율이 약 2배 증가했다는 결과가 나왔다.

이처럼 스마트 횡단보도는 보행자 사고를 감소시키는 효과뿐만 아니라, 도시 전반의 교통질서를 개선하고 교통약자 중심의 안전문화 확산에도 기여하는 실용적 기술로 평가받고 있다.

3 산업안전

산업안전 분야는 「중대재해처벌 등에 관한 법률(중대재해처벌법)」을 중심으로 사업장 내 산업재해를 예방하기 위한 제도적·기술적 조치가 요구된다. 이 법은 2022년 1월 27일부터 시행되었으며, 사업주 또는 경영책임자에게 다음과 같은 핵심 의무를 부여하고 있다.

① 안전보건관리체계 구축으로 사업장 내 안전관리 조직과 절차를 마련하고 체계적으로 운영해야 한다. ② 유해위험요인의 제거 및 개선으로 근로자의 생명과 건강에

직결되는 고위험 요소를 사전에 식별하고 제거해야 한다. ③ 안전보건 관계 법령의 준수 여부 점검으로 관련 법령 이행 상태를 정기적으로 점검하고 개선사항 반영해야 한다.

해당 의무를 이행하지 않아 중대재해가 발생한 경우, 경영책임자는 형사책임을 부담하게 된다.

- 주요 전략: 이와 같은 법적 의무 이행을 위해, 대규모 사업장에서는 위험작업장 중심의 정기적 자체점검 및 고위험 환경에 대한 자동센서 기반 감지 시스템을 도입하고 있다. 예를 들어, 온도, 가스농도, 밀폐공간 유해가스 등의 실시간 모니터링을 통해 작업자의 생명과 직결되는 위험요소를 사전에 식별하고 경고할 수 있는 구조를 갖춘다.
- 사례 1: 포스코는 제철공정 중 고열 환경에서 작업하는 직원들의 안전 확보를 위해 '스마트헬멧'을 배포했다. 해당 헬멧은 체온, 심박수, 환경 온도 등의 생체 및 작업환경 데이터를 실시간 수집해 이상 징후 감지 시 즉각 경고한다. 시범 운영 6개월 동안 고열 관련 사고 3건을 사전에 차단했다.
- 사례 2: 현대중공업은 밀폐공간 작업 중 산소결핍 사고를 예방하기 위해 휴대용 가스농도 감지기와 연계된 IoT 모니터링 시스템을 설치했다. 해당 시스템은 작업자 위치 추적과 동시에 농도 기준치 초과 시 자동 경고를 발생시켜 현장 근로자 대피를 유도하며, 중대사고를 예방하고 있다.
- 사례 3: SK하이닉스는 반도체 생산시설 내 유해화학물질 누출에 대비해 실시간 누출감지센서와 연계된 자동통풍·차단 시스템을 구축하고, 정기적으로 위기대응 모의훈련을 실시하고 있다. 이 시스템은 2023년 실제 화학약품 누출 경보 상황에서 초동조치 대응 시간을 40% 단축하는 효과를 보였다.

이처럼 중대재해처벌법은 단순한 처벌을 넘어, 예방 중심의 산업안전관리 체계 정착을 위한 제도적 기반이다. 기업은 법령 준수를 넘어서 기술혁신과 전략적 대응을 병행함으로써 근로자의 생명 보호와 안전문화 확산에 기여해야 한다.

4 시설안전

시설안전은 대규모 인명 피해로 이어질 수 있는 건축물 및 기반시설의 구조적 취약성을 사전에 점검하고 개선하는 예방형 안전관리정책이다. 특히 다중이용시설, 교육시설, 병원 등 공공성이 높은 시설의 내진 성능과 화재 대응 능력은 국가 안전관리체계의 근간을 형성한다.

- 주요 전략: 노후 건축물에 대해 구조안전성, 화재 안전성, 외벽 마감재의 이탈 위험 등을 종합적으로 점검하며, 위험등급에 따라 정밀진단 및 즉각적인 보강 조치를 시행한다. 내진 성능 미달 건축물은 구조보강 공법(철근 보강, 내진 벽체 보강 등)을 적용하며, 향후 지속적인 모니터링을 위해 시설물 이력관리시스템(FMS)을 통해 통합 관리한다. 또한, 공공건축물은 정기점검 결과를 대국민에게 투명하게 공개하여 신뢰성을 제고한다.
- 사례: 부산광역시는 2023년 "노후다중시설 정밀점검사업"을 통해 30년 이상 경과된 민간 및 공공시설 105개소를 대상으로 정밀 안전진단을 실시했다. 점검은 구조안전, 전기설비, 소방시설, 마감재 상태 등을 포함했으며, 그 결과 34개소가 구조적으로 위험하다는 판정을 받아 즉시 긴급 보수 조치가 이루어졌다. 이들 시설에는 보행자 동선 차단, 임시 안전발판 설치, 외벽 보강 등이 단기간 내 시행되었고, 해당 조치 덕분에 2024년 장마철 집중호우에도 붕괴, 침수 등의 사고 없이 무사히 통과하였다. 해당 사업은 지역사회에서 시설물 안전관리의 모범사례로 평가되며, 이후 타 광역시로 확대 도입이 검토되었다.

5 범죄안전

범죄예방은 단순한 단속을 넘어, 환경적 요인을 개선해 범죄 발생 가능성을 선제적으로 차단하는 전략이 핵심이다. 이에 따라 CCTV 설치 확대와 함께 범죄예방환경설계(crime prevention through environmental design: CPTED)가 적극적으로 도입되고 있다.

- 주요 전략: CPTED의 기본 원칙에 따라 '자연적 감시(natural surveillance),' '자연적 접근통제(natural access control),' '영역성 확보(territorial reinforcement)' 등의 설계를 적용한다. 예를 들어, 좁고 어두운 골목길에는 가로등 외에도 LED 벽화조명, 반사경, 조도센서 기반 스마트 보안등을 설치해 야간 시야 확보를 유도한다. 또한, 높은 담장을 허물고 투시형 펜스를 설치함으로써 외부의 시선을 차단하지 않고, 자연스럽게 범죄 가능성을 낮춘다.
- 사례: 인천광역시 남동구는 여성안심귀갓길 조성사업의 일환으로, 범죄 다발 지역에 고해상도 CCTV, 스마트 보안등, 비상벨을 설치하고, 어두운 골목길에 LED 벽화조명과 반사경을 설치했다. 이러한 조치는 단순한 장비 설치에 그치지 않고, 지역주민과 자율방범대의 순찰 동선과 연계되어, 밤길 보행자에게 시각적 안정감을 제공했다. 그 결과 여성 대상 범죄 신고 건수가 시행 이전 대비 15% 감소했으며, 주민 대상 체감안전도 설문조사에서도 "야간 외출이 불안하지 않다"는 응답률이 28%에서 63%로 상승했다.

6 식품안전

국가안전관리체계의 일환으로 식품안전관리를 강화하기 위한 핵심 전략은 두 가지 방향으로 설정된다. ① 식품이력추적관리제도(HACCP, Traceability System)의 전면 확대와 ② 온라인 플랫폼을 통한 식품 유통에 대한 지속적인 실태조사 및 표본 점검이다.

- 주요 전략: 이력추적시스템을 통해 식품의 생산, 가공, 유통, 판매 전 단계에서 이력을 전산화해 기록하고, 문제 발생 시 즉시 회수할 수 있는 구조를 마련한다. 특히 냉장·냉동식품의 경우 실시간 온도 기록장치 연계로, 보관상태까지 추적할 수 있도록 한다. 온라인 유통식품은 표본조사를 통해 원산지 허위표기, 유통기한 위반, 보관온도 미준수 등의 사안을 중점 점검한다.
- 사례: 식품의약품안전처는 2024년 여름철 식중독 사고 예방을 위해 온라인 유

통채널을 통한 식품판매업체 1,200곳을 대상으로 특별 점검을 시행했다. 이 과정에서 유통기한 경과 제품 판매, 보관온도 미준수, 표시사항 누락 등 총 67건의 위반사례가 적발되었고, 관련 업체에 대해 영업정지 및 과징금 부과 조치를 시행하였다. 이 점검은 온라인 식품 유통의 사각지대를 해소하고 국민 건강 보호에 이바지한 대표적 선제 조치로 평가된다.

7 안전 취약계층 보호

국가안전관리정책의 궁극적인 목표는 모든 국민의 생명과 안전을 보장하는 것이다. 특히 고령자, 장애인, 다문화가정 등 사회적 취약계층은 재난 발생 시 정보 접근과 대피 행동에서 구조적 제약을 받기 때문에, 이들을 위한 맞춤형 대응 전략이 필수적으로 요구된다.

- 주요 전략: 고령자 등 취약계층을 위한 ICT 기반 재난 대응 장비 설치, 시각 및 청각장애인을 위한 재난알림 시스템 개선, 언어장벽 극복을 위한 다국어 매뉴얼 개발 등 포용적 재난 대응 시스템을 도입한다. 특히 지자체, 복지기관, 민간단체 간 협업을 통한 일대일 관리체계를 구축하고, 맞춤형 교육과 훈련을 병행하여 체계적인 대응능력을 향상시킨다.
- 사례 1: 서울특별시 강북구 – 재난취약계층 등록 관리 시스템 구축
  서울 강북구는 「재난취약계층 발굴 및 지원조례」를 기반으로, 고령자, 장애인, 독거노인 등을 대상으로 한 재난 시 요지원자 데이터베이스를 구축했다. 이 DB는 동주민센터를 통해 갱신되며, 재난 시 우선 대피 안내 및 구조 대상으로 활용된다. 해당 대상자들은 '재난안전 스티커'를 발급 받아 주거지에 부착함으로써 구조요원이 식별할 수 있도록 하고 있다.
- 사례 2: 충청북도 스마트벨 사업
  2023년, 농촌 지역 독거노인을 대상으로 긴급 호출이 가능한 '재난 대응 스마트벨'을 설치했다. 해당 시스템은 버튼을 누르면 119상황실에 자동으로 위치 및 경

보가 전송되어 골든타임 내 구조가 가능하다. 실제 여름 폭염기, 스마트벨 호출로 구조된 사례가 발생해 제도의 실효성을 입증했다.

- 사례 3: 부산광역시 시각장애인 안내 시스템

부산시는 2022년부터 시각장애인 밀집 거주지역을 중심으로 지진 및 화재 발생 시 자동 음성안내 방송이 가능한 AI기반 경보 시스템을 도입했다. 점자블록 인근에 유도 스피커를 설치해 대피 방향과 경로를 제공하며, 비상 상황에 취약한 시각장애인의 자립 대응 능력을 강화하였다.

- 사례 4: 경기도 다문화가정 재난교육 지원 사업

경기도는 2023년부터 외국인 주민과 다문화가정을 대상으로 다국어 재난안전 교육자료를 제작해 배포하고 있으며, 주요 언어로는 베트남어, 중국어, 러시아어, 영어 등이 포함된다. QR 코드를 활용한 영상 매뉴얼과 함께, 지역별 통역자 원봉사자를 연결해 재난 시 즉각적인 의사소통이 가능하도록 체계를 마련했다.

- 사례 5: 충청북도 - 다국어 방재 안내문 및 시각자료 제공(2024)

충청북도는 결혼이민자, 외국인 근로자 등을 위해 재난 대응 안내문을 영어, 중국어, 베트남어 등 5개 국어로 제작해 배포하고 있으며, 재난예방 교육자료를 그림 중심의 이해도 높은 형식으로 편성하고 있다. 또한 청각장애인을 위한 수어 영상 자료도 유튜브 채널을 통해 공개 중이다.

맞춤형 재난대응매뉴얼의 구체적인 내용

- 고령자용 매뉴얼
복잡한 텍스트 대신 그림 중심으로 구성되며, 폰트는 대형 활자체로 인쇄되고, 필요 시 음성안내 자료와 함께 제공된다. 가정 내 대피 루트 설정법, 화재 시 유선전화 또는 스마트벨 사용법 등이 핵심으로 제시된다.

- 장애인용 매뉴얼
청각장애인을 위한 시각적 알림(점멸등), 시각장애인을 위한 음성유도 및 점자안내 기능이 포함된다. 또한, 휠체어 사용자와 같은 지체장애인을 고려하여 대피 공간 내 경사로, 자동문 등 물리적 환경과 연결되는 매뉴얼도 병행 제공된다.

> **- 다문화가정용 매뉴얼**
> 언어장벽을 극복하기 위해 베트남어, 중국어, 영어, 우즈베크어 등 다국어 버전으로 제작되며, QR코드를 통해 재난 상황별 대응법을 영상으로 확인할 수 있도록 설계되어 있다. 이와 함께 지역 커뮤니티센터를 통한 안내 체계 및 통역 지원 체계가 연계된다.

이러한 다층적 맞춤형 대응체계는 재난으로부터 소외당하기 쉬운 계층의 권리를 보호하고, '포용적 재난관리'를 실현하는 기반이 된다. 정책의 실효성을 높이기 위해서는 표준화된 지침 외에도 지역 실정에 맞춘 현장형 자료 개발이 병행되어야 하며, 이를 위한 예산 지원 및 지속적인 평가가 반드시 수반되어야 한다.

◆ 관련 자료 ◆

국민재난안전포털
https://www.safekorea.go.kr/idsiSFK/neo/main/main.html

출처: 국민재난안전포털 홈페이지

참고 문헌

'안전지도' 아세요?…주민들이 만들었어요! - 정책뉴스. 대한민국 정책브리핑.
감사원 (2023). 오송 지하차도 참사 관련 감사보고서(https://www.bai.go.kr).
강북구청 재난안전과 보도자료(2023.08).
국가법령정보센터. 「재난 및 안전관리 기본법」, 「민방위기본법」, 「재해구호법」, 「장애인복지법」, 「건축법」, 「학교보건법」, 「지역보건법」, 「응급의료에 관한 법률」, 「지방자치법」, 「국토의 계획 및 이용에 관한 법률」.
국가재난안전연구원(2024). 상황대응 시나리오 기반 훈련 프로그램 가이드라인(https://www.kndp.or.kr).
국무조정실(2023). 재난관리체계 개선을 위한 종합대책 발표 자료(https://www.pmo.go.kr).

국민재난안전포털(https://www.safekorea.go.kr/idsiSFK/neo/main/main.html).
대전시 교통정책과 발표자료(2023), 스마트 교통신호시스템 시범사업.
대한민국 정책브리핑 [국민안전] 주민참여형 지역안전 개선사례(2014).
부산시 해운대구 도시계획 재정비 사례(https://www.haeundae.go.kr/board/view.do?boardId=BBS_0000001&menuCd=DOM_000000102001000000&startPage=1&dataSid=123456).
부산시청 도시안전과 정밀점검 사업 결과 요약본(2023.10).
서울시 동작구청 보도자료(2023.07). 생활안전마을 조성사업 성과 보고.
서울특별시 정책연구자료 주민참여형 안전한 마을만들기 구현 방안(2012). 서울연구원.
소방청(2021). 울산 산불 통합대응 결과보고서(https://www.nfa.go.kr).
식품의약품안전처. (2024.08). 온라인 식품 판매업체 특별점검 결과 보도자료.
인천시 남동구 자치안전센터, 여성안심환경 개선사업 성과보고서(2024).
주민참여형 안전한 마을만들기 구현방안〉 정책연구자료〉 정책연구자료〉 사전공개〉 정보소통광장.
지역주민이 참여한 혁신적인 행정사례가 한 자리에 | 행정안전부〉 뉴스·소식〉 보도자료〉 보도자료.
충청북도 안전정책과 보도자료(2024.02). 충북도청 홈페이지.
충청북도 재난안전실 보도자료(2023). 고령자 스마트벨 설치사업 추진 현황.
통합재난안전정보시스템(NDMS)(https://www.safekorea.go.kr).
포스코 안전보건보고서(2023). 산업현장 디지털 안전기기 운영사례.
행정안전부(2022). 지방자치단체 재난대응 매뉴얼 통합지침(https://www.mois.go.kr).
행정안전부(2017). 2017년도 열린혁신 추진실적 평가 및 결과 발표 보도자료.
행정안전부(2019). 주민 참여로 추진된 '시민안전' 성과 공유(김미숙 미래한국 기자).
행정안전부, 주민 참여로 추진된 '시민안전' 성과 공유(미래한국 Weekly).
행정안전부(2020). 제4차 국가안전관리기본계획(2020~2024).
화성시청 재난안전과 공고문(2023.10).

제8장

기업재난관리

◆관련 자료◆

재해경감을 위한 기업의 자율활동 지원에 관한 법률(약칭: 기업재해경감법)
https://www.law.go.kr/lsSc.do?menuId=1&subMenuId=15&query=%EC%9E%AC%ED%95%B4%EA%B2%BD%EA%B0%90%EC%9D%84%20%EC%9C%84%ED%95%9C%20%EA%B8%B0%EC%97%85%EC%9D%98%20%EC%9E%90%EC%9C%A8%ED%99%9C%EB%8F%99%20%EC%A7%80%EC%9B%90%EC%97%90%20%EA%B4%80%ED%95%9C%20%EB%B2%95%EB%A5%A0&dt=20201211#undefined

출처: 법제처

제1절 기업재난관리의 배경 및 필요성

오늘날 기업이 직면하는 위협은 다양하고 복합적이다. 자연재난, 인적재난, 사회재난 모두가 기업의 경영활동에 치명적인 영향을 미칠 수 있다. 특히 글로벌 공급망의 복잡화, 디지털 전환, 기후변화, 국제정세 불안 등의 이유로 인해 불확실성, 재난의 발생 가능성과 파급 효과는 과거보다 훨씬 커졌다.

재난 발생 시 기업은 막대한 재정적 손실, 시장 신뢰 상실, 법적 책임, 평판 하락 등 다양한 위험에 노출될 수 있다. 기업재난관리가 경영 현장에서 중요하게 다루어지게 된 배경에는 복합재난과 글로벌 리스크의 증가가 있다. 테러, 팬데믹, 사이버 공격, 공급망 장애와 같은 다양한 위험 요인이 기업 운영 전반에 심각한 영향을 미치고 있으며, 이러한 변화는 기존의 재난 대응 중심 접근만으로는 충분하지 않다는 인식을 확산시켰다. 이에 따라 사전적 준비와 회복탄력성 확보를 위한 체계적인 기업재난관리의 필요성은 더욱 강조되고 있다.

이를 반영하여 ISO(국제표준화기구, International Organization for Standardization)에서는 업무연속성관리의 국제적 통일 기준을 마련하기 위해 2012년 'ISO 22301' 표준을 제정해 다양한 조직들이 체계적이고 일관된 업무연속성관리체계를 구축·운영할 수 있는 기반을 제공하고 있다. 우리나라에서는 「재해경감을 위한 기업의 자율활동 지원에 관한 법률」을 제정·시행하고 있으며, 이에 근거한 「기업재난관리표준」을 마련해 기업들이 재해경감활동관리체계를 수립·운영할 수 있도록 지원하고 있다.

제2절 업무연속성관리의 개념과 정의

업무연속성관리(Business Continuity Management: BCM)란 조직이 재난, 사고, 장애, 중대한 운영 중단 상황에서도 핵심 업무를 지속할 수 있도록 준비하고, 효과적으로 대응하며, 정상 상태로 회복하기 위한 종합적이고 체계적인 관리 프로세스를 말한다.

BCM은 단순한 사고 대응이나 복구 활동을 넘어, 조직의 전략과 연계해 사전 예방적 활동, 계획적 대응 체계 구축, 조직 역량 향상까지 포괄하는 전사적 활동으로 발전하고 있다. 최근에는 BCM이 기업의 경쟁력 확보와 ESG(환경·사회·지배구조) 경영과도 밀접하게 연계되며, 이해관계자의 요구에 적극 대응하는 중요한 경영관리 영역으로 자리 잡고 있다.

1 ISO 22301의 정의

국제표준 ISO 22301: 2019 에서는 BCM을 다음과 같이 정의한다.

"Business continuity management is a holistic management process that identifies potential threats to an organization and the impacts to business operations those threats, if realized, might cause, and which provides a framework for building organizational resilience with the capability of an effective response that safeguards the interests of its key stakeholders, reputation, brand and value-creating activities."

우리말로 정리하면, 업무연속성관리는 조직에 영향을 미칠 수 있는 잠재적 위협을 식별하고, 해당 위협이 실현될 경우 기업 운영에 미치는 영향을 평가·관리함으로써 조직의 회복탄력성을 구축하고, 효과적인 대응 역량을 확보하는 종합적 관리 프로세스이다.

이를 통해 기업은 주요 이해관계자의 이익, 기업 평판과 브랜드, 가치창출 활동을 보호할 수 있게 되며, BCM이 단순한 복구 계획 수립 수준을 넘어, 전사적 관리 체계로서의 성격을 지니고 있음을 강조한다.

2 기업재난관리표준의 정의

한국에서는 「재해경감을 위한 기업의 자율활동 지원에 관한 법률」에 따라, 행정안전부 고시 「기업재난관리표준」(제2017-1호)를 통해 BCM과 유사한 개념을 다음과 같이 정의하고 있다.

'재해경감활동관리체계'는 "재해경감활동계획을 수립, 실행, 운영, 감시, 검토, 유지관리 및 개선하는 전반적인 경영시스템"이며, '재해경감활동'은 "재해경감활동관리체계를 통해 재해경감활동계획을 수립하고 이행하는 총체적인 관리 프로세스"이다. 덧붙여「기업재난관리표준」에서의 재해경감활동관리체계는 관련 국제표준에서 정의하고 있는 업무연속성관리체계(Business Continuity Management System: BCMS)와 위상이 동일하다고 명시하고 있다.

따라서 우리나라 기업재난관리표준은 ISO 22301의 BCMS 개념과 기본적으로 동일한 구조와 방향성을 갖고 있다. 다만, 국내에 법적·제도적 적용을 위하여 '재해경감활동관리체계'라는 용어를 사용하고 있으며, 상위 법인「재해경감을 위한 기업의 자율활동 지원에 관한 법률」의 법명에서 명시했듯이, 기업의 재해경감활동에 주도성과 자율성을 부여하고 정부 차원에서는 이를 지원한다는 방향성이 제시되고 있다.

❸ 업무연속성관리와 위기관리·재난관리와의 비교

업무연속성관리는 위기관리(crisis management) 또는 재난관리(disaster management)와 어느 정도 중복되는 개념과 범위를 갖고 있으나, 분명한 차이가 존재한다.

위기관리는 갑작스러운 위협이나 사고가 발생했을 때 조직이 신속하게 대응하고, 위기 상황을 통제하는 데 중점을 둔다. 이 과정에서는 즉각적인 결정, 대응 전략, 의사소통 및 책임체계의 수립이 핵심 요소로 작용한다. 재난관리는 주로 자연재해, 테러, 화재 등 외부의 충격적 사건으로 인한 피해를 예방·대비·대응·복구의 단계로 관리하며, 특히 재난으로 인한 물적·인적 피해를 최소화하는 데 목적을 둔다. 이에 반해, 업무연속성관리는 사고나 재난의 발생 여부와 무관하게 조직의 핵심 업무가 중단되지 않도록 하는 데 목표를 두며, 사전에 위험을 분석하고, 업무연속성 확보를 위한 전략과 계획을 수립하며, 조직 내 업무 프로세스 및 자원의 복구 계획까지 포함하는 좀 더 전략적이고 총괄적인 접근을 특징으로 한다. 즉, 단순한 사고 대응이나 피해 경감에 그치지 않고, 조직의 핵심 기능을 중단 없이 유지·복구할 수 있도록 설계된 관리체계이다(Supriadi & Pheng, 2018).

즉, 업무연속성관리는 단순 사고 대응이나 재난 피해 경감에 그치지 않고, 조직의 핵심 기능을 중단 없이 유지·복구하는 전략적 경영체계라는 점에서 전통적 위기관리·재난관리와 구별된다(한상용·홍보배, 2022).

정리하면, 업무연속성관리는 위기관리·재난관리 개념을 포괄하면서도, 경영 전략과 조직 회복탄력성(resilience) 확보를 중심으로 설계된 전사적 관리체계라고 할 수 있다.

관련 용어 정리

업무연속성관리(BCM)는 위기 상황에서 기업의 핵심 업무를 지속하기 위한 전략과 체계를 의미한다. 이와 구분하여 이해하여야 할 용어는 다음과 같다.

• **BCMS(Business Continuity Management System)**
업무연속성관리체계(BCMS)는 업무연속성관리(BCM)를 조직 내에 경영시스템으로 체계화한 것으로, BCM이 위기 대응 전략과 실행 활동 전체를 포괄한다면, BCMS는 이러한 활동이 정책, 절차, 점검, 개선 등 일관된 프로세스로 운영되도록 관리하는 통합적 시스템이다. ISO 22301과 ISO 22313은 업무연속성관리체계(BCMS)의 요구사항과 운영 가이드를 제시하고 있으며, 국내에서는 「기업재난관리표준」이 이러한 역할을 수행하는 국내 기준으로 자리하고 있다.

• **BCP(Business Continuity Plan)**
BCM이 경영시스템 전체를 포괄하는 관리체계라면, BCP는 실제로 위기 발생 시 실행하는 구체적인 계획서에 해당한다. 즉, BCP는 업무연속성관리의 실무적 실행계획이다.

• **ERG(Emergency Response Group)**
ERG는 비상상황 발생 시 즉각적으로 대응하는 조직 또는 팀을 의미한다. 주로 현장 대응, 인명 구조, 초기 피해 통제 등 긴급조치에 초점을 둔다.

• **COOP(Continuity of Operations Plan)**
COOP은 주로 공공기관에서 사용하는 용어로, 재난 발생 시 핵심 기능의 중단 없이 조직 운영을 지속하기 위한 계획을 말한다. 민간의 BCP와 유사하나, 공공 부문 특성에 맞춘 체계다. 한국에서는 「재난 및 안전관리 기본법」에서 '재난관리책임기관의 장 및 국회·법원·헌법재판소·중앙선거관리위원회의 행정사무를 처리하는 기관의 장은 재난상황에서 해당 기관의 핵심기능을 유지하는 데 필요한 계획(이하 "기능연속성계획"이라 한다)을 수립·시행하여야 한다'고 규정하고 있다.

- **ERM(Enterprise Risk Management)**
ERM은 '전사적 위험관리'로, BCM보다 상위 개념이라고 볼 수 있다. ERM은 기업이 직면할 수 있는 모든 위험을 식별·평가하고, 이에 대한 전략 수립부터 경영 의사결정까지 포괄한다. 예를 들어, BCM이 지진 등 특정 재해에 대비해 사업연속성을 확보하는 데 초점을 둔다면, ERM은 해당 지역의 사업 진출·철수 등 경영전략까지 포함하는 좀 더 광범위한 관리 영역이다.

제3절 업무연속성관리체계의 핵심 개념과 운영체계

1 BCMS의 기본 원칙과 구성요소

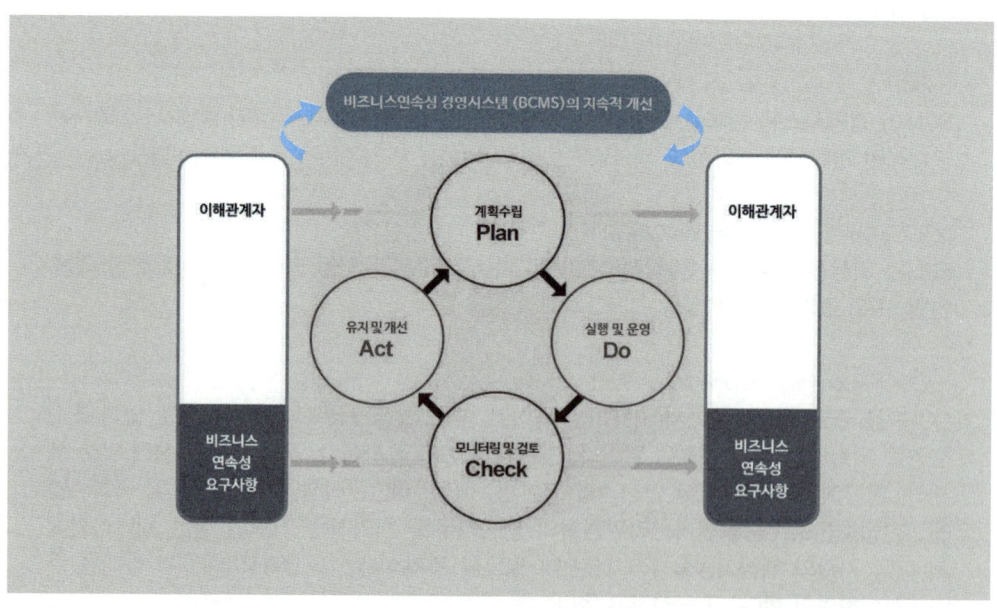

출처 : ISO 22313 재구성

[그림 8-1] BCMS의 구성요소

업무연속성관리체계(BCMS)는 재난에 대응하기 위해 사전에 계획을 수립하는 것을 넘어, 조직 전반의 경영 시스템의 관점에서 지속적인 개선과 관리를 목표로 한다. BCMS는 ISO 22301의 요구사항과 ISO 22313 가이드라인에 기반해 운영되며, PDCA 사이클(Plan-Do-Check-Act)에 따라 체계적인 프로세스를 구축·운영한다.

> **PDCA 사이클(Plan-Do-Check-Act)**
>
> PDCA 사이클은 업무연속성관리시스템(BCMS)의 구축과 운영 전반에서 기본 원칙으로 적용된다.
> 이 사이클은 다음과 같은 4단계로 구성된다.
> - Plan(계획): 조직의 환경을 분석하고, 업무영향분석(BIA)과 리스크 평가를 통해 요구사항과 목표를 설정한다. 이를 바탕으로 업무연속성 전략 및 계획을 수립한다.
> - Do(실행): 수립한 전략과 계획을 실제 조직 운영에 반영하고, 필요한 자원과 역할을 지정하여 업무연속성관리 체계를 실행한다. 교육과 훈련, 내부·외부 커뮤니케이션을 포함한 실행 활동이 이루어진다.
> - Check(검토): 업무연속성관리체계의 성과를 모니터링하고 측정하며, 감사와 검토를 통해 체계가 효과적으로 작동하는지 확인한다.
> - Act(개선): 검토 결과와 경험을 반영해 업무연속성관리체계를 지속적으로 개선하고, 변경사항을 체계적으로 관리한다.

이러한 PDCA 사이클을 통해 조직은 BCMS의 지속가능성과 효과성을 높이고 변화하는 환경에 유연하게 대응할 수 있다.

2 BCMS 내 BCM 활동 단계

업무연속성관리체계(BCMS)는 업무연속성관리(BCM)이 조직 내에서 일관되고 체계적으로 운영될 수 있도록 지원하는 경영시스템이다. BCMS에서는 조직의 핵심 업무 기능을 보호하고, 위기 상황에서도 업무를 지속할 수 있도록 하기 위한 BCM 활동이 체계적으로 구성된 절차에 따라 단계별로 추진된다.

이러한 활동은 다음과 같은 핵심 요소들로 구성된다.

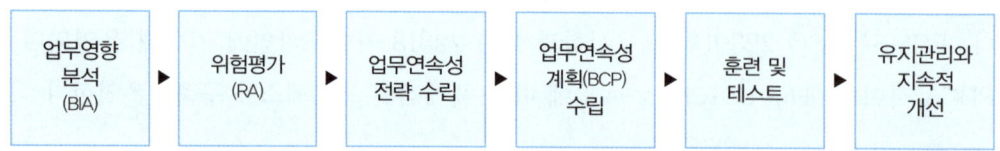

[그림 8-2] 업무연속성관리(BCM) 주요 활동 단계

① **업무영향분석**(Business Impact Analysis: BIA)

BIA는 조직의 핵심 업무와 프로세스를 식별하고, 각 업무가 중단될 경우 조직에 미치는 재무적, 운영적, 평판적, 법적 영향 등을 분석하는 절차이다.

- 주요 단계
  - 핵심 업무 및 지원 기능 식별
  - 각 업무 중단 시 영향 평가(재무, 운영, 고객, 법 등)
  - 복구 목표시간(RTO), 복구 목표지점(RPO) 등 우선순위 설정
  - 결과를 경영진에 보고하여 복구 우선순위 확정
- 목적: 제한된 자원 내에서 핵심 업무의 신속한 복구

② **위험평가**(Risk Assessment: RA)

RA는 조직이 직면할 수 있는 다양한 위협과 취약점을 식별하고, 각 위험의 발생 가능성과 영향을 평가하는 과정이다.

- 주요 단계
  - 위험평가의 범위 설정
  - 내·외부 위협 및 취약점 식별
  - 위험의 발생 가능성 및 영향도 평가
  - 위험 우선순위 결정 및 대응 전략 수립
- 목적: 잠재적 위협에 대한 대응책 마련 및 BCM 전략의 타당성 확보.

③ 업무연속성 전략 수립

BIA와 RA 결과를 바탕으로, 조직이 위기 상황에서도 핵심 업무를 지속할 수 있는 전략을 수립한다.
- 주요 내용
  - 대체 인력 · 설비 · 시스템 확보
  - 업무 프로세스의 재설계
  - 외부 협력사 및 공급망 관리 방안
  - 데이터 백업 및 복구 전략
- 목적: 실질적으로 실행이 가능한 연속성 확보 방안의 마련

④ 업무연속성계획(BCP) 수립

BCP는 위기 발생 시 조직이 따라야 할 구체적 실행계획이다.
- 주요 내용
  - 위기 대응 절차와 역할 · 책임 정의
  - 커뮤니케이션 플랜(내부 · 외부)
  - 대체 업무 장소, IT 복구, 비상연락망 등 구축
- 목적: 실제 위기 상황에서 신속하고 일관된 대응을 보장

⑤ 훈련 및 테스트

수립된 BCP와 복구 전략이 실제로 효과적으로 작동하는지 정기적으로 점검한다.
- 주요 활동
  - 모의훈련(테이블탑[table-top], 기능별[functional], 전사적[full-scale] 훈련)
  - 실제 상황과 유사한 테스트
  - 훈련 결과 분석 및 개선점 도출
- 목적: 계획의 실효성 검증, 역할 숙지, 개선사항 도출

⑥ 유지관리와 지속적 개선

BCM 및 BCP는 조직 변화와 환경 변화에 따라 정기적으로 점검 · 갱신되어야 한다.

- 주요 활동
  - 정기적 리뷰 및 업데이트
  - 변경관리(조직 구조, 인력, 시스템 변화 등 반영)
  - 문서화 및 배포, 관련자 교육
- 목적: 최신성·적합성 유지와 조직의 복원력(resilience) 강화

3 BCMS 구축의 기대 효과

업무연속성관리체계(BCMS)는 조직이 예기치 못한 재난이나 사고 상황에서도 핵심 업무 기능을 일정 수준 이상 유지하고, 가능한 빠르게 정상 상태로 회복할 수 있도록 하는 전략적 관리 체계이다(ISO 22301:2019)

BCMS가 구축된 조직과 그렇지 않은 조직 간에는 재난 발생 시 업무 역량 변화와 회복 과정에서 뚜렷한 차이가 발생하는데, 다음 [그림 8-3]을 통해 그 차이를 확인해 보도록 한다.

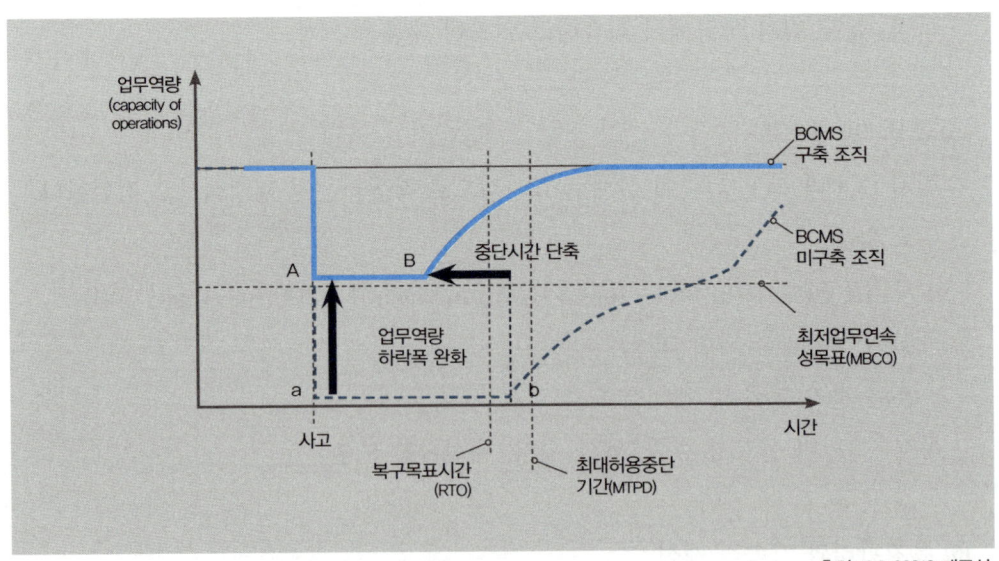

출처: ISO 22313 재구성.

[그림 8-3] 갑작스러운 중단 상황에서 BCMS의 효과

[그림 8-3]에서는 사고 발생 후 BCM 활동 여부에 따라 조직의 업무 역량이 어떤 차이가 있는지, 그리고 회복 속도에 어떤 영향을 주는지를 시각적으로 보여준다. 결론부터 요약하면, BCMS가 구축되지 않은 조직은 재난 발생 시 업무 역량이 급격히 하락하여 거의 중단 상태에 이르게 되는 반면, BCMS가 구축된 조직은 일정 수준의 업무연속성을 유지하면서 복구시간을 상당히 단축시키는 것을 확인할 수 있다.

그림의 각 구간을 설명하면 다음과 같다.

① 사고 발생 이전
- 사고 발생 전 두 조직 모두 정상적인 업무 역량을 유지하고 있다.

② 사고 발생 직후 — 업무수준 하락
- BCMS 미구축 조직(이하 '조직 가', 점선 곡선)은 사고 발생과 동시에 업무가 거의 전면 중단되며, 업무 역량이 완전중단에 가까운 상태(지점 a) 까지 급격히 하락한다.
- BCMS 구축 조직(이하 '조직 나', 실선 곡선)은 사고 발생 시에도 사전에 설정한 최저업무연속성목표(Minimum Business Continuity Objective: MBCO) 이상으로 업무 역량을 유지한다(지점 A). 이는 사전에 설정한 최저업무연속성목표(MBCO)를 기준으로 대응 전략을 수립하고 실행하기 때문이다.
- 사고 발생 시점부터 빠르게 복구 프로세스가 가동되어, 상대적으로 빠른 시점에서 업무 역량이 회복되기 시작하며, 핵심 업무 기능이 중단되지 않고 지속됨으로써 완전한 업무 중단 사태를 예방할 수 있다.

③ 업무 유지 단계
- '조직 가'는 낮은 수준에서 업무중단 상태가 지속된다.
- '조직 나'는 MBCO 이상의 업무 역량을 유지하면서 업무 연속성을 확보한다.

④ 회복 개시 시점
- '조직 가'는 상당한 시간이 경과한 후인 지점 b에서 점진적 회복을 시작한다. 시

간이 많이 경과한 뒤부터 점진적으로 회복이 시작되며, 정상 업무 수준으로 복구하는데 상당한 시간이 소요된다.
- 반면, '조직 나'는 사고 발생 직후부터 신속하게 복구 체계를 가동하면서, 지점 B부터 빠르게 회복을 시작한다.
- 이는 BCMS 구축 시 사전에 설정한 최대허용중단기간(Maximum Tolerable Period of Disruption: MTPD) 내에 복구 개시가 이루어지도록 관리하기 때문이다.

⑤ 회복 속도 및 복구 시간
- '조직 가'는 복구 개시가 늦고 복구 속도도 상대적으로 느려 정상 업무 복귀까지 더 많은 시간이 소요된다.
- 반면, '조직 나'는 복구목표시간(Recovery Time Objective: RTO) 내에 복구를 완료해 정상 수준으로의 회복이 상대적으로 빠르다.

요약하면, 앞의 [그림 8-3]은 다음과 같은 BCMS 구축의 실질적 효과를 보여준다.

> 사고 발생 시 업무수준 하락 폭 완화
> 최소 업무유지 수준 확보
> 회복 개시 시점의 앞당김
> 회복 속도의 향상
> 전체 복구 소요시간 단축

표를 통해서 BCMS의 급작스런 구축 조직과 미구축 조직 간의 차이를 정리하면 다음 〈표 8-1〉과 같다.

<표 8-1> BCMS 구축 조직과 미구축 조직의 차이

구분	BCMS 구축 조직	BCMS 미구축 조직
사고 발생 시 업무수준 하락 폭	하락 폭 완화 (최저업무연속성목표 MBCO 이상 유지)	급격한 하락, 업무 수준이 0에 근접
최소 유지 업무수준	MBCO 이상으로 업무 연속성 확보	업무 중단 상태 지속
회복 개시 시점	빠른 회복 개시 (MTPD 내)	회복 개시 지연 (장시간 업무 중단 지속 후 회복 시작)
회복 속도	빠른 회복, 계획된 복구 목표 내에 정상화 (RTO 관리)	느린 회복, 정상화까지 상당 시간 소요
전체 복구 소요시간	계획된 복구목표시간(RTO) 내 복구 달성	복구 지연, 복구시간 예측 어려움

한편, BCMS는 폭발, 화재, 지진 등과 같이 예고 없이 갑작스럽게 발생하는 중단뿐 아니라 팬데믹처럼 경고와 준비 기간이 있는 점진적 중단에서도 적용 가능하다. 다음 [그림 8-4]는 팬데믹과 같이 시간이 지남에 따라 점진적으로 악화되는 위기 상황에서 BCMS가 어떻게 효과적으로 작동하는지를 보여준다.

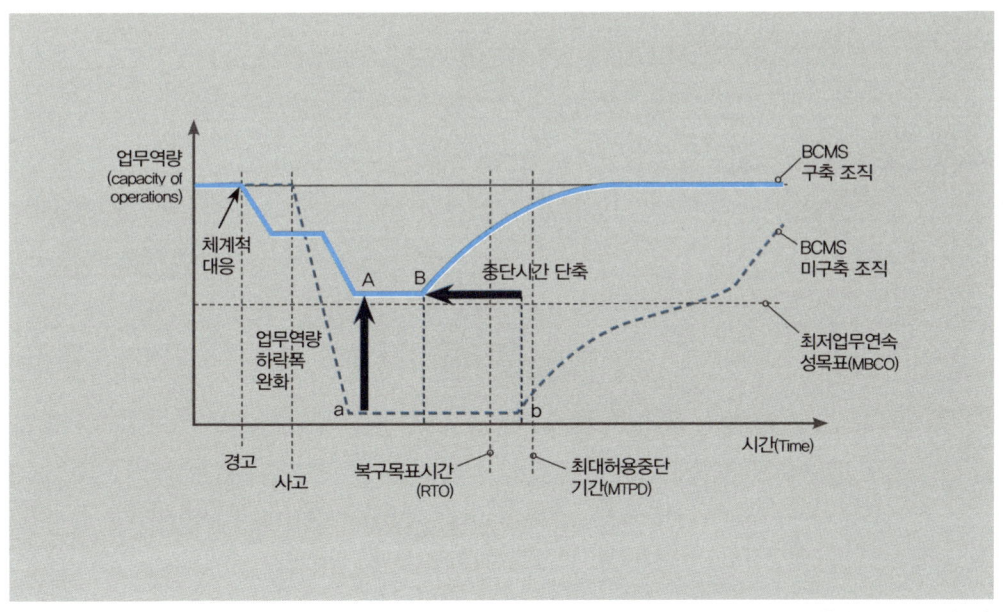

출처: ISO 22313 재구성.

[그림 8-4] 점진적 중단 상황에서 BCMS의 효과

이러한 점진적 중단 상황에서는 조직이 위기 신호를 조기에 감지하고, 단계적으로 대응 전략을 실행할 수 있는 여지가 상대적으로 더 많다. BCMS가 구축된 조직은 경고 신호가 나타나는 시점부터 자원을 재배치하고, 핵심 기능의 우선순위를 조정하며, 피해를 최소화할 수 있는 조치를 신속하게 취한다. 이로 인해 업무 중단의 충격이 완화되고, 복구까지 걸리는 시간도 단축된다.

이러한 특징은 앞의 [그림 8-3]에서 다루는 갑작스러운 중단 상황과는 위기의 진행 양상에서 차이가 있지만, 두 경우 모두 BCMS가 조직의 핵심 기능을 지키고 피해를 최소화하며, 신속한 복구를 가능하게 한다는 공통된 효과를 보인다. 즉, 위기 상황이 예고 없이 급격하게 발생하든, 점진적으로 악화되든, 업무연속성관리체계는 다양한 유형의 위기에 효과적으로 대응할 수 있는 기반을 제공한다.

결과적으로, BCMS는 단순히 사고 발생 후 빠르게 복구하는 계획을 넘어, 사고 발생 중에도 업무 연속성을 최대한 확보하고 조직의 회복력을 높이는 포괄적 관리체계임을 보여준다. BCMS 구축 시에는 이러한 효과가 실제로 발휘될 수 있도록 MBCO, MTPD, RTO 등 주요 목표 수치를 명확히 설정하고, 이를 기반으로 대응 전략을 수립·운영하는 것이 중요하다.

제4절 기업재난관리 관련 법적 기반

1 ISO 22301과 ISO 22313

ISO 22301은 조직이 재난이나 사고, 위기 상황에서도 핵심 업무가 지속적으로 운영될 수 있도록 하는 업무연속성관리체계(BCMS)에 관한 국제 표준으로, 2012년에 최초 제정되었으며 2019년에 개정되었다. 이 표준은 조직이 다양한 위기 상황에서도 핵심 업무와 서비스를 중단하지 않고 계속 제공할 수 있도록 계획 수립에서 실행, 점검, 개선까지의 전 과정을 포함하는 체계적인 관리체계를 구축하도록 요구한다. ISO 22301은 단순히 관리체계에 대한 가이드라인을 제공하는 것이 아니라, 조직이 실제로 그 기준을 잘 지키면 인증을 받을 수 있도록 요구조건을 명확히 제시하는 국제 표준이다.

ISO 22301의 구성을 간략히 설명하면 다음과 같다. 1장부터 3장까지는 표준의 목적, 적용 범위, 참고문서, 용어와 정의 등 전반적인 기본 사항과 해석의 기준을 제시한다. 이 부분은 실제로 경영시스템을 구축하거나 인증 심사를 받을 때 준수해야 하는 세부 항목이 아니라, 표준의 원리와 적용 대상을 명확히 하는 역할을 한다.

4장부터 10장까지는 각 단계별로 조직이 BCMS를 구축·운영하는 데 반드시 충족해야 하는 핵심 기준을 담고 있으며, 각 장은 계획(Plan), 실행(Do), 점검(Check), 개선(Act)의 PDCA 사이클을 바탕으로 구성되어 다음과 같은 주요 요구사항을 제시한다.

- 조직의 환경(context) 분석과 이해관계자 요구 파악
- 리더십(leadership) 확보 및 BCMS 방침 설정
- 계획(planning) 단계에서 업무영향분석(BIA), 리스크 평가, 업무연속성전략 수립
- 지원(support) 체계 구축(자원, 인식, 역량 개발, 커뮤니케이션 체계 등)
- 운영(operation) 단계에서 업무연속성계획(BCP) 수립 및 실행

- 성과 평가(performance evaluation)와 내부 감사·경영진 검토
- 지속적 개선(improvement) 활동 추진

ISO 22313은 ISO 22301의 요구사항을 실제 조직에서 어떻게 적용할지에 대한 구체적인 가이드라인을 제공하는 표준으로, ISO 22301의 구조를 그대로 따르며 각 조항별로 해설과 실무 적용 방법을 제시한다. 따라서 ISO 22313은 조직이 ISO 22301의 요구사항을 실제 운영에서 효과적으로 구현할 수 있도록 지원하는 보완적 성격의 표준이다.

2 「재해경감을 위한 기업의 자율활동 지원에 관한 법률」

1) 제정 배경 및 목적

「재해경감을 위한 기업의 자율활동 지원에 관한 법률」(약칭: 기업재해경감법)은 재난 발생 시 기업활동이 중단되지 않고 안정적으로 유지될 수 있도록, 기업의 재해경감 활동을 지원함으로써 국가의 재난관리 능력과 사회적 복원력을 높이기 위해 제정되었다. 이 법은 기업이 자율적으로 재해경감활동계획을 수립·이행하도록 유도하고, 국가와 지방자치단체가 이를 지원할 수 있는 제도적 기반을 마련하는 데 목적이 있다.

2) 구성 및 주요내용

기업재해경감법은 총 7장으로 구성되어 있으며, 기업의 재해경감활동을 체계적으로 지원하기 위한 제도적 기반을 마련하는 내용을 담고 있다. 주요 내용으로는 재난관리 표준, 재해경감 우수기업 인증 및 지원, 재해경감활동 기반 조성 등이 있다.

(1) 재난관리표준

행정안전부 장관은 기업이 재해경감활동계획을 수립할 수 있도록 재난관리표준을 작성·고시해야 하며, 변경이나 폐지 시에도 동일하다. 재난관리표준에는 재해경감활동 조직·체계 등의 구성에 관한 사항, 재해경감활동 관계 법령 준수·절차 및 이행에 관한 사항, 위험요소의 식별, 위험평가, 영향분석 등 재난 위험요소의 경감에 관한 사항, 자원관리 및 기업과 재해경감 관련 단체와의 협정에 관한 사항, 재해경감을 위한 전략계획, 경감계획, 사업연속성확보계획, 대응계획 및 복구계획의 수립에 관한 사항, 재해경감활동과 관련된 지시·통제·협의조정 등 비상시 의사소통 및 상황전파 체계에 관한 사항, 교육·훈련을 통한 자체평가 및 개선에 관한 사항이 포함되어야 한다.

(2) 재해경감 우수기업 인증 제도

재해경감 우수기업으로 인증 받고자 하는 기업은 행정안전부 장관에게 우수기업 인증을 신청할 수 있다. 행정안전부는 대통령령으로 정하는 기준에 따라 평가를 실시하고, 우수기업으로 인증된 기업에 인증서를 발급할 수 있다. 인증 유효기간은 인증일로부터 3년이며, 주요 사항이 변경된 때에는 인증 만료 전이라도 새로 평가를 받아야 한다. 우수기업 인증서를 발급한 경우 인증 명칭 및 상호, 대표자 성명 등을 행정안전부 인터넷 홈페이지에 공고한다. 그 외 인증대행기관의 지정 기준 및 절차, 대행기관의 업무, 대행기관의 지정 취소 사유 등에 대하여 규정하고 있다.

(3) 전문인력 및 교육훈련

행정안전부 장관은 기업의 재해경감활동계획 수립과 이행을 지원하기 위해 재해경감활동 전문인력을 육성하고, 전문교육과정을 운영한다. 교육을 이수하고 행정안전부 장관이 실시하는 시험에 합격한 자는 기업재난관리사를 받을 수 있다. 그 외 기업재난관리사 직무교육, 자격인증시험, 교육경비 감면 등에 관한 사항을 규정하고 있다.

(4) 재해경감활동계획 수립 대행제도

기업은 필요시 재해경감활동계획 수립을 대행자에게 의뢰할 수 있다. 대행자는 기업재난관리사 등 전문기술인력 보유, 업무실적, 기술력 등 등록요건을 갖추고 행정안전부에 등록해야 한다. 그 외 업무 대행비용, 결격사유, 등록취소 및 영업정지 등의 사항이 규정되어 있다.

(5) 우수기업에 대한 지원

우수기업으로 인증 받은 기업은 보험료 할인, 세제지원, 자금지원 우대, 재해경감 설비자금 등 다양한 정책적·재정적 지원을 받을 수 있다. 국가와 지방자치단체는 우수기업의 재해경감활동 촉진을 위해 공공기관 자금지원 및 입찰 참여 시 가산점 부여 등 실질적인 혜택을 제공하며, 중소기업에 대해서는 신용보증기금, 기술보증기금 등에서 우대 보증제도를 운영하도록 하고 있다. 또한, 우수기업은 공공기관이 공급하는 공장용지, 지식산업센터, 중소기업종합지원센터 등에 입주할 때 우선 지원을 받을 수 있다.

(6) 재해경감활동 기반조성

행정안전부 장관은 기업의 재해경감활동 촉진을 위해 연구개발사업을 추진하고, 관련 기관이나 단체가 연구개발을 수행할 수 있도록 지원한다. 또한, 재해경감활동에 필요한 정보와 기술, 우수사례, 통계자료 등을 수집하여 기업 및 관련 단체에 제공·보급하며, 교육 및 훈련도 지원한다. 국가와 지방자치단체는 우수기업이 농공단지, 공장용지, 지식산업센터, 중소기업종합지원센터 등에 입주할 때 우선 지원할 수 있으며, 기업은 재해경감활동에 필요한 비용을 이익의 일부로 충당할 수도 있다.

기업의 재해경감활동에 관한 연구 및 정보교류의 활성화와 기업의 재해경감활동 능력 증진을 위하여 기업 재해경감협회를 설립할 수 있는데, 협회는 재해경감활동에 관한 전문교육과정 운영 및 홍보, 자료 조사·분석 및 평가, 간행물 발간, 관련 산업의 육성·지원, 국제교류협력사업 등 다양한 업무를 수행한다.

③ 기업재난관리표준

1) 기업재난관리표준의 개요

기업재난관리표준은 「재해경감을 위한 기업의 자율활동 지원에 관한 법률」 제5조에 근거해, 기업이 재해경감활동계획을 수립하고, 이를 체계적으로 관리·운영·개선할 수 있도록 표준화된 절차와 원칙을 제시하는 행정안전부 고시다. 이 표준은 재난 발생 시 기업 활동이 중단되지 않고 안정적으로 유지되도록 하며, 2차 피해를 방지하고 국민의 생명과 재산 보호에 기여하는 것을 목적으로 한다.

(1) 정의 및 목적

기업재난관리표준은 기업이 재해경감활동관리체계(BCMS)를 구축·운영·개선하는 데 필요한 전 과정을 표준화한다. 여기에는 계획 수립, 실행, 교육훈련, 감시 및 검토, 유지관리, 지속적 개선이 모두 포함된다.

(2) 재해경감활동관리체계 모델 및 구성체계

이 표준은 국제표준(ISO 22301, ISO 22313 등)과 마찬가지로 PDCA(Plan-Do-Check-Act) 모델을 적용한다.

〈표 8-2〉 PDCA의 주요 내용

구분	주요 내용
Plan (계획수립)	기업의 정책 및 목표, 이해관계자의 요구사항에 따라 결과를 도출하는데 필요한 재해경감활동 목표 및 프로세스의 절차 수립
Do (운영 및 실행)	재해경감활동 목표 및 프로세스 절차의 실행
Check (감시 및 검토)	재해경감활동 정책 및 목표의 성과를 평가하고 검토하여 관리자에게 시정 및 개선 활동사항을 결정하도록 권한 위임
Act (유지관리 및 개선)	관리자 검토, 재해경감활동관리체계의 범위, 정책 및 목표에 대한 재검토와 시정조치를 통한 지속적인 개선

출처 : 기업재난관리표준을 재구성.

구성체계는 개요, 용어의 정의, 관리계획, 목표달성계획, 운영 및 실행, 교육 및 훈련, 수행평가, 개선 등으로 이루어지며 PDCA 구분과 ISO 22301과의 비교는 다음 〈표 8-3〉과 같다.

〈표 8-3〉 PDCA 모델에 따른 기업재난관리표준과 ISO 22301 구성체계

구분	PDCA	주요내용	ISO 22301 비교
1절 개요	-	계획 수립에 관한 일반적인 사항	1. Scope 2. Normative references 3. Terms and definitions
2절 용어의 정의	-	용어에 대한 설명	
3절 재해경감활동 관리계획	Plan	재해경감활동관리체계 기획을 위한 기업 경영현황 분석, 요구사항 및 범위, 최고 경영진 및 관리자의 역할, 운영 지원 등에 대한 사항	4. Context of the organization 5. Leadership 6. Planning 7. Support
4절 목표달성계획 수립	Plan	재해경감관리체계의 목표 및 목표달성 계획 수립 등에 대한 사항	
5절 운영 및 실행	Do	재해경감활동 실행 과정으로서 업무영향분석 및 리스크 평가, 사업연속성 전략 수립, 재해경감활동 절차 수립 및 실행 등에 대한 사항	8. Operation
6절 교육 및 훈련	Do	재해경감활동관리체계를 효과적으로 실행하기 위한 교육프로그램 개발, 운영 및 연습에 관한 사항	
7절 수행평가	Check	재해경감활동관리체계 수행평가와 유효성 검증을 위한 절차와 프로세스	9. Performance evaluation
8절 개선	Act	감사 및 검토를 통해 시정사항을 식별하고 지속적인 개선을 위한 요구사항	10. Improvement

출처: 기업재난관리표준과 ISO 22301을 재구성.

(3) 적용범위 및 법적 근거

기업재난관리표준은 재난의 예방, 대비, 대응, 복구 등 모든 단계에서 계획, 실행, 평가, 개선에 필요한 관리체계를 규정하며, 「재해경감을 위한 기업의 자율활동 지원에 관한 법률」이 적용되는 모든 기업에 적용된다.

또한 기업의 특성에 따라 재난의 범주에 포함되지 아니하는 업무중단 사고의 경우에도 준용할 수 있다

(4) 다른 규정과의 관계 및 참고규범

이 표준은 기업 재해경감활동계획 수립 시 우선적으로 적용되며 ISO 22301, ISO 22313, BS 25999, NFPA 1600 등 국제표준의 구조와 방향을 같이 한다.

2) 용어 및 정의

기업재난관리표준에서 정의하는 주요 용어는 다음과 같다.

- 재해경감활동관리체계: 재해경감활동계획을 수립, 실행, 운영, 감시, 검토, 유지관리 및 개선하는 전반적인 경영시스템.
- 기업재난관리표준에서의 기업 재해경감활동관리체계는 관련 국제표준에서 정의하고 있는 업무연속성관리체계(BCMS)와 위상이 동일함
- 재해경감활동계획: 기업의 잠재적 위협 및 위협 발생 시(재난 등) 업무 운영에 미치는 영향을 식별하고, 주요 이해관계자의 이익, 명성, 브랜드(brand)와 가치창조 활동 보호를 위해 효과적인 조직의 탄력성 구축 체제를 제공하기 위해 수립하는 전략계획, 경감계획, 사업연속성확보계획, 대응계획 및 복구계획 등
- 재해경감활동: 재해경감활동관리체계를 통해 재해경감활동계획을 수립하고 이행하는 총체적인 관리 프로세스
- 사업연속성확보계획(Business Continuity Plan: BCP): 재난(또는 업무중단 사고) 발생 시 사전 합의되고 수용 가능한 수준으로 핵심 업무를 재개하기 위해 개발, 편집 및 유지관리 되어야 하는 즉시 사용 가능한 문서화된 절차와 정보의 집합
- 사업연속성 전략(Business Continuity Strategy: BCS): 업무 중단으로부터 업무를 임시적으로 재개 또는 복구하기 위해 필수 자원을 조달하여 기능을 회복하기 위한 방안
- 업무영향분석(Business Impact Analysis: BIA): 업무 중단이 발생하였을 때 조직에 미치는 시간에 따른 파급 영향과 허용 한계를 분석하기 위한 활동
- 리스크 평가(RA): 리스크를 식별, 분석 및 평가하고 처리 방법을 도출하는 활동
- 최대허용중단기간(Maximum Tolerable Period of Disruption: MTPD): 제품 및 서

비스를 제공하지 않거나 또는 활동을 수행하지 아니하는 결과로 발생할 수 있는 악영향이 조직으로 하여금 수용 불가한 상태가 되기까지 소요되는 시간
- 복구목표시간(Recovery Time Objective: RTO): 재난(또는 업무중단 사고) 발생 이후 제품 및 서비스 또는 활동 제공을 재개하기 위해 설정하는 목표 시간
- 최저업무연속성목표(Minimum Business Continuity Objective: MBCO): 조직 활동 중단 이후 업무 목표를 달성함에 있어 조직과 이해관계자에게 허용된 제품과 서비스에 대한 정량화된 최저 수준
- 핵심 업무(critical activity): 주요 제품 및 서비스 제공을 위해 필수적으로 수행되는 활동 가운데 중단 시간에 민감한 정도를 기준으로 가장 시급한 업무

이 밖에도 감시, 내부감사, 시정조치, 연습, 이해관계자, 자원, 중단(disruption), 지속적 개선 등 다양한 용어가 표준 내에서 정의되어 있다.

3) 재해경감활동관리체계 기획

기업은 내·외부 경영현황 분석을 통해 조직의 목표와 재해경감활동관리체계의 성과에 영향을 미치는 이슈를 파악하고, 이를 체계 구축과 운영에 반영해야 한다. 더불어 이해관계자 및 법적·제도적 요구사항을 식별하고 문서화하며, 리스크와 기회를 체계적으로 관리한다.

기업은 경영현황 분석, 이해관계자 요구, 리스크 성향, 준비상태(성숙도) 등을 고려해 관리체계의 범위를 설정한다. 최고관리자는 정책 수립, 목표 설정, 역할·책임 부여, 조직체계 구성 등 리더십을 발휘해 재해경감활동관리체계가 조직의 전략적 방향에 부합하는지 확인하며, 기업활동에 대한 재해경감활동관리체계 요구사항을 수집하여 이를 체계적으로 이행한다.

4) 목표달성계획 수립

최고관리자는 재해경감활동관리체계의 목표를 수립할 때 정책과 일관성을 유지하

고, 조직이 수용 가능한 제품 및 서비스의 최소수준을 고려하여 측정 가능하고 지속적 검토가 가능하도록 설정한다. 이 목표는 재해경감활동관리체계 범위 내 모든 조직원에게 명확히 전달되어야 한다. 기업은 수립된 목표를 달성하기 위해 책임자, 수행내용, 필요 자원, 완료 시기, 결과 평가방법 등을 포함하는 목표달성 계획을 마련한다. 이 계획을 통해 각 담당자의 역할과 책임이 명확해지고, 목표 이행 과정과 결과를 체계적으로 관리할 수 있다.

5) 운영 및 실행

기업은 리스크와 기회에 대응하고 이해관계자 요구사항을 충족하기 위해 각 프로세스별 기준을 수립하고, 기준에 따라 프로세스를 제어하며, 계획에 따라 수행된 내용을 문서화해 관리한다. 계약 또는 아웃소싱에 따른 활동도 체계적으로 관리한다.

업무영향분석(BIA)과 리스크 평가(RA)를 통해 핵심 업무와 중단 시 영향, 복구 목표를 체계적으로 도출한다. 업무영향분석에서는 최저업무연속성목표(MBCO), 최대허용중단기간(MTPD), 복구목표시간(RTO) 등을 결정하며, 리스크 평가에서는 사회재난·자연재난·기술적 장애 등 위험요인을 식별·분석한다. 이러한 분석 결과를 바탕으로 사업연속성 전략을 수립하고, 인력, 설비, ICT 시스템 등 필요한 자원을 확보한다. 경감계획을 통해 중단 리스크의 발생 가능성 축소, 중단 기능 단축, 주요 제품 및 서비스의 중단 영향 최소화 방안을 마련한다.

재해경감활동 절차 및 계획 수립·실행 단계에서는 내·외부 의사소통 방침, 즉각적 조치, 유연한 대응 등 다양한 조건을 고려하여 문서화한다. 재난(또는 업무중단 사고) 발생 시에는 비상대응조직, 위기관리조직, 사업재개조직 등 단계별 대응조직을 통해 신속하게 대응한다.

대응 및 사업연속성확보계획은 역할·책임, 가동 프로세스, 안전 및 복지, 의사소통방법, 우선순위 활동 지속·복구 등을 포함하여 문서화한다. 복구계획에서는 한시적 조치부터 일상 업무로의 회복까지 시간흐름에 따른 조치사항을 정한다.

이처럼, 기업은 업무영향분석, 리스크 평가, 전략 수립, 자원 확보, 경감계획, 복구계획, 대응조직 등 재해경감활동관리체계의 운영 및 실행을 체계적으로 수행한다.

6) 교육 및 훈련

기업은 재해경감활동관리체계의 효과적 실행과 임직원의 수행역량 강화를 위해 기업재난관리표준에 따라 교육프로그램을 개발·운영한다. 교육프로그램에는 재해경감활동관리체계에 필요한 사항이 반영되며, 관련 내용은 문서화하여 보유한다.

또한, 기업은 재해경감활동 절차 및 계획이 목표와 일치하는지 검증하고 효과적으로 실행할 수 있도록 연습 및 훈련을 정기적으로 실시한다. 연습 및 훈련은 시나리오 기반 연습, 실전 모의훈련 등 다양한 방식으로 이루어지며 연습 후 개선사항은 즉시 반영한다.

7) 수행평가

기업은 재해경감활동관리체계의 성과와 효율성을 모니터링, 측정, 분석, 평가하며, 부적합 사항이 발생할 경우 신속히 조치하고 그 근거를 문서화한다. 내부감사를 통해 관리체계가 요구와 표준에 부합하는지 확인하고, 감사 결과는 경영진에 보고해 시정 및 개선이 이루어지도록 한다. 경영진은 주기적으로 재해경감활동관리체계의 적합성과 효율성을 검토하며, 정책·목표·절차의 지속적 개선을 도모한다. 평가 결과와 개선활동은 문서화되어 관리되고, 필요 시 이해관계자에게 공개된다.

8) 개선

기업은 재해경감활동관리체계에서 부적합 사항을 발견하면 원인을 파악하고, 시정조치를 통해 부적합의 재발을 방지한다. 정책, 목표, 감사결과, 시정조치, 경영진 검토, 훈련 결과 등을 바탕으로 재해경감활동관리체계의 적합성, 적절성, 유효성을 지속적으로 개선하며, 연 1회 이상 전반적 개선을 실시한다.

9) 기업재난관리표준의 특징과 국제표준과의 비교

기업재난관리표준은 ISO 22301 등 국제표준의 PDCA 모델과 구조를 반영하면서도, 국내 기업 환경과 법적 요구에 맞춘 실무적 기준을 제공한다. 특히, 재난의 예방·대비·대응·복구 전 단계에 걸친 통합적 관리체계를 강조하며, 사회재난·자연재난뿐 아니라 정보통신 장애, 전력공급 중단 등 모든 업무중단사고까지 포괄한다. 국제표준과의 연계성을 유지하면서도, 국내 기업의 자율적 재해경감활동을 촉진할 수 있는 실질적 지침을 제공하는 것이 특징이다.

기업재난관리표준은 2016년 7월 1일을 기준으로 매 3년이 되는 시점마다 그 타당성을 검토해 개선 등의 조치를 해야 한다고 규정하고 있다. 하지만 이 표준에서 가장 크게 참고하고 있는 ISO 22301이 2019년 개정되었으므로 국제표준을 수용하면서 국내법과 제도에 적합한 기업재난관리표준의 개정이 요구된다(이영준·정종수, 2024).

제5절 결론

기업재난관리는 기업이 예기치 못한 재난·사고 상황에서도 핵심 업무를 지속하고, 조직의 회복탄력성을 높이기 위한 전략적 관리 활동으로 자리매김하고 있다. 업무연속성관리(BCM)를 기반으로 한 업무연속성관리체계(BCMS)는 이러한 목표 달성을 위한 핵심적 수단이며, 국제표준(ISO 22301)과 국내 제도(기업재난관리표준)를 통해 체계화되고 있다.

우리나라에서는 「재해경감을 위한 기업의 자율활동 지원에 관한 법률」과 「기업재난관리표준」을 통해 기업의 자율적 재해경감활동을 지원하고 있으며, 법적 기반과 표준의 정합성을 통해 글로벌 기준과 국내 기업 환경에 모두 적합한 관리체계를 구현하고 있다.

향후 ESG 경영 이념 확산, 공급망 리스크 증가, 기후위기 등의 변화에 대응하기 위해 기업재난관리는 더욱 중요한 경영과제로 부각될 것이다. 이에 따라 국내 기업들도 국제표준 변화에 적극적으로 대응하며, 실효성 있는 업무연속성관리체계 구축과 지속적 개선 노력을 강화해야 할 것이다.

참고 문헌

법제처. 재해경감을 위한 기업의 자율활동 지원에 관한 법률(법률 제17894호, 2021.01.12. 일부개정). 국가법령정보센터.
이영준·정종수(2024). 재해경감활동관리체계(K-BCMS) 활성화를 위한 기업재난관리표준 개선 방안 연구. 「한국재난정보학회논문집」, 20(3): 714-721.
임현우·유지선(2024). 『재난관리론 1 이론과 실제』(제3판). 박영사.
조해성·황신희·심정훈·이정륜·노정수·이상수·조규생 외(2013). 공공기관 기능연속성 계획 국내 도입방안 연구. 서울: 소방방재청.
한상용·홍보배(2022). 중소기업 위험관리에 대한 연구: 사업연속성계획(BCP) 중심. 보험연구원.
행정안전부(2017). 기업재난관리표준(행정안전부고시 제2017-1호, 2017.07.26. 제정). 국가법령정보센터.

International Organization for Standardization. (2019). Security and resilience — Business continuity management systems — Requirements(ISO Standard No. 22301:2019).
International Organization for Standardization. (2020). Security and resilience — Business continuity management systems — Guidance on the use of ISO 22301(ISO Standard No. 22313:2020).
Ready. gov. (n.d.). Morgan Stanley Case Study. U.S. Department of Homeland Security. Retrieved from (https://www.ready.gov/sites/default/files/2020-04/business_morgan-stanley-case-study.pdf).
Supriadi, L. S. R. & Sui Pheng, L. (2018). Business Continuity Management(BCM). In *Business Continuity Management in Construction. Management in the Built Environment*. Springer, Singapore(https://doi.org/10.1007/978-981-10-5487-7_3).

제9장

외국의 재난관리

◆영상 자료◆

[프리한19] 인간의 무력함을 깨닫게 되는 자연의 위력 ···
세계 재난 모음
https://www.youtube.com/watch?v=EHUNObAy4XY

출처: 디글

제1절 국제협력

    과거 국제사회의 재난관리는 주로 지진, 홍수, 태풍과 같은 자연재난에 대한 대응 중심으로 전개되었다. 냉전 종식 무렵까지는 각국 적십자사와 정부 간 지원, 유엔 산하 제한적 기구 등을 통한 사후 구호가 주된 방식이었다. 그러나 1990년대에 접어들면서 내전과 기근, 대규모 이주 등 복합 재난이나 사회적 재난(인위적 사고나 전염병 등)의 빈도가 높아졌다. 이에 따라 국제협력(International Cooperation)의 초점도 단순 구호에서 사전 위험경감과 종합적 대응으로 확대되었다. 예를 들어, 유엔은 1989년 결의로 1990년대를 "국제 자연재해 경감 10년(International Decade for Natural Disaster Reduction: IDNDR:)"으로 선포해 재난 예방에 대한 국제적 노력을 촉구했다(ISNDR, 1989). 이는 과거의 사후대응 위주 관행에서 벗어나 과학기술과 국제공조를 통해 재난 피해를 줄일 수 있다는 인식에 기반한 것이었다(UN GA, 1989).

복합재난에 대응하기 위한 국제 체계도 이 시기에 정비되었다. 1991년 유엔 총회는 대량난민 사태, 기근 등 복잡한 인도주의 위기에 대응하고 자연재해 구호를 조정하기 위해 유엔 인도주의업무조정국(UNOCHA)을 신설했다. 이는 1970년대부터 존재하던 유엔 재해구호조정실(UNDRO)을 계승한 것으로, 복합적인 긴급사태(complex emergencies)에 대한 국제 대응 역량을 강화한 조치였다(UN GA, 1991). 이후 유엔은 인도주의 조정 회의(IASC)를 통해 국제 NGO들과 파트너십을 제도화하고, 2005년에는 이른바 클러스터 접근 방식을 도입해 대규모 재난 시 부문별 주도기관을 지정함으로써 좀 더 체계적인 다자 대응이 이루어지도록 했다.

21세기에 들어서는 기후변화로 인한 재난 양상의 악화와 글로벌화, 도시화에 따른 취약성 증가로 국제협력의 중요성이 한층 부각되었다. 세계기상기구(WMO)의 보고에 따르면, 지난 50년 간 전세계 기상 관련 재난 발생 건수는 기후변화와 극한기상 증가로 5배 이상 늘어났다. 반면 조기경보 시스템과 예방투자 발전으로 같은 기간 재난 사망자는 오히려 3분의 1 수준으로 감소했다. 이는 국제사회의 협력을 통한 조기경보 및 대비체계 강화가 인명 피해 경감에 크게 기여한 것으로 평가된다(WMO, 2021).

동시에 재난으로 인한 경제적 손실과 이재민 수는 여전히 막대해, 특히 기후위기에 취약한 개발도상국이 살아남기 위해서는 선진국의 지원을 포함한 국제협력이 필수적이라는 지적이 제기되고 있다(UNDRR, 2023).

제2절 유엔 재난위험경감사무국

유엔 재난위험경감사무국(United Nations Office for Disaster Risk Reduction: UNDRR)은 전세계적인 재난 위험 경감 전략을 주도하는 핵심 기구로서, 국제적 예방 협력의 중심에 있다. UNDRR의 전신은 1999년 설립된 유엔 국제재난경감전략(ISDR)사무국(당시 UNISDR)으로, 앞서 언급한 IDNDR(International Decade for Natural Disaster Reduction)의 성과를 계승·발전시키기 위해 만들어졌다.

2005년 고베에서 열린 세계재해경감회의에서 채택된 "Hyogo Framework for Action 2005-2015(효고 행동계획)"는 UNISDR 주도로 수립된 최초의 종합적 재난위험경감 국제 청사진이었다. 효고 프레임워크는 "국가와 지역사회 복원력 구축"을 목표로 각국에 재난위험경감을 위한 제도정비, 대비훈련, 조기경보 강화 등을 권고했으며(UNISDR, 2005), 10년 간의 글로벌 노력의 토대가 되었다.

2015년 일본 센다이에서 열린 제3차 유엔 세계재해위험경감회의에서는 후속 협약으로 센다이 재해위험경감 프레임워크 2015-2030이 만장일치로 채택되었다(UN, 2015). 센다이 프레임워크는 전임 효고 프레임워크의 한계를 보완해, 특히 적용 범위를 대폭 확대한 점이 특징적이다.

즉, 전통적인 자연재해뿐만 아니라 생물학적 위험(전염병 등), 기술적 재난(산업사고 등) 및 환경 위험까지 모든 재난을 포괄하는 다위험 접근을 공식화했다. 이를 통해 각국이 보건 위기나 기술재해까지 아우르는 포괄적 재난관리 정책을 수립하도록 유도했는 데, 불과 몇 년 뒤 발생한 코로나19 팬데믹은 이러한 선견지명의 중요성을 여실히 입증했다. 센다이 프레임워크는 또 보건 분야를 재난관리의 중심에 위치시켰는데, 보건 이슈 언급이 이전 협약(효고)에서 3회에 불과했는 데, 센다이 문서에는 38회나 등장할 만큼 공중보건과 재난위험경감을 긴밀히 연계시켰다(Murray, 2020). 그 결과 세계보건기구(WHO)의 국제보건규약(IHR 2005) 등과도 조화를 이루며, 건강한 회복(build back better with health)등 재난 이후 보건회복까지 고려한 전략들이 강조됐다.

유엔 재난위험경감사무국(UNDRR)은 이러한 글로벌 협약들의 이행을 지원·감시하고 각국 정부, 지역기구, 민간사회와 협력해 재난위험경감 정책을 촉진하는 역할을 맡고 있다. 구체적으로는 매 2년마다 글로벌 플랫폼 회의를 개최해 각계 이해관계자가 모여 경험을 공유하고 진전을 점검하도록 하고, Words into Action 가이드라인과 같은 실무 지침을 발간해 정책 실행을 뒷받침한다.

또한 Prevention Web 등의 지식 플랫폼과 세계재난손실데이터베이스를 운영해 데이터와 정보를 집적·공유함으로써 증거기반 정책을 지원한다. UNDRR의 활동은 초기에는 자연재해 위험경감 중심이었지만, 최근에는 기후변화 적응과 통합된 재난 위험관리, 복합위험 분석 등에 초점을 맞추어 진화하고 있다.

2020년에는 UNDRR이 국제학술기구와 협력해 재해위험의 범주와 정의를 재정립하는 작업을 추진, 각종 인위적 위험과 복합위험(cascading risk)에 대한 과학적 이해를 높이는 한편, 코로나19 경험을 바탕으로 보건 비상사태와 재난관리의 연계 전략을 각국에 권고하기도 했다. 이렇듯 UNDRR은 국제협력이 사후 대응에서 사전 위험관리와 회복력 구축으로 패러다임이 전환되는 데 핵심적인 촉매 역할을 수행해 왔다.

제3절 센다이 재해위험경감 프레임워크

센다이 재해위험경감 프레임워크(Sendai Framework for Disaster Risk Reduction 2015-2030: SFDRR)는 2015년 3월 일본 센다이에서 개최된 제3차 UN 세계재해경감회의에서 채택된 국제 정책 틀로서, 2005년부터 2015년까지 시행된 효고 행동계획(HFA)을 계승한 것이다(UNDRR, 2015). 이 프레임워크의 제정 배경에는 2000년대 이후 대규모 재해의 연속적인 발생과 기후변화로 인한 위험 증가 등이 있었다.

2010년 아이티 지진, 2011년 일본 동북대지진·쓰나미와 같은 대형 재난은 국제사회에 재난 위험경감(DRR)을 좀 더 적극적으로 추진할 필요성을 일깨웠다. 또한 효고 행동계획(HFA) 기간 동안 일부 진전은 있었으나, 재해로 인한 피해가 여전히 막대하고 리스크요인을 충분히 억제하지 못했다는 평가가 나왔다. 이에 따라 2015년 만료된 효고 행동계획(HFA)를 대체하면서 더욱 발전된 전략이 요구되었고, 마침내 새로운 15년간의 청사진으로 센다이 프레임워크가 수립되었다(UNDRR, 2015).

센다이 프레임워크는 정책적 전환점으로서 중요한 의의를 지닌다. 우선 재난관리의 패러다임 전환이 이루어졌는데, 과거의 사후 대응 중심에서 사전적 위험관리로 초점이 이동했다. 이는 재해 그 자체를 관리하는 것에서 한발 더 나아가, 재해의 위험을 사전에 파악하고 줄이는 것을 중시한다는 의미이다(UNDRR, 2015).

예컨대 프레임워크에서는 위험의 구성요소인 취약성, 노출, 위험원 등을 종합적으로 이해하고 관리하도록 강조해, "재난을 관리하기보다 위험을 관리한다"는 접근으로 전환했다. 또한 적용 범위를 넓혀 대규모·소규모 및 빈발·희소 재난뿐만 아니라 자연재해와 더불어 인적 요인에 의한 재난, 생물학적 위험(예: 감염병 팬데믹)까지 포괄함으로써 현대 사회의 다양한 위험요인에 대응하는 포괄적 틀을 마련했다(UNDRR, 2015).

이처럼 센다이 프레임워크는 재난위험경감을 지속가능발전 의제와 긴밀히 연계된 핵심 의제로 격상시켰으며, 2015년 채택된 지속가능발전목표(SDGs)와 파리기후협정 등과 함께 포스트-2015 개발 어젠다의 한 축을 형성했다. 실제로 센다이 회의 결과는 같은 해 UN 총회에서 채택된 2030 Agenda에 반영되어, DRR 관점이 17개 SDGs 중 5개 목표에 통합되었다(MOFA Japan, 2021). 요컨대 센다이 프레임워크는 재해위험경감 분야를 국제 개발정책의 주류에 편입시키고, "더 나은 재건(Build Back Better)"을 통한 회복탄력적(resilient) 사회 구축이라는 새로운 방향성을 제시한 전환점으로 평가된다.

센다이 프레임워크의 최종 목표는 "2030년까지 새로운 위험 발생을 방지하고 기존의 재난위험을 줄임으로써, 인명과 사회·경제·환경 자산의 피해를 대폭 감소시키는 것"이다(UNDRR, 2015). 이를 실현하기 위해 다음과 같은 7개의 글로벌 목표를 명확히 제시했다(UNDRR, 2015).

1. 재해 사망자의 상당한 감소
2. 재해 피해를 입는 사람 수의 상당한 감소
3. 재해로 인한 경제적 손실의 감소(국내총생산 대비)
4. 사회기반시설 및 기본 서비스 손실의 감소(특히 병원, 학교 등 핵심 시설 보호)
5. 국가 및 지역 DRR 전략 수의 증가(2020년까지 모든 국가에 DRR 전략 수립 목표)
6. 개도국에 대한 국제협력의 증대(DRR 실행 지원 강화)
7. 다중위험 조기경보 및 재해위험 정보 접근성의 향상(모든 사람에게 경보 전달)

또한 행동 지침으로 4대 우선순위(priority)가 제시되었다. 첫째, 재해위험 이해강화, 둘째, 재해위험 거버넌스 구축을 통한 관리 역량 강화, 셋째, 재해위험경감을 위한 투자확대, 넷째, 효과적인 대응을 위한 재해 대비 강화 및 "발전적 재건"을 통한 복구다(UNDRR, 2015).

이 우선 순위들은 전 사회적 참여와 포괄적 접근(all-hazards, multi-sectoral)을 통해 각국이 국가 및 지역 수준에서 구체적인 행동을 취하도록 유도한다. 특히 위험 거버넌스 측면에서 중앙정부뿐만 아니라 지방자치단체의 역할과 민간 부문, 시민사회, 학계 등 모든 이해관계자의 참여를 강조한 것이 특징이다. 이는 재난위험경감(disaster risk reduction: DRR)을 "전 사회적 과제"로 인식하고 협력적 거버넌스를 구축하려는 의도로, 정책 수립과 이행 과정에 다양한 계층이 참여하도록 장려한다(UNDRR, 2015).

센다이 프레임워크 출범 이후 전 세계 재난위험경감 정책에는 다양한 변화가 나타났다. 가장 두드러진 변화는 국가 재난위험경감(DRR) 전략의 수립 및 주류화이다. 프레임워크 목표에 따라 2020년까지 모든 국가가 국가 및 지역 재난위험경감전략을 채택하도록 촉구되었고, 이에 많은 국가들이 자국 상황에 맞는 DRR 전략과 법·제도를 정비했다. UNDRR의 보고에 따르면 2015년 대비 2020년에 훨씬 더 많은 국가들이 DRR을 별도 전략으로 공식 도입했으며, 이는 DRR 정책이 개별 사업 차원을 넘어 국가 정책의 한 요소로 제도화되었음을 의미한다(UNDRR, 2023). 예를 들어 방글라데시, 인도네시아 등 재해다발 개발도상국들은 과거 주로 재난 대응과 구호에 집중했던 정책에서 탈피해, 조기경보시스템 구축이나 위험지도 작성, 취약지역 인프라 강화 등 사전 예방투자 중심의 정책으로 전환했다. 선진국들도 기존의 비상관리 체계에 DRR 원칙을 통합하고, 기후변화 적응 및 안보전략과 연계한 포괄적 위험관리 계획을 수립하게 되었다. 이처럼 DRR 정책은 과거에 비해 다부문 협력과 장기적 리스크 저감에 방점을 두게 되었다.

또 다른 중요한 변화는 투자 우선순위의 이동이다. 센다이 프레임워크는 "사전에 투자하는 위험경감이 재난 후 대응비용을 크게 절약한다"는 점을 강조하고 있다(MOFA Japan, 2021). 이에 따라 각국 정부 및 국제기구는 재해 예방과 대비를 위한 예산 비중을 높이고 있다. 방재 인프라 구축, 방재훈련 및 교육, 위험지역 재정비 등에 대한 투자가 증대되었으며, 국제개발은행과 기부금도 재난 대응보다는 위험경감 프로젝트로 상당 부분 향하고 있다. 예컨대 세계은행 등은 도시 홍수방지 사업, 기후적응형 농업 지원 등 재해위험경감과 개발을 겸한 프로젝트에 자금을 확대하고 있다.

이러한 투자 방향 전환은 단기적인 눈에 보이는 성과는 아니지만, 중장기적으로 사회 전반의 복원력 제고와 잠재적 피해 저감에 기여하는 변화로 평가된다.

마지막으로, 포용성과 협력의 강화를 들 수 있다. DRR 정책 수립에 다양한 이해집단의 참여를 제도화하는 나라들이 늘었고, 국제협력도 다자적 틀 속에 강화되었다. 지역사회 단위의 참여형 DRR(예: 마을단위 위험지도 작성, 주민대피훈련)이 여러 국가에서 정책적으로 지원되고 있으며, 민간기업의 위험경감 투자나 NGO의 지역 역량강화 프로그램 등이 정부정책과 연계되는 추세이다. 국제적으로는 2년마다 글로벌 플랫폼(Global Platform for DRR)회의를 통해 국가 간 협력과 평가가 이루어지고, UN 기관 간 합동 이니셔티브(예: 기후적응과 DRR 통합 프로그램 등)도 활성화되었다. 특히 센다이 프레임워크 목표에 호응해 선진국들이 개발도상국의 DRR 역량강화를 돕는 국제원조사업이 확대되었다. 그 결과 DRR은 개별 국가 내부 정책에 그치지 않고, 범세계적 연대와 협력의 정책 분야로 변화하고 있다.

제4절 인도주의 구호

전통적으로 국제적십자사 운동은 전쟁과 평시를 막론하고 인도주의 구호의 중추로 활약해 왔다. 특히 1919년 창설된 국제적십자사 연맹(International Federation of Red Cross and Red Crescent Societies: IFRC)은 전세계 국가적십자사들을 총망라하는 연합체로서, 무력분쟁에 국한되었던 적십자사의 임무를 평시 자연재해, 전염병, 기근 등 재난 구호로 확장시키는 전기를 마련했다. IFRC의 설립으로 각국 적십자사는 국내 재난에 대응하면서 국제연맹의 조정 하에 다른 국가의 재난 발생 시에도 연대하여 지원하는 체계가 갖추어졌다(IFRC, 2020). 예컨대 창설 초기 IFRC는 1918년 세계적 독감 유행 및 1923년 일본 관동대지진 등의 재난에서 회원국 간 물자·인력 지원을 조정하며 국제구호의 틀을 닦았다.

국제적십자사 연맹의 강점은 전세계 192개국에 조직된 국가적십자사들과 지역사회 기반의 방대한 자원봉사자 네트워크에 있다. 현재 국제적십자사 연맹은 매년 1억 6천만 명에 달하는 재난 취약계층을 지원하고 있으며, 재난 발생 시 각국 적십자 인력의 현장 대응력과 국제연맹의 조정력을 결합해 신속한 구호활동을 전개한다. 국제적십자사 연맹과 각국 적십자사는 재난 현장에서 응급의료, 식수·식량 공급, 임시거처 제공 등 인도적 구호를 담당할 뿐만 아니라, 평시에는 재난 대비 교육, 모의훈련, 지역사회 보건사업 등을 통해 지역 수준의 회복력 구축에도 힘써왔다.

이는 "지역에서 발달한 준비태세가 곧 글로벌한 대응력을 좌우한다"는 적십자사의 신념에 따른 것으로, 재난관리에서 풀뿌리 수준(local level)의 역할을 강조하는 오늘날의 패러다임과 맥을 같이한다(IFRC, 2022).

국제적십자사 운동도 시대 변화에 따라 활동 범위와 방식을 진화시켰다. 냉전 후 내전 및 대형 재난이 속출하던 1990년대에는 유엔기관·NGO들과 함께 인도주의 헌장 및 행동강령(1994)을 선포해 구호활동의 원칙과 기준을 확립했다. 2000년대 들어 IFRC는 재난 대응에 더해 재난위험 경감과 재해복구(long-term recovery) 분야로 영역을 넓혔고, 2005년 이후에는 유엔 인도주의 클러스터 체계에서 피난처(Shelter) 부문 주도기관으로 공식 지명되어 국제구호 현장에서 정부·유엔과 협업하는 구조를 공고히 했다.

최근 국제적십자사 연맹은 기후위기에 대응한 선제적 행동(anticipatory action)과 기후적응 지원에 앞장서고 있다. 2018년 적십자기후센터를 통해 기후위험 조기경보에 따른 금융지원(예: 예보기반 금융제도)을 시행하고, 지역사회가 극한 기상에 대비하도록 교육·훈련을 강화한 것이 대표적이다. 또한 2011년 후쿠시마 원전사고와 같은 기술재난을 겪으면서 화학·생물·방사능·핵 위험(CBRN)에 대비한 적십자사의 역할도 재정비되었다. 국제적십자사 연맹은 2020년대에 들어 "현재의 자연·기후재해 중심 대응에서 벗어나 기술적·생물학적 재난을 아우르는 다중위험 체계로 나아가야 한다"고 천명하고, 각국 적십자사들에 관련 역량 강화를 독려하고 있다(IFRC, 2020).

무엇보다 국제적십자사 연맹의 가장 최근이자 거대한 작전은 전세계를 휩쓴 코로나19 팬데믹에 대한 대응이었다. 국제적십자사 연맹은 팬데믹 기간 192개 회원국 적십자사와 함께 사상 최초의 글로벌 단일 구호 작전을 벌여 수억 명을 지원했다. 국제적십자사 연맹 사무국의 조정 하에 각국 적십자사는 지역사회에서 방역 활동, 예방접종 지원, 환자 후송과 돌봄, 그리고 취약계층 생계 지원까지 다양한 임무를 수행했다. 그 결과 전 세계적으로 1억 6천만 명 이상이 접종을 받도록 돕고, 92만 명에게 식량 등 생필품을 제공했으며, 실직자 등에 현금·바우처 지원을 실시하고 정신건강 상담을 제공하는 등 방대한 구호 활동을 전개했다(IFRC 홈페이지). 이 글로벌 대응은 국제적십자사 연맹과 WHO 등 보건기구와 공조해 이룬 성과로서, 범세계적 보건재난 앞에서 인도주의 네트워크의 역할을 각인시켰다. 국제적십자사 연맹은 코로나19 대응 경험을 바탕으로 향후 대규모 범유행에 대비한 국제공조 체제(예: 세계적 감염병 대비를 위한 조약) 구축 논의에도 적극 참여하고 있다(IFRC 홈페이지).

제5절 재해에 강한 도시 만들기

유엔 재난위험경감사무국(UNDRR, 이전 명칭 UNISDR)은 2010년 "재해에 강한 도시 만들기: 우리 도시 준비 완료!"(Making Cities Resilient[MCR]: "My City is Getting Ready!") 글로벌 캠페인을 출범시켰다. 이 캠페인은 급속한 도시화와 기후변화로 인한 도시의 재해위험 증가 및 취약성에 대응하여 지방정부와 도시 지도자들의 재난위험경감 참여를 촉진하기 위한 목적으로 시작되었다. 2010년 5월 시작된 이 캠페인을 통해 전세계 지방정부들이 위험 감소와 resilient 도시 구축을 위한 국제 네트워크에 동참하게 되었으며, 2015년 이후에도 지속 추진되어 왔다.

캠페인의 핵심 목표는 지역 차원의 재난위험 거버넌스 확립, 위험 인식 제고, 지속가능한 투자와 예방을 통한 안전한 도시 개발 등에 초점이 맞춰졌으며, 이를 위해 도시 당국의 정치적 의지와 주민 참여를 이끌어내고자 했다(UNISDR, 2012). 그 결과 2010년대 내내 전 세계 수천 개의 도시가 참여해 도시 간 경험공유와 역량강화가 이루어졌고, 2020년 캠페인 종료 시에는 4,300여 개 이상의 도시가 가입하는 성과를 보였다(UNDRR, 2020).

UNDRR의 재해에 강한 도시 만들기 캠페인은 참여 도시들이 따라야 할 지침으로 "10가지 필수 이행사항(Ten-point Checklist 또는 10 Essentials)"을 제시한 것이 특징이다. 이 10대 필수 행동은 도시 정부가 재난위험경감을 실천하는 데 필요한 핵심 요소들을 담은 체크리스트로, 캠페인에 가입한 도시의 약속이자 행동계획의 기준이 되었다(UNISDR, 2012). 초기에는 2010년대 효고 행동계획(HFA)에 기반해 마련되었으며, 2015년 이후에는 센다이 재해위험경감 프레임워크의 우선목표들과 직접 연계되도록 개정되어 지역 재난위험경감(DRR) 모니터링 지표로 활용되고 있다(UNISDR, 2017).

다음은 이 10가지 필수 행동의 주요 내용이다.

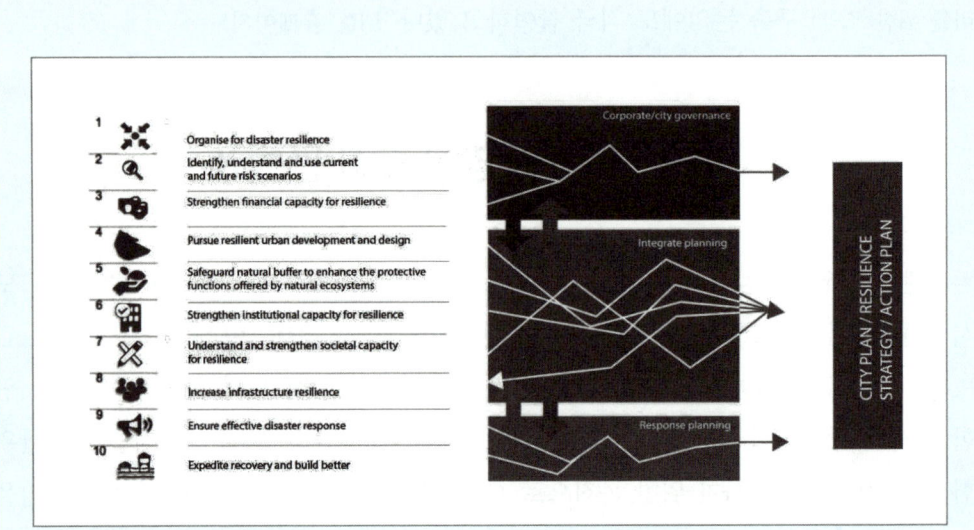

1. 재난 회복력을 위한 조직 체계를 마련한다.
강력한 리더십과 명확한 책임 구조를 갖춘 조직체계를 구축해 도시 비전 및 전략계획 전반에 재난위험경감을 반영한다.

2. 현재와 미래의 위험 시나리오를 파악하고 활용한다.
최신 위험·취약성 자료를 바탕으로 위험 평가를 수행하고, 이를 도시 개발 및 장기 전략의 기초로 삼는다.

3. 재정적 회복력을 강화한다.
재해로 인한 경제적 영향을 분석하고, 회복력 활동을 뒷받침할 수 있는 재정 계획 및 자금 조달 메커니즘을 마련한다.

4. 위험 기반의 도시개발과 설계를 추진한다.
최신 위험평가 결과를 토대로 도시계획을 수립하고, 취약계층을 고려한 실현 가능한 건축 규정을 적용·집행한다.

5. 자연 생태계의 보호 기능을 유지하고 강화한다.
도시 안팎의 생태계를 보호·관리해 재해위험을 줄이는 자연 완충지대로 활용하고, 기후변화 대응력을 높인다.

6. 제도적 회복력 역량을 강화한다.
재난관리 관련 모든 기관과 이해관계자의 역량을 강화해 도시 전체의 회복력을 증진한다.

7. 사회적 회복력과 공동체 연대를 강화한다.
사회적 취약성에 대한 이해를 바탕으로 상호지원 문화와 공동체 기반 대응 능력을 육성한다.

8. 인프라 회복력을 증대한다.
도시의 주요 기반시설의 기능성과 유지관리 상태를 평가하고, 위험 저감형 인프라 개발 전략을 수립한다.

9. 효과적인 대비 및 대응 체계를 구축한다.
비상 대응 계획을 정기적으로 갱신하고, 조기경보 시스템 및 응급대응 역량을 확충해 피해를 최소화한다.

10. 신속한 복구와 '더 나은 재건(Build Back Better)'을 실현한다.
재난 이후의 복구·재건 과정이 장기 도시계획과 연계되어 시민의 생계와 기반시설을 개선하도록 한다.

이상의 10가지 요소들은 도시 회복력 구축을 위한 독립적이면서도 상호 보완적인 핵심 조치들로 간주된다. UNDRR은 이 체크리스트를 기반으로 시장과 지방정부 지도자들을 위한 실천 가이드와 자가진단 도구를 개발하여 배포했고, 캠페인 파트너들은 도시 간 연수 프로그램, 우수사례 공유, 기술자문 등을 통해 각 도시의 10대 필수 사항 이행을 지원했다(UNISDR, 2017). 이러한 노력은 궁극적으로 지방 차원의 재난 위험경감 활동을 도시 발전계획과 통합하고 시민 삶의 안전을 증진시키는 전략적 틀을 제공했다.

캠페인에 참여한 도시들은 각기 처한 위험 요인에 맞춰 다양한 회복력 강화 조치를 실행해 왔다. 일본 고베시는 1995년 한신대지진의 참혹한 피해를 교훈 삼아 "더 안전하고 복원력 있는 도시"로 거듭나기 위한 장기 재건 계획을 수립하고 인프라 복구와 방재 체계 개선을 이끌었다.

특히 지역 공동체 중심의 재난관리를 강조해 주민들이 복구 의사결정에 참여할 수 있는 협의회 조직을 도입하고, 지진 이후 긴급 식수 공급을 보장하는 혁신적 상수도 저장 시스템을 마련하는 등 재해에 강한 기반시설과 공동체를 구축함으로써 재난위험관리의 세계적 모범 도시가 되었다.

터키 이스탄불의 경우 1999년 마르마라 지진을 겪은 후 도시 차원의 종합 대책으로 병원·학교 등 공공시설 100여 곳에 대한 내진 보강과 재건을 대대적으로 실시하고, 이스탄불 지진위험경감 및 대비프로젝트(ISMEP)를 통해 건축물 내진 기준 강화, 비상대응 역량 확충 및 시민 대상 예방교육을 추진했다(World Bank, 2017). 그 결과 수백만 도시민의 안전도가 향상되고 수십만 명의 시민·자원봉사자가 재난대비 훈련을 받는 등 대도시의 지진 회복력 증진에 중요한 성과를 거두었다. 인도네시아 반둥시는 인구밀도가 높고 홍수·산사태 위험이 큰 도시로서, UNDRR이 개발한 도시 회복력 점수카드(Disaster Resilience Scorecard) 도구를 활용하여 도시의 위험 취약성 진단을 수행하고 그 데이터를 바탕으로 지역 기업·시민이 참여하는 위험경감 전략을 수립했다. 이를 통해 반둥시는 도시계획에 홍수 관리, 토지복원, 기후변화 대응 등을 통합하는 포괄적 회복력 강화 프로그램을 전개하고 있으며, 이러한 노력으로 지역사회의 재난 대응능력과 지속가능한 도시발전기반을 동시에 구축하는 성과를 보여주고 있다(UNDRR, 2019).

UNDRR의 "재해에 강한 도시 만들기" 캠페인은 2010년대에 걸쳐 전 세계 지방정부들의 DRR 역량을 높이는 데 기여했으며, 2020년 캠페인 1단계가 완료되었다. 캠페인 종료 시까지 달성된 성과와 교훈을 바탕으로, UNDRR은 2021년부터 새로운 10년을 향한 후속 이니셔티브인 "Making Cities Resilient 2030(MCR2030)"을 출범시켰다(UNDRR, 2020).

MCR2030은 기존의 인식제고 중심 활동에서 나아가 도시 회복력 강화의 실행 단계에 초점을 맞춘 체계로서, 참여 도시들에게 명확한 3단계 로드맵을 제공하고 그 단계별로 필요한 기술 지원과 협력 네트워크를 연결해 주는 것이 특징이다. 예를 들어, 초기 단계(A)에 있는 도시는 위험 인식과 DRR 거버넌스 기반을 다지고, 중간 단계(B)에서는 더 정교한 위험진단과 전략 수립능력을 갖추며, 고도 단계(C)에서는 전략의 실행과 투자 유치를 가속화하도록 안내 받는다(UNDRR, 2020). 이러한 단계별 접근을 뒷받침하기 위해 UNDRR는 다양한 유엔 기구, 글로벌 네트워크(예: UCLG, ICLEI, GRCN 등), 금융기관과 협력해 글로벌 파트너십 구조를 구축했고, 지역별 조정위원회를 통해 각 지역의 도시들을 지원하고 있다. MCR2030 출범 이후 전세계 수백 개 도시가 새롭게 이 프로그램에 가입해 도시 간 학습, 상호 자매결연, 우수 사례 공유 등을 활발히 전개하고 있다.

국제적으로 MCR2030의 위상은 매우 중요하다. 이 체계는 센다이 프레임워크(2015-2030)의 목표 E인 "2020년까지 지역 DRR 전략 수립"을 실행 촉진하는 핵심 수단일 뿐만 아니라, 지속가능발전목표 SDG 11(포용적이고 안전하며 복원력 있는 도시)의 달성을 지원하는 플랫폼으로 인정받고 있다. 나아가 파리기후협정 및 신도시 의제(New Urban Agenda)에서 요구하는 도시의 회복탄력성 증진을 구체적으로 뒷받침함으로써, MCR2030는 전지구적 도시들이 2030년까지 재난위험을 줄이고 기후위기에 대응하도록 돕는 국제 정책 메커니즘으로 기능하고 있다. 요컨대, UNDRR이 주도한 MCR 캠페인은 MCR2030로 진화해 현재 전세계 도시들의 재해위험경감 행동을 견인하는 핵심적인 거버넌스 플랫폼이자 정책 도구로서 자리매김하고 있으며, 지방정부와 국가 · 국제기구를 연결하여 더욱 안전하고 지속가능한 도시를 향한 글로벌 노력을 힘 있게 추진하고 있다(UNDRR, 2020).

제6절 미국 연방관리청

미국 연방재난관리청(Federal Emergency Management Agency: FEMA)은 1979년 카터 대통령의 행정명령(EO 12127)에 의해 창설된 재난 관리 · 복구 주관 기관으로, 긴급상황 대응과 민방위 기능을 통합했다(FEMA 홈페이지). FEMA는 본부를 워싱턴 D.C.에 두고 전국 10개 지역사무소를 통해 운영되며(DHS 산하 기관) 재난 대비, 대응, 복구, 완화 활동을 수행한다(FEMA, 2010).

FEMA는 주(州) · 지방 · 부족 정부 등과 협력해 연방 정부의 재난 대응을 총괄해 왔으며, "연방 · 주 · 지방 · 부족 정부 파트너들과 함께" 국가 차원 대응을 수행한다고 명시하고 있다(FEMA 홈페이지). 2001년 9·11 테러 이후 2003년 국토안보부(DHS)가 창설되면서 FEMA는 DHS 산하 기관으로 편입되었고, 이후에도 헌정 위기의 교훈을 반영해 조직과 법적 권한이 강화되었다(FEMA 홈페이지).

역사적 재난 사례로 2005년 허리케인 카트리나가 있다. 카트리나는 8월 미시시피 해안에 상륙해 거대한 피해를 입혔고, 전 미국 50개 주(州)로 대피민이 흩어졌으며 기반시설과 경제에 수십억 달러의 손실을 초래했다(FEMA 홈페이지).

이 재난을 계기로 2006년 「허리케인 카트리나 긴급관리개혁법(PKEMRA)」이 제정되어 FEMA의 위상이 재정립되었으며 대통령과 DHS 장관에 대한 FEMA 행정관의 자문 권한이 명문화되었다(FEMA 홈페이지).

최근 코로나19 팬데믹(2020년~)대응에서도 FEMA가 핵심 역할을 맡았다. FEMA는 연방예산 수십억 달러를 동원해 주·지방정부의 백신 접종센터 설립을 지원했고, 2021년 2월까지 백신 지원에 31.5억 달러 이상을 할당했으며 784명의 사건관리 인력과 310명의 지원 인력을 전국 백신센터에 배치했다(FEMA 홈페이지).

또한 2021년까지 코로나19 대응 지원금으로 총 321억 달러(백신 지원 61억 달러 포함)를 제공함으로써 연방 비용의 전액(100%)을 부담했다(FEMA 홈페이지). 이 밖에도 허리케인 샌디(2012), 2017~18년 대형 허리케인과 산불, 9·11 테러 등 일련의 재난 대응을 거치며 FEMA는 대응체계를 발전시켜 왔다.

FEMA의 재난 대응은 주정부와의 긴밀한 협력을 전제로 한다. 재난 발생 시 해당 주지사가 연방 재난 선포(Presidential Disaster Declaration)를 요청하면 FEMA는 「Robert T. Stafford 재난구호법」(1988년 제정)에 따라 연방 인력과 자원을 투입한다(FEMA 홈페이지).

FEMA는 "연방·주·지방·부족 정부 파트너"와의 협업을 강조하며, 과거 1,800건 이상의 재난에서 연방 대응을 조정하면서 주·지방 정부의 대응 노력을 지원해 왔다(FEMA 홈페이지). 즉, 긴급 복구비의 75~100%를 연방이 부담하고(재해 수습비 연방 부담 비율 확대) 주정부는 재해 관리 책임을 유지하는 체계로, FEMA는 국가적 대규모 재난 대응의 조정·지원 창구 역할을 수행한다.

제7절 통합지휘체계

통합지휘체계(Integrated Command System: ICS)는 미국 재난관리의 핵심 도구로서, 1970년대 캘리포니아 산불 대응의 문제점을 해결하기 위해 개발된 이후 국가사고관리시스템(NIMS)의 중추적 구성요소로 발전했다(FEMA, 2022). ICS는 표준화된 지휘구조, 확장가능성, 전위험 접근법을 특징으로 하며, 현재 미국 인구의 80.5%가 NIMS 준수 완화계획을 가진 지역사회에 거주할 정도로 광범위하게 채택되었다(FEMA, 2023).

최근 학술연구들은 통합지휘체계(ICS)의 효과성이 맥락에 크게 의존한다는 점을 지적했다(Jensen & Thompson, 2016). 코로나19 팬데믹 기간 중 병원들의 성공적인 병원사고지휘체계(HICS) 구현은 통합지휘체계의 적응성을 입증했으나, 복잡한 다기관 재난에서는 여전히 한계를 보였다는 것이다(van der Giessen et. al., 2022). 특히 사전에 구축된 기관 간 신뢰관계와 명확한 권한구조가 통합지휘체계 효과성의 핵심 전제조건으로 확인되었다(Moynihan, 2009).

2022~2025년 기간 중 통합지휘체계는 기술 통합 측면에서 혁신적 발전을 이루었다(DHS, 2024). 허리케인 Ian 대응 시 인공지능 기반 피해평가 시스템이 56,000건의 원격 평가를 수행하여 직접 조사 없이 7,830만 달러의 지원을 가능케 했으며, 가상 비상운영센터(vEOC)가 표준 운영방식으로 자리 잡았다(FEMA, 2023). 또한 FEMA는 2024년 기후적응계획 지침을 발표하여 기후변화를 비상운영계획에 통합하는 6단계 프로세스를 제시했다(FEMA, 2024).

국제적으로 통합지휘체계는 2003년 UN의 공식 권고 이후 37개국 이상에서 채택되었으며, 캐나다의 BCEMS(British Columbia Emergency Management System), 호주의 AIIMS(Australasian Inter-service Incident Management System), 뉴질랜드의 CIMS(Coordinated Incident Management System) 등 각국 실정에 맞게 변형된 시스템들이 운영되고 있다(WHO, 2020). EU 시민보호메커니즘과 WHO의 사고관리시스템은 통합지휘체계 원칙을 기반으로 국경을 초월한 재난 대응 조정을 가능하게 했다(EC, 2022).

결론적으로, 통합지휘체계(ICS)는 지속적인 기술혁신과 국제적 확산을 통해 21세기 재난관리의 표준으로 자리매김했으나, 그 효과성은 구현의 질, 기관 간 관계, 그리고 재난의 복잡성에 따라 결정된다는 점이 명확해졌다(Buck et al., 2006).

제8절 재난난민

'재난난민'(disaster displacement) 또는 '기후난민'은 자연재해나 기후변화로 거주지를 잃은 사람들을 가리키는 비공식적 용어이다. 유엔난민기구(United Nations High Commissioner for Refugees: UNHCR)은 정확한 표현으로 '자연재해 또는 기후변화로 인한 강제실향민'이라는 용어를 사용하며, 공식 난민협약이 규정하는 난민의 정의에는 기후요인이 포함되어 있지 않다고 지적한다(UNHCR, 2023).

즉, 1951년 난민협약은 인종·종교·정치적 박해 등을 이유로 국적국 밖으로 피신한 경우만을 난민으로 인정하므로, 기후이주자는 협약상 난민 지위를 자동으로 부여받지 못한다. 다만 UNHCR 가이드라인에 따르면 재난·기후요인이 분쟁·폭력과 맞물린 경우에는 1951협약의 보호 대상이 될 수 있다고 언급된다(UNHCR 홈페이지).

기후난민은 국제법상 법적 지위가 없어 보호 공백에 놓인다. 국제법에서 난민 지위를 얻으려면 ① 국적국 밖이어야 하고, ② 합리적 박해 우려를 근거로 기댈 주체가 있어야 한다. 기후이주는 대부분 같은 국가 내에서 발생하거나 박해로 보기 어려워 협약 적용을 받지 못한다. 예를 들어 UNHCR 기후행동 특별고문인 앤드류 하퍼는 "기후난민이라는 개념 자체는 없지만, 분쟁·박해와 관련된 재난·기후요인으로 실향한 경우 1951년 협약 적용 가능성이 있다"고 강조했다(UNHCR 홈페이지). 즉, 순수한 기후이주자는 난민으로 인정되지 않지만, 기후변화가 분쟁·인권침해 등과 결합된다면 기존 난민협약의 보호 대상이 될 수 있다는 뜻이다.

기후위기로 인한 이주는 세계 곳곳에서 늘고 있다. 태평양의 투발루는 해수면 상승으로 국가 존립 위기에 처해 매년 자국민 2.5%에 해당하는 인원을 호주 등으로 이주시키는 안을 협상 중이며(오마이뉴스, 2024. 6. 11.), 방글라데시는 2022년 한 해 약 710만 명이 기후변화 영향으로 집을 잃었다(WHO, 2022). 이로 인해 많은 농민들이

내륙 대도시로 이동하며 도시 슬럼화 문제가 심화되고 있다. 아프리카의 소말리아에서는 2023년 최악의 5년 연속 가뭄과 내전이 겹치며 약 380만 명에 달하는 국내 실향민이 발생했다(XINHUANET. 2023. 3. 1.). 이처럼 기후쇼크와 분쟁이 복합적으로 작용한 지역에서 재난 이주가 급증하고 있다.

유엔난민기구(UNHCR)와 국제이주기구(IOM) 등은 기후재난 대응을 정책 의제로 삼고 있다. UNHCR는 1990년대부터 기후변화가 난민과 실향민에 미치는 영향을 경고해 왔으며, 최근에는 기후행동 특별고문 임명, 법·정책 자문, 재해위험경감 사업 등 '기후행동 의제'를 추진 중이다. 또 난민캠프에 태양광·친환경 연료를 도입하고 산림 복구사업을 전개하는 등 사업 전반의 탄소발자국 축소를 지향한다(UNHCR, 2023).

국제이주기구(IOM)는 기후변화에 따른 이동성(mobility) 연구·정책을 선도하며, 이동을 기후적응 수단으로 활용토록 권장한다. 예컨대 최근 IOM은 사하라 이남 아프리카와 태평양 지역에서 기후 재난 예측지수 개발, 취약 공동체에 대한 이주·재정착 지원, 국가별 이주정책에 기후요인을 통합하는 노력을 강조했다. 또한 유엔과 협력해 기후이주의 국제협력 강화를 촉구하는 등(UNEA·GCM 논의 참여) 다양한 국제 플랫폼에서 제도적 대응을 모색하고 있다.

◆영상 자료◆

[세상만사] 겨울비 내리는 가자지구…더욱 고단해진 난민들
https://www.youtube.com/watch?v=278NS7ygQCs

출처: YTN 사이언스 투데이

참고 문헌

Buck, D. A., Trainor, J. E., & Aguirre, B. E.(2006). A critical evaluation of the incident command system and NIMS. *Journal of homeland security and emergency management*. 3(3).

Department of Homeland Security[DHS]. (2024). Strategic framework for integrating emerging technologies in emergency management. U.S. Government Printing Office.

European Commission[EC]. (2022). EU Civil Protection Mechanism implementation report 2021-2022. Publications Office of the European Union.

Federal Emergency Management Agency(2010, November). *FEMA Publication 1: FEMA's capstone doctrine*(FEMA Pub. No. 1). Retrieved from(https://www.fema.gov/sites/default/files/2020-03/publication-one_english_2010.pdf).

Federal Emergency Management Agency(2021, February 10). *FEMA Supports Vaccine Distribution: COVID-19 Response Update*[Press release]. Retrieved from (https://www.fema.gov/press-release/20210210/fema-supports-vaccine-distribution-covid-19-response-update).

Federal Emergency Management Agency(2021, January 4). *History of FEMA*. Retrieved from(https://www.fema.gov/about/history).

Federal Emergency Management Agency(2021, November 10). *FEMA Funding for COVID-19 Response Continues*[Press release]. Retrieved from(https://www.fema.gov/press-release/20211110/fema-funding-covid-19-response-continues).

Federal Emergency Management Agency[FEMA]. (2022). National Incident Management System: Doctrine, concepts, and principles. U.S. Department of Homeland Security.

Federal Emergency Management Agency[FEMA]. (2023). Annual report to Congress on NIMS implementation status and emergency management performance. U.S. Department of Homeland Security.

Federal Emergency Management Agency[FEMA]. (2024). Climate adaptation planning guidance for emergency operations. U.S. Department of Homeland Security.

he Incident Command System. Administration & Society, 53(4): 537-571.

International Federation of Red Cross and Red Crescent Societies(2020). Technological & Biological Hazard Preparedness - Background Information(October 2020). Geneva: IFRC.

International Federation of Red Cross and Red Crescent Societies(2022). World Disasters Report 2022: Trust, Equity and Local Action - Lessons from COVID-19 to Avert the Next Global Crisis. Geneva: IFRC.

International Organization for Migration(IOM). (2023). Displacement in Somalia reaches record high 3.8 million: IOM Deputy Director-General calls for sustainable solutions.

ISNDR(1989). International Decade for Natural Disaster Reduction (IDNDR). www.eird.org

Jensen, J., & Thompson, S. (2016). The Incident Command System: A literature review. Disasters, 40(1), 158-182.

Ministry of Foreign Affairs of Japan(MOFA Japan)(2021, March 22). Japan's Initiatives: Disaster Risk Reduction. Tokyo: MOFA(Global Issues & ODA).

Moynihan, D. P. (2009). The network governance of crisis response: Case studies of Incident Command Systems. *Journal of Public Administration Research and Theory*, 19(4): 895-915.

Murray, V.(2020). Interview in IANPHI: "COVID-19 provides a compelling case for an all-hazards approach"(Oct 2020).

The Hague Academy for Local Governance (2019). *Five key ingredients towards greater resilience in cities*. The Hague Academy News. Retrieved from (https://thehagueacademy.com/news/five-key-ingredients-towards-greater-resilience-in-cities/).

UNDRR(2015). Sendai Framework for Disaster Risk Reduction 2015-2030. Geneva: United Nations.

UNDRR(2019). *Making Cities Resilient Report 2019*. Geneva: UNDRR.

UNDRR(2020). *Cities step up to resilience challenge as MCR2030 launched*[Press release]. Geneva: UNDRR.

UNDRR(2023). Report of the Midterm Review of the Sendai Framework for Disaster Risk Reduction 2015-2030. Geneva: United Nations.

UNISDR(2005). Hyogo Framework for Action 2005-2015: Building the Resilience of Nations and Communities to Disasters. Geneva: United Nations.

UNISDR(2012). *Making Cities Resilient Report 2012: A global snapshot of how local governments reduce disaster risk*. Geneva: UNISDR.

UNISDR(2017). *How to Make Cities More Resilient: A Handbook for Local Government Leaders*(2nd ed.). Geneva: UNISDR.

United Nations General Assembly(1989). International Decade for Natural Disaster Reduction. A/RES/44/236(22 December 1989). New York: UN.

United Nations General Assembly(1991). Strengthening of the coordination of humanitarian emergency assistance of the United Nations. A/RES/46/182(19 December 1991). New York: UN.

United Nations High Commissioner for Refugees(UNHCR). (2023). 기후변화와 강제 실향 Q&A: 기후변화에 가장 취약한 지역은 어디인가요? UNHCR 한국대표부.

United Nations(2015). Sendai Framework for Disaster Risk Reduction 2015-2030. Geneva: UN.

van der Giessen, M., Langenbusch, C., Jacobs, G., & Cornelissen, J. (2022). Collective sensemaking in the local response to a grand challenge: Recovery, alleviation and change-oriented responses to a refugee crisis. *Human Relations*, 75(5): 903-930.

World Bank(2017). *Strengthening Istanbul's Future: Celebrating 10 years of Seismic Risk Mitigation Achievements*. Washington, DC: World Bank.

World Health Organization(WHO). (2020). Emergency Response Framework(3rd ed.). WHO Press.

World Health Organization(WHO). (2022). Climate change displaced millions of Bangladeshis in 2022

World Meteorological Organization(2021, August 31). Weather-related disasters increase over past 50 years, causing more damage but fewer deaths(Press Release No. 210920). Geneva: WMO.

오마이뉴스(2024. 6. 11.). 국가 수도 옮기고 1300명 이주… 이게 지금의 현실입니다.
https://www.ifrc.org/
UN난민기구 홈페이지(https://www.unhcr.org/about-unhcr).
XINHUANET(2023. 3. 1.). Drought, conflict displace 3.8 mln Somalis: IOM

디글. [프리한19] 인간의 무력함을 깨닫게 되는 자연의 위력 … 세계 재난 모음(https://www.youtube.com/watch?v=EHUNObAy4XY).
YTN 사이언스 투데이. [세상만사] 겨울비 내리는 가자지구…더욱 고단해진 난민들(https://www.youtube.com/watch?v=278NS7ygQCs).

제10장

인공지능과 재난관리

◆영상 자료◆

대화형 AI, 행정·재난에 혁신 … "효율 상승"
https://www.youtube.com/watch?v=D_C4AlRV3ow

출처: ubc 울산방송 뉴스

　소방은 전통적으로 사람의 직관과 경험에 의존한 경향이 강했다. 그러나 코로나19 시기를 거치면서 비대면 플랫폼이 급격하게 발달하면서 사람을 지원할 수 있는 정보통신기술이 발달했다. 현재 자연재난뿐만 아니라 복합재난 발생으로 그 모습이 복잡하고 대형화되었다. 이에 소방 대응도 사람만으로 어려움을 겪고 있으며 기술보완의 필요성은 불가피한 상태다.

　인공지능(artificial intelligence: AI)은 예측, 판단, 대응 등 소방 전 영역에 걸쳐 적용을 시도하고 있다. 이는 한국만이 아니라 세계적 흐름이며 기존 정보통신기술과 결합해 무서운 속도로 발달하고 있다. 인공지능은 빅데이터를 분석해 일정한 경향을 찾아내는 데 강점이 있다. 이미 빅데이터는 서비스 효율성 향상의 주요 수단이다(이동규, 2020). 예를 들어, 화재 발생 가능성이 높은 지역을 예측하거나 CCTV 영상 속 연기나 불꽃을 실시간으로 인식할 수 있다. 고온이나 유독가스가 있는 위험한 장소에 사람 대신 투입될 수 있는 소방 로봇 개발도 진행되었다. 이미 군사용으로 개발된 로봇은 소방에 적용하기가 쉽다. 인공지능은 사람의 한계를 보완하고 신속하고 정밀한 판단을 할 수 있기에 소방 분야의 새로운 도구로 주목받고 있다.

한국에서도 '스마트 119', 'AI 영상 분석 시스템', '드론 기반 감시' 등 다양한 시도가 이루어지고 있다. 최근 서울 등 대도시 소방서는 인파가 밀집한 곳에서 드론을 활용해 밀집도를 확인하고 있다. 해외에서도 미국, 일본, 호주 등 여러 나라에서 인공지능을 활용한 화재 대응 기술은 계속 개발되고 있다. 소방의 현장 대응뿐 아니라 사전 예방, 출동 계획, 시설 관리 등 일반 행정에 사용하고 있다.

물론 인공지능이 발달한다고 해서 소방과 재난관리 전체 분야에서 활용하기가 어려울 수 있다. 인공지능을 재난관리와 연결하더라도 만능 해결사는 아니다. 대표적으로 데이터 편향, 기술 신뢰성, 책임성 문제 등이 나타날 수 있으며 공공서비스에 기술 적용은 신중한 접근이 필요하다.

이 장에서는 인공지능 기술이 소방 분야에 적용되는 방식과 국내외 주요 사례를 주제어 중심으로 살펴본다. 디지털 재난관리의 특정한 기술을 세밀하게 다루기보다는 실제 적용되는 흐름과 앞으로 활용할 수 있는 내용을 중심으로 정리한다. 이에 독자는 인공지능 기반 소방과 재난관리의 전반적 내용을 이해할 수 있다.

제1절 재난 감시와 예측

재난 감시와 예측 기술은 인공지능을 기반으로 다양한 데이터를 수집·분석해 화재 발생 가능성을 조기에 인지하고 선제적으로 대응할 수 있도록 돕는다. 대표적으로 화재 예측 기술은 과거 화재 이력 등 지역별 데이터를 분석해 위험 지역과 시간대를 사전에 파악하는 방식으로 활용된다. 다음으로 실시간 영상 분석 기술은 CCTV 등에서 수집한 영상을 AI가 자동 판독하여 연기나 불꽃과 같은 이상 징후를 탐지한다. 인공위성 감지 기술은 광역 단위에서 산불을 감시, 위성 이미지 내 온도 변화나 연기 패턴을 식별해 이상 지역을 추출한다. 데이터 기반 재난 예보는 기상, 교통, 통신, 건축, SNS 등 데이터를 통합 분석해 복합 위험을 예측한다.

1 화재 예측

화재 예측은 과거 화재 발생 데이터를 분석하고 미래의 화재 발생 가능성을 사전에 판단하는 기술이다. 이미 화재 예측은 빅데이터를 바탕으로 얼마 전부터 활발하게 관심을 가졌던 분야다. 이때 인공지능은 예측 과정에서 빅데이터를 인간보다 신속하게 학습하고 지역별·시간대별 위험도를 표시할 수 있다. 예측에 사용되는 데이터는 기상 정보, 인구 밀도, 도로 상태, 건물 구조, 과거 출동 기록, 계절, 시간대 등의 요소를 포함한다. 사람이 분석하지 못한 부분은 신속하고 정확하게 인공지능이 보조할 수 있다.

이 기술의 핵심은 '위험도 모델링'이다. 인공지능은 일정 기간 특정 지역에서 발생한 화재 데이터를 스스로 학습한다. 유사한 조건이 반복되면 위험도가 높아진다고 확률을 계산한다. 예를 들어, 건조한 날씨 지속, 강한 풍속, 해당 지역이 과거에도 화재가 자주 일어났다면 예측 모델은 이를 위험 지역으로 분류한다. 예측은 실시간 지도로 시각화되어 소방 기관이 선제적으로 대비할 수 있도록 한다.

한국에서는 서울시가 화재 위험 예측 시스템을 시범 도입했다. 이 시스템은 기상청 데이터를 활용해 시간대별 화재 위험도를 계산, 소방청과 협력해 실시간 대응에 활용하고 있다(서울특별시, 2022). 해외 사례는 미국 캘리포니아주 Cal Fire가 대표적이다. Cal Fire는 산불이 자주 발생하는 지역의 기후, 식생, 과거 화재 기록, 위성 이미지 등을 활용하여 딥러닝 기반으로 산불을 예측한다. 위성 이미지 분석으로 고온 건조 지역 산불 발생 가능성을 조기에 경고하는 시스템을 구축했다(Business Insider, 2025). 고화질 카메라를 숲에 설치하고 인공지능은 연기나 화재 초기 징후를 감지한다. 이에 2025년 5월부터 캘리포니아주는 70개 언어로 산불 정보를 제공하며 소방관은 사물인터넷(IoT)으로 화재 상황을 인지할 수 있다.

화재 예측 기술은 아직 완전한 자동 대응 체계로 발전하지는 못했다. 그렇지만 인공지능이 스스로 학습하고 분석할 수 있는 도구가 많아지면서 사전 대응 계획 수립, 순찰 인력 배치, 시설 점검 우선순위 설정 등에서 활용 범위가 넓다. 예측 정확도를 높이려면 정밀한 지역 데이터와 다양한 유형의 재난 사례 축적이 필요하다. 지구온난화와 이상 기후변화에 따라 예측 모델은 유연하게 달라지고 있다.

◆ 영상 자료 ◆

위험 상황을 예측해 내는 AI 안전관제 기술
https://www.youtube.com/watch?v=ZFAulDTC2FM

출처: YTN 사이언스

2 실시간 영상 분석

실시간 영상 분석은 CCTV, 열화상 카메라, 드론 등의 장비로 수집한 영상 데이터를 인공지능이 분석하고 화재 징후를 조기에 감지하는 기술이다. 연기, 불꽃, 온도 변화 등의 시각 자료를 인식하고 학습 알고리즘으로 판단한다. 이 방식은 사람이 직접 화면을 보지 않고도 빠른 탐지가 가능하다.

기존 영상 감시 시스템은 단순 녹화나 수동 관찰에 그쳤다. 인공지능 기반 영상 분석은 영상 속 픽셀(Pixel) 변화를 정량적으로 판단하고 학습한 내용에 따라 이상 징후를 자동으로 식별한다. 특히, 연기 모양, 움직임, 색상 변화 등을 감지한다. 인공지능은 연기, 안개, 그림자 등 유사한 영상 요소를 구분할 수 있다.

국내에서 대구교통공사는 일부 지하철 역사에 AI 영상 분석 기반 화재 감지 시스템을 도입 운영하고 있다. 이 시스템은 역사 내 CCTV 영상을 실시간으로 분석, 연기 또는 불꽃이 탐지되면 즉시 관제센터에 알림을 보낸다. 기존 열감지기나 연기감지기보다 오작동이 적고 조기 경보가 가능하다(대구교통공사, 2025).

해외에서는 미국 캘리포니아주 샌디에이고의 공공 안전 프로그램 ALERTCalifornia가 대표적이다. 이 시스템은 약 1,150개의 고정형 AI 기반 카메라를 가동한다. 인공지능은 실시간으로 각 영상에서 연기와 불꽃의 발생 여부를 분석한다. 야간이나 안개가 많은 날씨에서 인공지능이 연기의 미세한 움직임을 식별할 수 있도록 훈련되어 있다(The Wall Street Journal, 2024).

영상 기반 탐지 기술은 산불, 실내 화재, 산업현장 등 다양한 환경에 적용하고 있다. 향후 드론과 연계된 실시간 정찰로 확장도 기대하기도 한다. 그렇지만 아직 영상 품질이나 환경 요인에 따라 탐지 정확도가 영향을 받을 수 있으며 여전히 현장 검증과 보완이 병행되어야 한다. 인공지능이 처리 속도를 빠르고 편하게 도움을 주고 있으나 원래 측정된 자료가 정확하고 선명해야 한다.

◆영상 자료◆

프랑스, 인공지능 기술로 24시간 산불 감시
https://www.youtube.com/watch?v=CzUc9f4qWZ4

출처: KBS News

❸ 인공위성 감지와 데이터 재난 예보

인공위성을 이용한 화재 감지 기술은 광활한 지역에서 발생하는 화재 징후를 조기에 포착할 때 사용한다. 위성 영상은 고온 지역, 연기 분포, 지표면 변화 등을 광범위하게 관측할 수 있으며, 인공지능은 이 데이터를 판단해서 이상 징후를 식별한다.

기존 위성 영상 자료의 해상도나 처리 속도 문제로 실시간 활용은 어려웠다. 그러나 최근 저궤도 위성 활용 확대와 인공지능 영상 처리 기술이 접목되면서 실시간 또는 준실시간 경고 시스템으로 진화하고 있다. 저궤도 인공위성은 지구로부터 낮은 고도에 위치하면서 매우 빠르게 공전한다. 이에 실시간 서비스에 유리하며 높은 데이터 전송 속도를 확보하고 고해상도 관측이 가능하다. 더욱이 낮은 발사 비용과 특정 지역 집중 서비스가 가능하기에 산불과 같은 대규모 자연재해 감시에 효과적이다.

미국 캘리포니아주는 Firesat 네트워크로 인공지능이 분석하는 위성 기반 산불 감시 시스템을 개발하고 있다. 이 시스템은 약 15~20분 간격으로 지역별 위성 데이터를 분석, 산불 발생 가능성이 있는 지역을 빠르게 식별해 경고를 발송한다(Business Insider, 2025). 해당 시스템은 기업과 협업으로 진행하고 있으며 실시간 대응으로 확장하고 있다. 유럽의 Copernicus 프로그램은 비상 관리 차원에서 자연재해와 인적 재난 발생 시 비상 대응을 지원하고 있다. 국내에서는 아직 본격적인 인공위성 감시 시스템은 구축되지 않았으나 기상청과 소방청이 위성 영상 활용을 검토할 수 있으며 중장기적으로 도입 가능성이 있다.

데이터 기반 예보는 다양한 출처의 데이터를 통합해 재난 발생 가능성을 분석하고 예측하는 방식이다. 기상, 인구, 건물 구조, 통신망, 교통량, 과거 재난 기록 등 서로 다른 형식과 성격을 가진 데이터를 연계해서 위험성을 살펴본다. 이때 인공지능은 이 과정에서 비정형 데이터를 분석하고 과거와 유사한 조건을 탐지한다.

예를 들어, 특정 지역에서 강풍, 주변 다중이용시설 밀집, 해당 지역이 과거에 화재나 정전 사고 이력이 많았다면 인공지능은 이를 고위험 지역으로 식별한다. 단순히 하나의 요인만 분석하지 않고 복합 데이터를 종합적으로 판단하므로 기존 단일 위험 예보보다 정밀도가 높다.

행정안전부가 '지능형 재난 안전 통합 플랫폼'으로 데이터 분석 기반의 위험 예보 체계를 개발하고 있다. 이 시스템은 공공기관 재난 자료를 포함해 민간 데이터, 기상, SNS 등을 연동해서 위험 재난 지도를 만들고 있다(행정안전부, 2023).

미국 연방재난관리청(FEMA)이 유사한 빅데이터 기반 재난 예보 시스템을 운영하고 있다. 데이터 기반 의사결정에 필요한 지역별 재난 유형, 인구 사회학적 특성, 취약 지구 현황 등을 포함한 분석 자료를 지속적으로 갱신하고 있다(FEMA, 2022). 이렇게 데이터 기반 예측은 재난 대응뿐만 아니라 정책 수립, 안전 점검, 보험 평가 등 여러 분야에서 응용할 수 있고 다양한 기관 간 데이터 공유와 표준화가 성공적 운용의 핵심 요소다.

◆영상 자료◆

세계대회 1위! 위성영상 활용 홍수 피해 건물 탐지 인공지능 알고리즘 개발
https://www.youtube.com/watch?v=WoqPvxMuLZA

출처: KBS News

제2절 재난 대응과 관리

　화재 현장에 신속 안전 대응을 목표로 인공지능 기술은 자동화 장비와 함께 시스템에 적용되고 있다. 소방 로봇은 사람 접근이 어려운 환경에서 진압과 탐색 작업을 수행한다. 드론은 고층 건물이나 산악 지역과 같은 사각지대에서 실시간 영상 감시와 위험 요소 탐지에 활용한다. 한편, 스마트 소방설비와 자동 진압 시스템은 인공지능과 사물인터넷 기술이 합쳐져 감지, 경보, 소화 작동까지 자동으로 이뤄지도록 설계된다. 이러한 기술은 기존 소방관의 수작업 방식과 다르게 현장 조건에 맞는 자율성과 신속성 확보하는 데 중점을 두고 있다.

1 소방 로봇

　소방 로봇은 고온, 유독가스, 시야 불량 등 사람이 직접 접근하기 어려운 화재 현장에서 활동할 수 있도록 개발되었다. 인공지능이 접목된 소방 로봇은 원격 제어뿐만 아니라 자율 주행, 장애물 회피, 열원 탐지 등을 할 수 있기에 일일이 조종하지 않아도 된다.

소방 로봇은 고열에 견딜 수 있는 내열 외피, 고성능 센서, 열화상 카메라, 방수 시스템 등을 탑재해 비용이 만만치 않다. 여기에 인공지능이 탑재되면 로봇은 주변 환경을 인식, 화염의 위치나 사람의 생존 가능 지점을 판단할 수 있다. 로봇이 단순 도구를 넘어 '판단을 보조하는 장비'로 역할을 맡는다는 뜻이다. 고비용에도 불구하고 인명을 소중하게 여겨야 하는 소방 분야에서 필요성은 누구나 인정한다.

국내에서는 기업과 협력해서 방폭형 소방 로봇을 선보이기도 했다. 이 로봇은 산업 시설 화재, 지하 공간 화재 등 고위험 환경에 투입되어 열화상 영상으로 내부 상황을 관제센터에 실시간 전송하고 소형 호스를 사용해 방수 작업도 할 수 있다(한국소방산업기술원, 2023). 또한 구조 탐색 로봇 시범 운영에서 무너진 건물 내부의 생존자 탐지 실험을 진행하기도 했다. 인공지능 기반 음성 인식 기술이 추가된다면 구조 요청 신호를 자동으로 식별할 수 있다.

미국은 Thermite RS3 소방 로봇이 대표적이다. 이 로봇은 로스앤젤레스 소방국에 배치되어 있으며 원격 조작 산업용 소방 로봇이다. 고온 지역에서 자율적으로 이동하면서 2,500리터 이상의 물을 방사할 수 있다(Shark Robotics, 2022). 또한 수평 300m, 수직 45m로 물을 뿌릴 수 있고 움직임에 지장이 없다. 일본 도호쿠대학과 도쿄소방청은 자율 탐색형 소방 로봇을 개발하고 있으며, 로봇이 실내 구조를 실시간으로 파악하고 우회 경로를 설정할 수 있도록 설계하고 있다.

로봇 기술은 초고층 건물, 터널, 화학물질 저장소 등에서 인간 소방관 위험을 줄이고 생존자 등 탐지 정확도를 높이는 데 역할을 맡을 것이다. 다만, 무게, 배터리 지속 시간, 내구성, 비용 문제는 여전히 개선 과제다.

◆영상 자료◆

'평택 참사' 막는다 … 불길 속 사람 구하는 '소방 로봇'
https://www.youtube.com/watch?v=l8swzA4pzWM

출처: JTBC News

2 소방 드론

드론은 지상 접근이 어려운 지역에서 화재 감시와 대응을 수행할 수 있는 대표적 장비다. 이미 전쟁에서 드론은 매우 위협적 무기지만 활용도가 높아서 계속 발전하고 있다. 인공지능 기술이 접목되면 드론은 단순 정찰 도구가 아니라 주변 환경을 스스로 분석하고 판단할 수 있는 반자동 또는 자율형 장비로 진화할 수 있다.

인공지능 기반 드론은 열화상 카메라, 광학 줌, GPS, 라이다(Light Detection And Ranging: LiDAR) 센서를 장착하고 수집된 데이터를 실시간으로 분석한다. 센서는 레이저를 사용해서 거리와 위치를 정밀하게 측정하고 주변 환경의 3D 지도를 생성하는 원격 감지 기술이다. 레이더(rader)는 전파를 사용하나 이는 빛을 사용해서 더 높은 정밀도와 해상도를 제공한다. 인공지능은 연기, 불꽃, 온도 등 이상 징후를 탐지하며 위험 지점 위치를 지도에 표시한다. 다수 드론이 통합적으로 움직이는 '군집 드론(drone swarm)' 기술이 함께 적용되면 넓은 지역을 동시에 관찰할 수 있고 감시 사각지대를 줄일 수 있다. 동시다발 관측, 분산 센서 네트워크, 실시간 모델링 등이 가능하다. 피해 지역 전체를 조망하고 실종자 수색 범위가 넓어지며 화학물질 확산 경로를 볼 수 있다.

중국 항저우시와 광둥성 지역에서는 고층 건물 화재를 대비한 드론 소방 기술이 시험 적용되고 있다. 드론은 고층 건물 외벽을 따라 비행하며 열화상 카메라로 화염을 탐지, 고압 물줄기를 분사하기도 했다(전자신문, 2025). 미국과 유럽에서 FireSwarm, Data Blanket, Dryad Networks 등 군집 드론 기술을 기반으로 산불 조기 탐지와 경고 시스템을 개발 중이다. 수십 대의 초소형 드론을 산악 지대, 국립공원, 대규모 농장에 배치하고, 인공지능 센서로 데이터 수집, 중앙 서버에서 패턴을 분석하는 방식이다(The Australian, 2024). 현재 기술 개발이 한창 진행되는 드론은 능동적 화염 진압 가능, 화재 경계 구역 설정 가능 여부를 소방관에게 전달, 숲에서 연소할 때 발생하는 유독가스를 감지해서 경보하는 등으로 급격한 기술 발달이 일어나고 있다.

드론은 산불뿐만 아니라 대형 물류창고, 발전소, 공항에서 화재 예방과 초기 대응용으로 사용할 수 있다. 그러나 비행시간, 통신 지연 대응 어려움, 야간 비행 또는 기상 악화에서 운용 어려움 등의 기술적 과제는 여전히 해결이 필요하다.

◆영상 자료◆

세종서 고층 건물 화재 소방 드론 시연
https://youtu.be/PFSwOCohWKA?si=8_hmy1ge3tqrblEB

출처: 대전MBC 뉴스

③ 스마트 소방설비 자동화 시스템

스마트 소방설비는 인공지능과 사물인터넷 기술을 결합해 화재 발생 시 자동으로 대응하거나 경고를 전송하는 시스템이다. 기존 스프링클러, 연기감지기, 열감지기 등 인공지능 알고리즘을 탑재하면 일반적인 이상 징후를 넘는 상황을 조기에 탐지하거나 오작동을 줄일 수 있다.

이러한 시스템은 주로 건물 내부에 설치한다. 센서 데이터를 실시간으로 분석해 불꽃이나 연기를 탐지하면 경보를 울리고, 자동으로 소화 장치가 작동된다. 인공지능은 단순한 온도 상승이나 연기 발생만이 아닌 평소와 다른 이상 징후를 감지해서 경보 여부를 결정한다.

국내에서는 데이터센터, 전기차 충전소, 교육시설 등을 중심으로 스마트 화재 감지 설비의 수요가 증가하고 있다. 2023년부터 일부 지방자치단체에서는 사물인터넷 기반 감지기를 노인복지시설이나 장애인시설에 도입, 중앙 서버와 연계해 원격으로 상태를 점검할 수 있도록 구성하고 있다(한국소방시설협회, 2024).

일본이 스마트 경보시스템 표준화를 추진하고 있으며 싱가포르, 독일은 건물 관리 시스템(Building Management System, BMS)에 인공지능 소방 기능을 연동하려고 노력하고 있다. 예를 들어, 특정 구역의 이산화탄소 농도, 전류 이상, 미세 진동 등 데이터를 종합 분석해서 징후를 조기에 판단한다. 이러한 설비는 초기 진화 성공률을 높이고 인명 피해를 줄이는 데 효과적이다.

그러나 과도한 인공지능에 대한 의존은 경보의 신뢰도 문제와 함께 '위양성(false

positive)'에 따른 혼란을 초래할 수 있다. 위양성은 실제 존재하지 않는데도 존재한다고 잘못 판단하는 경우다. 자칫 스프링클러가 오작동하면 대형 물류창고 제품 등에 치명적 손실을 안길 수 있기에 인간 판단과 병행해야 한다.

◆영상 자료◆

대형 화재 막는 일등공신 'IoT 화재알림기'
https://www.youtube.com/watch?v=OGB7IJx14yc

출처: KBS News

제3절 재난 의사결정과 통합 운영

  인공지능은 현장에서 소방관의 판단만이 아니라 행정 관리 영역에서도 활용되고 있다. 스마트 출동 시스템은 화재 신고 접수 시 각종 상황을 종합 분석한다. 통합 관제 시스템은 다양한 현장 정보를 실시간으로 수집·분석을 바탕으로 단일 플랫폼에서 관리한다. 인공지능이 위험 지역을 자동 표시하고 대응 시나리오를 제안할 수 있다. 소방 행정 분야에서 문서 자동화와 각종 허가 여부를 판정하는 시스템이 도입되고 있다. 주로 반복 업무의 효율성을 높이고 있다. 인공지능 도입에 따른 윤리적 문제와 데이터 편향에 따른 오류 가능성, 알고리즘의 책임성 논의도 함께 이루어지고 있다. 특히, 소방은 강한 공공성을 지녔기에 사람과 함께 해야 한다.

1 스마트 출동

스마트 출동 시스템은 화재 신고가 접수되었을 때 인공지능이 출동 경로, 도착 시간, 우선순위 등을 자동으로 계산해서 소방대 현장 대응을 지원하는 기술이다. 이는 단순히 거리나 시간 정보만 고려하지 않고 교통 상황, 도로 상태, 인근 가용 자원 등을 종합적으로 분석해서 가장 효율적인 대응 방식을 제시한다.

기존 출동 결정과 경로 선택은 대부분 소방관의 경험과 훈련에 의존했다. 스마트 출동 시스템은 지리정보시스템, 실시간 교통 정보, 빅데이터 분석을 결합해 판단 과정을 자동화한다. 인공지능은 과거 출동 기록을 학습해 유사한 사고 유형에 따른 대응 자원을 사전에 추천할 수 있다. 도착 시간 단축, 대응 속도 향상, 출동 인력 효율적 운용이 가능하다.

국내에서는 소방청과 국토교통부가 협력해 '스마트 119' 시스템을 구축하고 있다. 이 시스템은 전국 단위의 도로망 정보를 연계해 실시간 최적 출동 경로를 안내하고, 사고 유형별 우선 대응 알고리즘을 시험 도입했다. 해당 시스템은 신고 위치 분석과 도착 예상 시간을 자동 계산, 가장 가까운 소방서나 소방차를 배정하는 기능을 포함한다(소방청, 2023). 이미 구급 부문에서 119 스마트 시스템을 도입해 이동 중 시간 낭비를 줄이고 있다.

해외 사례로 영국 런던 소방국(London Fire Brigade)이 운영 중인 인공지능 기반 출동 최적화 시스템을 준비하고 있다. 이 시스템은 수백만 건의 출동 기록과 도시 내 교통 데이터를 학습, 화재 유형에 따라 출동 우선순위와 자원 배분을 자동으로 조정한다. 이미 소방차와 모바일 신고자의 위치를 실시간으로 추적해 왔으며 도착 예상 시간을 신고자에게 알려주는 기능도 있다(London Fire Brigade, 2022).

스마트 출동은 응급의료, 구조, 화학사고 대응 등 다양한 분야로 확장할 수 있다. 복잡한 도시의 응급 대응 능력을 정량적으로 높일 수 있다. 다만, 지나치게 자동화에 의존하면 예외적 대응이 어려울 수 있으므로 지속적 보완 부분이 있다.

◆영상 자료◆

119 출동길 따라 인공지능이 '녹색등' … "골든타임 지킨다"
https://www.youtube.com/watch?v=PgogqboNeoo

출처: KBS News

2 통합 재난 관제

　인공지능 기반 통합 관제는 재난 현장에서 다양한 정보를 실시간 수집, 통합, 분석 후 의사결정을 지원하는 시스템이다. 기존 현장 보고, 무선통신, 개별 영상 확인 등 분산된 정보를 사람이 취합하고 판단했으나 인공지능은 이 과정을 자동화하고 체계화할 수 있다.

　이는 지리정보시스템, 드론 영상, 구조대 위치, 열 감지 정보 등 다양한 데이터를 관제센터 화면에 시각화한다. 인공지능은 이를 분석해 위험도가 높은 지점을 표시하고 자원 배분이나 우회 경로를 제안한다. 대규모 화재나 복합 재난에서 다수의 소방대와 구조팀의 움직임을 조율하는 데 효과를 발휘한다. 서울특별시와 소방청은 드론 영상 실시간 분석 시스템을 관제센터에 연동하고 장기적으로 시뮬레이션 기반 대응 훈련 시스템도 인공지능 관제에 포함할 계획이다(서울시, 2024).

　미국 연방재난관리청(FEMA)은 통합 관제 체계를 'Next Generation Incident Command System(NICS)'라는 이름으로 고도화하고 있다. 이 시스템은 위성 지도, SNS 정보, 대피 경로, 구조대 위치 등을 통합하고 인공지능이 의사결정 권고안을 제공한다(FEMA, 2023). 웹 기반으로 운영되며 실시간 정보를 공유하며 현장 이미지와 함께 사고 지도를 제공한다. 각 사고 지도에 협업 채팅을 할 수 있으며 각자 영역에 집중할 수 있도록 구성되어 있다.

　인공지능 기반 통합 관제는 정확한 판단을 돕지만 현장 돌발 변수, 데이터 연결 안정성 등 기술적 제약이 있다. 따라서 자동화 분석과 인간의 판단은 동시에 이루어져야 한다.

◆영상 자료◆

드론 활용한 재난 대처 '바로영상통합관제'
https://www.youtube.com/watch?v=n35j1RfDwJl

출처: YTN

3 문서 자동화와 책임성

현장만이 아니라 소방 행정 분야도 인공지능 기술은 자리 잡고 있다. 주요 분야는 민원 처리, 서류 자동 판독, 화재 예방 허가서 발급 등이다. 기존에 담당자가 모든 서류를 일일이 검토했으나 인공지능은 입력된 조건에 따른 판정, 조건 자동 대조, 서류 불일치 탐지를 수행할 수 있다. 한국은 전자정부, 플랫폼 등이 발달했기에 행정 분야가 오히려 인공지능 활용도가 높다.

최근 만들어진 인도의 텔렝가나(Telangana)주에서 인공지능 기반 행정 자동화 시스템을 도입해 화재안전증명서(No Objection Certificate: NOC)를 자동 발급하는 제도를 시험 적용하고 있다. 이 지역은 정보통신기술이 발달한 곳이며 항공우주 개발 기관이 밀집해 있다. 사용자가 건축 도면과 소방설비 정보를 입력하면 인공지능이 규정 적합 여부를 자동으로 판단하고 승인 여부를 결정한다. 행정 처리 시간이 단축되고 담당자 오류도 줄었다(Yougeron, 2024).

한국에서는 일부 공공기관에서 건축물 안전관리 플랫폼에 인공지능 기반 문서화 도구의 도입을 시도하고 있다. 화재 위험 시설 이력 자동분석, 점검 결과 요약, 법령 변경 사항 반영 등을 구상하고 있다. 이는 업무 효율성 향상, 민원인 편의성 증대와 연결할 수 있다. 그러나 법령이나 판례 해석의 유연성과 예외적 판단은 여전히 사람이 해야 한다.

인공지능의 책임성 문제는 소방뿐만 아니라 여러 영역에서 문제시되고 있다. 만약 본격적으로 인공지능을 소방에 도입할 때 윤리적·제도적 문제를 고려해야 한다. 대표적인 쟁점은 첫째, 인공지능의 판단 기준과 알고리즘 구조가 불투명해서 잘못 판단했을 때 책임 소재가 불분명하다. 사람 잘못이 아니라 인공지능이 학습한 결과가 잘못되었다면 누구의 책임이라고 말할 수 없다. 둘째, 학습에 사용된 데이터가 특정 계층이나 지역에 편향되면 판단 결과도 부정확하다. 셋째, 공공 시스템에서 외부 민간기업의 인공지능 기술을 도입하면 알고리즘의 소유권과 데이터 활용 권한 문제도 발생할 수 있다. 특히 출동 우선순위, 긴급 재난 경보 여부, 현장 판단 보조 등의 시급하고 민감한 영역에서 인공지능이 개입하면 이에 따라야 하는지 문제도 고민해야 한다. 즉, 사람의 판단이 먼저인지 인공지능을 믿어야 하는지 여부다.

이에 따라 유럽연합은 공공 인공지능 기술을 두고 '설명 가능성(explainability)'과 '책임 구조(accountability)'를 갖춘 시스템 설계를 권장하고 있다(European Commission, 2023). 한국도 공공 알고리즘 공개, 평가, 감시체계 마련 등이 점진적으로 논의되고 있으나 아직 구체적 도입 단계는 아니다. 소방 분야는 인공지능 판단이 인명과 직결될 수 있기 때문에 윤리적 검토는 선택이 아니라 필수다.

◆ 영상 자료 ◆

EU, 'AI 규제 법안'에 세계 최초로 합의
https://www.youtube.com/watch?v=-QmjMUIN_2A

출처: SBS 뉴스

이처럼 인공지능은 예방, 대비, 대응, 복구 등 소방의 모든 단계에서 활용할 수 있고 머지않아 더 많은 분야에서 인공지능이 활용될 전망이다.

예방 단계에서 연기, 열 등 다양한 센서 데이터를 분석해 이상 징후를 조기에 식별한다. 대비 단계는 과거 데이터를 학습해 위험 지역과 시간대를 사전에 경고할 수 있다. 대응 단계는 로봇, 드론, 자동화 설비가 위험 환경에서 직접 활동할 수 있다. 마

〈표 10-1〉 재난 단계에 따른 인공지능 적용 분야와 사례

단계	인공지능 적용 분야	적용 사례
1단계 예방 (Prevention)	화재 예측 모델링 위험 지역 사전 도출 AI 위성·기상 분석	화재 위험 예측 시스템 위성 기반 산불 감시
2단계 대비 (Preparedness)	출동 최적화 알고리즘 장비 배치 시뮬레이션 드론 예찰 경로 설정	스마트 119 군집 드론기반 감시 계획
3단계 대응 (Response)	실시간 영상 분석 로봇·드론 자율 투입 통합 관제 플랫폼	위험 현장 드론 출동 인공지능 관제 시스템
4단계 복구 (Recovery)	대응 기록 자동 분석 AI 기반 보고서 생성 대응 알고리즘 개선 학습	자동 대응 이력 저장 시스템 반복 학습 기반 재훈련

지막으로 복구 단계에서 출동 경로 최적화, 행정 절차 자동화, 통합 관제 시스템이 실시간 판단을 지원한다.

이러한 기술은 소방관 안전을 높이고 화재 대응의 정확도와 속도를 높일 때 필요하다. 특히, 인공지능은 단순한 보조 수단을 넘어 사람의 감각과 판단을 확장하는 도구다. 시야가 제한된 상황, 예측이 어려운 경우, 실시간 정보 분석 등 인간의 인지 한계를 보완할 수 있는 기술이다(이동규, 2020).

그러나 인공지능이 소방 모든 영역을 완전히 대체하기에 아직 과제가 많다. 데이터 정확성, 알고리즘 편향성, 기술 오작동 가능성, 법률적 책임 소재 등은 검토와 보완이 필요하다. 공공성을 중시하는 소방 분야는 기술 도입 속도보다 신뢰와 정확성을 확보해야 한다. 무엇보다 재난 현장은 복잡하고 화재 등은 인공지능을 무력화할 수 있는 환경이기에 자칫 과도한 의존은 재난관리에 실패를 불러올 수 있다.

현재 인공지능과 소방 영역에서 깊이 있게 연구하는 부분도 있다. 예를 들어, 컴퓨터 비전(computer vision)은 인공지능이 이미지나 영상 데이터를 '이해'하고 특정 대상을 인식하는 기술이다. 자연어 처리(Natural Language Processing: NLP)는 119 전화 신고에서 사람의 음성을 인식하는 기술을 말한다. 엣지 AI(Edge AI)는 통신 없이 인공지능이 장비에 내장되어 스스로 판단할 수 있도록 한다.

재난관리에서 인간은 인공지능을 개별 도구로 활용하지 말고 협력하는 구조로 진

화해야 한다. 먼저 위험을 감지하고, 스스로 판단하고, 가장 적절한 방식으로 대응할 수 있는 시스템을 구축하도록 인간과 인공지능은 같이 노력해야 한다.

◆ 영상 자료 ◆

2025 국제소방안전박람회
https://www.youtube.com/watch?v=O65TcT5rWJQ

출처: 대구시정뉴스

참고 문헌

대구교통공사(2025). AI 영상 분석 기반 지하철 역사 화재 감지 시스템 도입.
서울특별시(2022). AI 기반 화재위험 예측 시스템 시범운영.
서울특별시(2024). AI 영상 기반 통합 관제 시스템 구축 계획.
소방청(2023). 스마트 119 출동 시스템 시범 운영 결과.
소방청(2024). 2024년 소방의 주요 성과.
소방청(2025). 전기자동차 화재대응 가이드.
소방청(2025). 세계소방리포트 2024.
소방청(2025). 소방청 주요정책.
소방청·소방미래비전위원회(2025). 2050 소방 미래비전 보고서.
이동규(2020). 빅데이터 기반 예측 행정 시스템. 윤성사.
이동규(2020). 지능형 소방 예측 시스템. 윤성사.
전자신문(2025). 고층 건물 화재 AI 드론이 해결한다… 中 기업들 소방 로봇 실증.
한국소방산업기술원(2023). AI 기반 방폭형 소방 로봇 개발.
한국소방시설협회(2024). 스마트 소방설비와 IoT 기반 화재 감지 기술 동향.
행정안전부(2023). 지능형 재난안전 통합플랫폼 구축 사업.

Business Insider(2025). California is turning to satellites and AI to combat the next wave of deadly wildfires.
European Commission(2023). Ethics guidelines for trustworthy AI.
FEMA(2022). Risk Mapping, Assessment, and Planning (Risk MAP) Program Overview. United States Federal Emergency Management Agency.

FEMA(2023). Next Generation Incident Command System (NICS) Overview. United States Federal Emergency Management Agency.

London Fire Brigade(2022). Improving emergency response times with AI dispatch modelling.

Shark Robotics(2022). Thermite RS3 firefighting robot specification sheet.

The Australian(2024). AI firefighters: How tech is revolutionising bushfire detection and saving Australia.

The Wall Street Journal(2024). These smart cameras spot wildfires before they spread.

JTBC News. '평택 참사' 막는다 … 불길 속 사람 구하는 '소방 로봇'(https://www.youtube.com/watch?v=I8swzA4pzWM).

KBS News. 119 출동길 따라 인공지능이 '녹색등' … "골든타임 지킨다"(https://www.youtube.com/watch?v=PgogqboNeoo).

KBS News. 대형 화재 막는 일등공신 'IoT 화재알림기'(https://www.youtube.com/watch?v=OGB7IJx14yc).

KBS News. 세계대회 1위! 위성영상 활용 홍수 피해 건물 탐지 인공지능 알고리즘 개발(https://www.youtube.com/watch?v=WoqPvxMuLZA).

KBS News. 프랑스, 인공지능 기술로 24시간 산불 감시(https://www.youtube.com/watch?v=CzUc9f4qWZ4).

SBS 뉴스. EU, 'AI 규제 법안'에 세계 최초로 합의(https://www.youtube.com/watch?v=-QmjMUIN_2A).

ubc 울산방송 뉴스. 대화형 AI, 행정·재난에 혁신 … "효율 상승"(https://www.youtube.com/watch?v=D_C4AIRV3ow).

YTN 사이언스. 위험 상황을 예측해 내는 AI 안전관제 기술(https://www.youtube.com/watch?v=ZFAuIDTC2FM).

YTN. 드론 활용한 재난 대처 '바로영상통합관제'(https://www.youtube.com/watch?v=n35j1RfDwJI).

대구시정뉴스. 2025 국제소방안전박람회(https://www.youtube.com/watch?v=O65TcT5rWJQ).

대전MBC 뉴스. 세종서 고층 건물 화재 소방 드론 시연(https://youtu.be/PFSwOCohWKA?si=8_hmy1ge3tqrbIEB).

제11장

재난관리의 발전 방향

제1절 재난관리, 지속적 변화와 혁신 필요

우리나라는 지리적·기후적 특성상 자연재난(태풍, 홍수, 호우, 폭염 등)과 사회재난(화재, 붕괴, 폭발, 교통사고, 사회적 사고 등)이 빈번하게 발생해 왔다. 최근에는 기후변화와 재난의 다양성과 복합성이 심화되면서 재난관리 체계의 혁신과 선진화가 더욱 요구되고 있다.

정부는 자연재난, 인적재난, 사회적 재난으로부터 국민의 생명과 재산을 보호하고 영토를 보전해야 한다. 우리사회에서 재난은 끊임없이 반복되고 있다. 재난을 예방하기 위해 많은 노력을 하고는 있지만 여전히 우리나라의 재난관리는 아직도 갈 길이 멀다. 국가뿐만 아니라 지방화 시대에 지방정부의 재난 및 안전에 대한 관심과 노력은 아무리 강조되어도 지나침이 없다(양기근 외, 2016).

제2절 우리나라 재난관리의 변천

과거에는 자연재난 위주의 재난 대응 체계였으나, 1990년대 이후 대형 인적재난(삼

◆영상 자료◆

대한민국 역대 대형 재난과 변화된 재난안전 정책
https://www.youtube.com/watch?v=yO3dQMvMYb0

출처: 안전한TV

풍백화점 붕괴, 세월호 침몰 등)과 신종 감염병(메르스, 코로나19 등) 등을 겪으며 인적·복합재난까지 포괄하는 통합적 재난관리 체계로 발전해 왔다. 중앙재난안전대책본부, 행정안전부, 소방청 등 다양한 기관이 역할을 분담하며, 지역사회와의 협력도 강화되고 있다.

〈표 11-1〉 재난 및 안전관리 법제의 발전 과정

구분	내용
시작 단계	• 한국전쟁(1950.6.25.)~1970년대 – 전쟁의 아픈 기억으로 인해 민방위기본법 등 안보 관련 법령 등장
분화 단계	• 1980~90년대 – 자연재난 및 인적재난과 관련 관련된 농어업재해대책법, 소방법, 철도법, 도로법, 건축법 등 개별법 제·개정 및 정비
체계화 단계	• 1990년대 – 1990년대 후반부터 각종 재난(자연재난과 사회재난)이 빈번하게 발생하게 되면서 다양한 재난 관련 개별법의 통합 시도로 자연재해대책법과 재난관리법으로 재난관련 법령이 체계화되기 시작
통합 단계	• 2000년대 – 대구지하철 화재사고(2003.2.18.)를 계기로 재난 및 안전관리 기본법(2004.3.11. 제정)으로 통합 – 재난의 특성상 기존 재난관련 법체계의 다원화와 법령 간 연계성 부족 등의 문제점을 해결하기 위해 통합 필요성이 대두됨

1970년대	▶	1980년대	▶	1990년대	▶	2000년대
시작 단계		분화 단계		체계화 단계		통합 단계
• 민방위기본법		• 농어업재대대책법, 소방법, 철도법, 도로법 그리고 건축법 등		• 재난관리법 및 자연재해대책법		• 재난 및 안전관리 기본법

출처: 이재은 외(2006: 194 수정), 양기근(2024: 64).

우리나라 재난관리의 발전 역사는 수많은 재난들을 통해 그 시대의 정부와 사람들의 노력으로 이루어진 일련의 과정이다. 「대한민국헌법」(제34조 제6항)은 "국가는 재해를 예방하고 그 위험으로부터 국민을 보호하기 위하여 노력하여야 한다."라고 규정해 국가의 재난안전 책무를 규정하고 있다. 역대 정부들은 「헌법」상의 국민 안전권 책무를 다하기 위해 재난관리 법제와 정책을 지속적으로 발전시켜 왔다(양기근, 2024: 63).

제3절 재난환경의 변화

재난환경은 기존의 단순·일회성 자연재난에서 벗어나, 기후위기와 더불어 재난의 복합화·대형화·불확실성이 높은 다양한 신종 위험으로 진화하고 있다. 최근 재난환경은 기후변화, 사회·기술 변화, 신종 위험의 등장 등으로 인해 더욱 복잡하고 예측 불가능해지고 있으며, 이에 따라 재난관리 체계도 통합적·선제적·과학적 접근이 요구되고 있다.

첫째, 기후변화에 따른 자연재난의 빈도 및 강도의 증가이다. 극한 호우, 태풍, 폭염, 한파 등 예측이 어려운 기상재난이 빈번해지고, 그 피해 규모도 과거에 비해 커지고 있다. 기후변화는 전세계적으로 실향민과 이재민 수를 급증시키는 원인으로 작용하고 있으며, 이는 사회적·경제적 불안정으로 이어질 수 있다

둘째, 재난의 대형화 및 복합화 양상이다. 최근 10년간 발생한 재난으로 인해 막대한 인명 및 재산피해가 발생했다. 2010년 이후 매년 7만 명 이상의 풍수해 이재민이 발생했고, 최근 빈번한 화학물질 누출사고 발생 등 대규모 인명피해가 우려되는 재난도 빈번하게 발생하고 있다. 유해물질 누출사고, 산불, 테러 등 위험성이 증가하는 등 인적·사회재난 양상이 다양화 추세에 있으며, 최근의 재난은 불확실성을 특징으로 신종재난, 사회재난, 인적재난이 구분되지 않는 복합화 양상을 띠고 전개되고 있다. 이러한 재난의 대형화 및 복합화 양상은 막대한 인명피해와 재난피해가 발생하면서 국가경제에 상당한 영향을 미치고 있다.

셋째, 복합·사회재난 발생 가능성 증대이다. 이상기후의 영향으로 가뭄·홍수 등

자연재난이 세계적으로 빈발하고 있으며, 각종 질병, 병원, 해충 등은 물론 IS와 같은 테러리즘의 확산이 급증하고 있다. 또한 자연재난이 인적재난으로 이어지는 복합 사회적 재난형태로 발전한다는 것이다. 특히 지난 2011년 3월 11일 14시 46분경에 발생한 동일본 대지진에서 보는 바와 같이, 지진 직후에 거대 쓰나미로 수많은 인명피해와 인프라가 완전히 붕괴되고 후쿠시마 원전사고로 이어져 방사능 누출 등에 따른 소비저하 및 불안감 증가와 더불어 제조업과 생산시설이 집중된 수도권에 전력부족과 그로 인한 생산 차질을 일으키는 등 초대형 복합재난으로 전개되었다.

넷째, 신종 대형재난 및 신종 위험의 증가이다. 세월호 침몰, 우면산 산사태, MERS, 코로나19 등 신종 감염병 등 기존에 경험하지 못한 대형·신종 재난이 잇따라 발생하고 있다. 이들 재난은 발생 빈도는 낮지만, 일단 발생하면 피해가 크고, 불확실성이 높아 사전 예방과 사후 대응이 모두 어렵다는 특징이 있다.

이렇듯 기후변화와 산업화 등 기술발전에 따라 재난의 다양화·복잡화 현상은 가속화 되고 있으며, 복합·사회적 재난의 발생은 국가경제에 상당한 영향을 미치고 있다. 이에 기후 및 사회구조 변화에 따른 재난양상에 대응하는 새로운 재난관리의 패러다임이 필요한 시점이다.

제4절 우리나라 재난관리의 발전 방향

1 통합적 재난관리 체계 구축

통합적 재난관리 체계 구축이란 자연재난과 사회재난 등 다양한 유형의 재난을 분산·분절적으로 관리하는 기존 방식에서 벗어나, 모든 재난 유형을 통합적으로 관리하고 중앙과 지방, 민간과 공공이 유기적으로 협력하는 체계를 말한다. 재난 발생 시 신속하고 효율적인 대응과 복구를 가능하게 하며, 국민의 생명과 재산을 효과적으로 보호하기 위해서는 통합적 재난관리 체계의 구축이 필요하다.

- 모든 위험 접근법(All-Hazard Approach): 자연재난, 인적재난, 복합재난 등 모든 재난을 통합적으로 분석·평가하여 대비(김성호, 2022)
- 컨트롤타워 강화: 행정안전부 등 중앙부처의 역할과 권한을 강화하고, 중앙-지방 간 책임과 역할을 명확히 함
- 민관협력 및 지역사회 연계: 중앙정부, 지방정부, 민간기업, 시민사회가 협력하는 수평적·수직적 네트워크 구축

❷ 예방 및 대비 중심의 선제적 재난관리

예방 및 대비 중심의 선제적 재난관리는 재난이 발생하기 전에 위험요인을 사전에 제거하거나 경감시키고, 발생 가능한 재난에 효과적으로 대응할 수 있도록 준비하는 체계적이고 적극적인 재난관리 접근법이다. 기존의 사후 대응 중심 재난관리에서 벗어나, 재난 피해를 최소화하고 국민의 안전을 실질적으로 높이기 위한 핵심 전략이다.

- 위험평가 및 리스크 관리: 재난의 위험요소를 사전에 체계적으로 평가하고, 리스크관리 강화(권설아 외, 2018)
- 정책 및 계획의 체계화: 국가안전관리기본계획 등 장기적·체계적 정책 수립 및 실행
- 사전 대비 훈련 및 교육: 정기적 재난 대응 훈련과 국민 대상 안전교육 확대

❸ 디지털·스마트화 및 기술혁신 재난관리

디지털·스마트화 및 기술혁신은 재난관리 분야에서 빠른 상황 판단, 신속한 대응, 피해 최소화를 위한 핵심 동력으로 자리잡고 있다. 향후 AI, IoT, 빅데이터, 드론, 로봇 등 첨단기술의 도입과 통합 플랫폼 구축이 가속화될 것으로 전망이다.

- 데이터 기반 신속한 상황판단: AI, 빅데이터, GIS 등 첨단 기술을 활용한 재난정보 관리 및 조기경보체계 구축
- 스마트 재난관리 플랫폼: 통합적 정보공유와 신속한 의사결정 지원
- 드론, CCTV 등 현장 기술 도입: 현장 상황 실시간 모니터링 및 신속 대응

4 현장 중심의 재난대응력 강화

현장 중심의 재난대응력 강화는 신속한 현장 도착, 인력·장비 확충, 지역 맞춤형 조직 및 협력, 간소화된 매뉴얼, 실전 훈련, 정보 통합 및 실시간 공유, 민관 협력 등 다양한 방안을 통해 이루어지고 있다. 이를 통해 재난 발생 시 신속하고 효과적인 대응이 가능해지며, 국민의 생명과 재산을 보호하는 데 실질적인 효과를 기대할 수 있다.

- 현장 대응 인력 및 장비 확충: 구조·구급 인력, 장비, 전문가 확보 및 훈련 강화
- 지역 맞춤형 대응: 지역 특성에 맞는 재난 대응 전략 및 인프라 구축
- 긴급구조체계 고도화: 골든타임 확보를 위한 신속한 구조체계 강화

5 국민 참여 및 안전문화 확산

국민 참여 및 안전문화 확산은 국민 모두가 안전의 주체가 되어, 일상생활 속에서 안전을 실천하고, 안전이 사회적 가치로 내재화되도록 하는 데 중점을 둔다. 이를 위해 다양한 캠페인, 교육 및 훈련, 민관협력, 법제화 등 다각도의 노력이 지속적으로 이루어져야 하며, 이러한 제반 활동이 우리 사회의 안전수준을 한 단계 높이는 데 기여하게 될 것이다.

- 생애주기별·맞춤형 안전교육: 유아부터 노인까지 연령별, 대상별 맞춤형 교육 확대

- 시민 참여 및 신고체계 활성화: 온라인·모바일 신고, 자율적 안전활동 촉진
- 안전문화 내재화: 일상생활 속 안전의식 고취 및 안전이 체질화된 사회 구현

6 재난복구 및 회복탄력성 전략

재난복구 및 회복탄력성 전략은 재난 발생 이후 피해를 최소화하고, 사회와 지역을 신속하게 정상화하며, 향후 재난 재발을 방지하기 위한 포괄적이고 통합적인 접근법이다. 최근 재난의 복합화·대형화 추세에 따라, 단순한 시설 복구를 넘어 지역사회 회복탄력성(resilience) 강화와 복합재난 대응 역량까지 아우르는 전략이 요구되고 있다(경제·인문사회연구회, 2023).

- 피해 복구 및 장기적 지원: 피해지역의 신속한 복구와 사회적·경제적 지원
- 선제적 재난 대응: 기후변화, 신종 감염병 등 미래 위험에 대한 선제적 대응
- 지속가능한 개발과 연계: 재난관리와 지속가능발전목표(SDGs) 연계

7 국제협력 및 지식공유

재난관리의 국제협력 및 지식공유는 최근 대형화·복합화되는 재난에 효과적으로 대응하고, 국경을 넘는 위험요인에 선제적으로 대비하기 위해 필수적인 전략으로 자리 잡고 있다(오윤경, 2017). 국제기구, 지역협력, ODA, 기술·정책 공유 등 다양한 방식으로 협력이 이루어지고 있으며, 앞으로도 지속적이고 포괄적인 협력이 요구될 것이다.

- 국제협력 강화: 국제기구, 타 국가와의 정보·기술·인력 교류 확대
- 지속가능개발목표(SDGs) 및 센다이 프레임워크: 국제사회는 지속가능개발, 기후변화 대응, 재해위험경감(DRR)을 통합적으로 접근하며, 회복탄력성(resilience)

구축을 공통 목표로 삼고 있음
- 지식공유 및 R&D 투자: 재난관리 관련 연구개발 및 우수사례 공유

제5절 결론

우리나라 재난관리는 과거의 재난 사례와 변화하는 환경을 반영해 통합적, 선제적, 국민 중심적 방향으로 발전하고 있다. 향후에도 조직·권한의 통합, 예방 및 대비 강화, 첨단 기술 도입, 현장 대응력 강화, 국민 참여 확대, 국제협력 등 다양한 측면에서 지속적인 혁신이 필요하다. 특히 기후변화와 신종 위험에 대응하기 위해 예측·예방 중심의 재난관리 체계와 사회 전반의 안전문화 확산이 핵심 과제가 될 것이다.

◆영상 자료◆

재난 대응 체계의 혁신! 안전 관리 사각지대 없앤다
https://www.youtube.com/watch?v=AWF4lX1lS6g

출처: KTV 국민방송

참고 문헌

양기근(2024). 『재난관리학』. 윤성사.
오윤경(2017). 재난안전분야 국제협력 전략 도출을 위한 탐색적 연구. 한국행정연구원.
경제·인문사회연구회(2023). 복합재난의 시대, 우리에게 필요한 대응전략. 특집 '안전사회'로 가는 길 (특별좌담). 경제·인문사회연구회, 미래정책 Focus 2023 가을호 Vol. 38.

https://apmcdrr.undrr.org/

Kim, Y. K., & Sohn, H. G.(2017). Disaster Resilient Future in Korea. Disaster Risk Management in the Republic of Korea, Ch., 6. 191-217. https://link.springer.com/chapter/10.1007/978-981-10-4789-3_6

Kim, S. H.(2022). Midterm Review of the Implementation of the Sendai Framework for Disaster Risk Reduction 2015-2030. Minister for Disaster and Safety Management. https://apmcdrr.undrr.org/sites/default/files/inline-files/The%20Republic%20of%20Korea_Statement_APMCDRR%202022.pdf?startDownload=true

Kwon, S. A.(2018). Direction of DISASTER Management System Reform in Preparation for Unified KOREA. International journal of human & disaster, 3(2): 1-5.

안전한TV. 대한민국 역대 대형 재난과 변화된 재난안전 정책(https://www.youtube.com/watch?v=yO3dQMvMYb0)

KTV 국민방송. 재난대응 체계의 혁신! 안전 관리 사각지대 없앤다(https://www.youtube.com/watch?v=AWF4IX1IS6g).

저자 소개

류상일
- 고려대학교 대학원 정책학 박사
  충북대학교 대학원 행정학 박사
- 소방청 정책자문위원
- 현) 국가위기관리학회 학회장
- 현) 동의대학교 소방방재행정학과 교수

김상태
- 한양대학교 법학 박사
- 현) 법제처 법제자문관
- 현) 순천향대학교 법학과 교수

김소윤
- 숙명여자대학교 박사수료
- 현) 경기과학기술대학교
  건축소방안전학과 교수
- 현) 한국119청소년단 경기지부장

김영재
- 단국대학교 행정학 박사
- 서대문구청 자문위원
- 현) 한국행정사학회 간사
- 현) 단국대학교 행정학과 초빙교수

권설아

- 충북대학교 행정학 박사
- 검찰청 전문수사자문위원
- 현) 충북대 국가위기관리연구소
  재난안전혁신센터장
- 현) 아시아위기관리학회 사무총장

박준하

- 부산대학교 대기환경과학전공
- 동의대학교 재난관리학·재난정책학 석사
- 해군 작전사령부·항공사령부 해양기상과장
- 현) 충북대학교 위기관리학 박사과정
- 현) 한국해양교통안전공단
  기상예보·풍수해 연구원
- 현) 기상청·한국기상산업기술원 전문강사

백인환

- 강원대학교 소방방재학 석사
- Oklahoma State University
  소방재난관리학 석사
- 현) 서원대학교 소방행정학과 교수
- 현) 경상남도 화재합동조사단 화재조사
  전문위원

송윤석

- 한국외국어대학교 행정학 박사
- 현) 양주소방서 소방정책자문위원
- 현) 전국대학 소방학과 교수협의회 부회장
- 현) 서정대학교 소방안전관리과 교수

양기근

- 경희대학교 행정학 박사
- 국가위기관리학회 회장
  한국재난관리학회 회장
- 현) 소방청 정책자문위원
- 현) 원광대학교 소방행정학과 교수

오승주

- 동국대학교 법학 박사
- 현) 서정대학교 소방안전관리과 교수
- 현) sbenc 기술연구소 부장

오태근

- University of Illinois at Urbana-
  Champaign 공학 박사
- Rutgers CAIT 연구원
- 현) 인천대학교 안전공학과 교수
- 현) 한국안전학회 기술이사

최현태

- 한양대학교 법학 박사
- 한국법학교수회 이사
- 강원지방노동위원회 차별시정·심판위원
- 현) 법무부 법무보호위원 자문위원
- 현) 가톨릭관동대학교 경찰학부 교수

채 진

- 서울시립대학교 대학원 행정학 박사(재난정책)
- 소방청 중앙소방학교 전임교수
- 현) 한국재난관리학회 부학회장
- 현) 목원대학교 소방방재학과 교수